U0342533

冶金工业出版社

普通高等教育"十四五"规划教材

金属增材制造

李明骜　胡　励　编著

本书数字资源

北　京

冶金工业出版社

2024

内 容 提 要

本书对金属增材制造技术的原理、材料、方法、特点、设备、应用以及相关基础科学研究等方面进行了系统的介绍和论述。本书在编写过程中，参考了同类教材的编写经验和国内外的最新研究成果，引入了大量金属增材制造有关的工程应用实例和科技前沿成果，旨在协同培养学生工程实践能力和创新能力。

本书可供高等院校机械类和材料类等相关专业教师、本科生和研究生参考使用，也可供从事新材料开发及新工艺研发的科研单位、生产企业以及事业单位的工程技术人员阅读。

图书在版编目（CIP）数据

金属增材制造/李明骜，胡励编著．—北京：冶金工业出版社，2024.1
普通高等教育"十四五"规划教材
ISBN 978-7-5024-9737-8

Ⅰ.①金… Ⅱ.①李… ②胡… Ⅲ.①金属—快速成型技术—高等学校—教材 Ⅳ.①TB4

中国国家版本馆 CIP 数据核字（2024）第 037724 号

金属增材制造

出版发行	冶金工业出版社	电　　话	（010）64027926
地　　址	北京市东城区嵩祝院北巷 39 号	邮　　编	100009
网　　址	www.mip1953.com	电子信箱	service@mip1953.com

责任编辑　于昕蕾　美术编辑　吕欣童　版式设计　郑小利
责任校对　葛新霞　责任印制　禹　蕊
三河市双峰印刷装订有限公司印刷
2024 年 1 月第 1 版，2024 年 1 月第 1 次印刷
787mm×1092mm　1/16；13.75 印张；335 千字；212 页
定价 39.00 元

投稿电话　（010）64027932　投稿信箱　tougao@cnmip.com.cn
营销中心电话　（010）64044283
冶金工业出版社天猫旗舰店　yjgycbs.tmall.com
（本书如有印装质量问题，本社营销中心负责退换）

前　　言

增材制造技术也被称为3D打印技术，是20世纪80年代中期发展起来的高新技术，该技术提出了一个分层制造、逐层叠加的全新成型模式，将计算机辅助设计（CAD）、计算机辅助制造（CAM）、计算机数字控制（CNC）、激光伺服驱动和新材料开发等先进技术集于一体，特别是金属增材制造技术，作为一项革命性、先进性的制造技术，广泛应用于生物医疗、航空航天、汽车制造、军工军品、快速模具、电子电器以及航海等领域。

本书对金属增材制造技术的原理、材料、方法、设备、应用以及现阶段相关科学研究等方面进行了系统的介绍和论述。在本书编写过程中，参考了同类教材的编写经验和国内外的最新研究成果，引入了大量工程实例和科技前沿成果，更注重工程实践能力和创新能力的协同培养。本书可供高等教育院校相关专业教师、本科生和研究生参考，也可供从事新材料开发及金属材料加工工艺研发的科研单位、生产企业及事业单位的工程技术人员阅读。

本书编写具有以下特点：（1）教材内容紧跟最新科技学术前沿，书中所述应用与科研实例涉及截至现阶段领域内的最新科技成果，与时俱进，在兼顾专业基本原理规律和技术方法的同时，引入大量的创新性知识点和工程实例，涉及航空航天、军工军品和医用植入等领域；（2）教材编写充分吸收作者及其团队近些年来的科研成果和教育教学改革研究经验，教材本身注重工程实践能力和创新能力的协同培养，内容丰富，实用性强，适合专业课程教学需要；（3）教材适用性强，书中理论知识、技术及工艺设备适用于机械类和材料类等专业的本科生和研究生教学使用，与专业理论知识点所对应的工程实例、科学研究适用于学生实践能力和创新能力的培养，与此同时，本书引用的大量科学前沿研究和国内外工程实例，能够为本领域的从业者和科研人员等提供可靠的参考。

　　本书由重庆理工大学李明鸷和胡励编著。李明鸷负责统稿并编写了第1~5章，与胡励共同编写了第6章和第7章。与此同时，感谢重庆理工大学周涛、陈元芳、时来鑫等在编写过程中提供的科研案例、工程实例与宝贵的教学改革意见。此外，在编写过程中参考了有关院校的部分著作、论文和研究成果，在此向相关作者表示衷心的感谢。

　　由于编者水平所限，书中不妥之处在所难免，恳请读者批评指正。

作　者

2023 年 9 月

目　　录

1 绪　　论

+·+

本章提要：增材制造技术的原理、特点、分类以及挑战和机遇。

+·+

1.1　增材制造技术的原理

增材制造（additive manufacturing，AM）技术是 20 世纪 80 年代中期发展起来的高新技术。美国材料试验协会（American Society for Testing Materials，ASTM）将其定义为"利用三维模型数据从连续的材料中获得实体的过程"，该三维模型数据通常层叠在一起，其有别于去除材料的制造方法和工艺。

AM 技术以计算机三维模型的形式为开端，可以经过几个阶段直接转化为成品，也不需要使用模具、附加夹具和切削工具。AM 技术从成型原理出发，提出一个分层制造、逐层叠加成型的全新思维模式：将计算机辅助设计（CAD）、计算机辅助制造（CAM）、计算机数字控制（CNC）、激光伺服驱动和新材料等先进技术集于一体，基于计算机上构成的三维设计模型，分层切片，得到各层截面的二维轮廓信息。在控制系统的控制下，增材制造设备的成型头按照轮廓信息，选择性地固化或切割每层成型材料，形成各个截面轮廓，并按顺序逐步叠加形成三维制件，如图 1-1 所示为增材制造的流程。其制造过程与打印机的打印过程相似，所以增材制造常被称为 3D 打印，其制造过程被称为打印。

美国《时代》周刊和英国《经济学人》杂志将增材制造列为"美国十大增长最快的工业之一"和"与其他数字化生产模式一起推动实现的第四次工业革命"。增材制造具备强大的构建功能：在空间中，增材制造技术具有选择性地放置（异种）材料的能力，不仅提供了新的设计思路，而且衍生出独特的功能；增材制造技术可同时成型多种材料，然后与集成电路和传感器一起创建功能部件和零件，通过该方法增材制造技术可实现多功能产品的制造。就这种能力而言，增材制造技术面临的挑战在于创建一个使用户能够高效建模的软件环境，具体表现如下：

（1）多材料增材制造。多材料增材制造技术（如激光熔覆沉积、超声波固结、光固化立体成型、材料喷射）能够利用功能梯度材料来制造零件。设计者可以运用这些技术，在体素-体素的基础上对材料特性进行指定，如颜色、刚度、黏结性、柔韧性、硬度等，多材料增材制造常被运用在艺术雕塑和具有柔性接头的多组件组合体的场合。

（2）打印装配体。增材制造技术可直接打印出组装完成的机器和机构。在相对运动部件之间预留一定间隙或设置一些工艺支撑结构。因为增材制造技术无需装配特征和时效性，机器人和假肢、铰接模型、物理工作模型，包括其他各种预组装和功能齐全的运动学组件（如弯曲单元、接头、紧固件和连接），都可以使用增材制造技术制造。

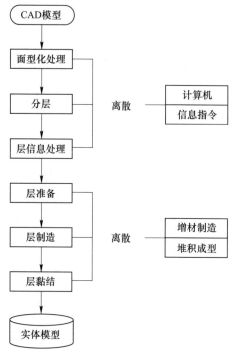

图 1-1　增材制造流程[1]

（3）嵌入外部组件。在增材制造技术中，逐层制造方法的一个基本优点是能够通过构建过程得到整个工件的体积。通过暂停构建，人们可以将外部组件嵌入先前设计的空隙中，随着打印恢复，外部组件就能够被完全封装到该部件中。凭借该功能，增材制造提供了独特的制件设计思路，将电路、传感器和其他功能部件（例如电动机、螺杆等）嵌入正在制造的部件中。这样可以直接在增材制造设备中制造功能组件和机构，而不需要辅助的组装步骤，这种嵌入能力为实现诸如自驱动的机器人肢体，具有嵌入式传感器的智能结构以及具有嵌入式压电材料的能量收集装置等应用提供了可能，嵌入外来组件适用于熔融沉积制造、立体光刻、片层层叠、超声波固结、材料喷射、挤压等增材制造工艺场合。

（4）打印电路、传感器和电池。利用将组件嵌入所制造零部件的能力，许多研究人员已经研究了增材制造和印刷电路（DW）技术的结合应用。DW 技术使材料能够选择性沉积和图案化，并且已经用于将导电材料图案化到各种印刷基板上的工艺过程中。DW 技术包括挤出、喷墨、气溶胶喷射、激光刻蚀和尖端沉积等工艺流程，目前 DW 技术已经成功地与超声波固结技术、立体光刻、挤出和聚合物粉末融合的 AM 工艺相结合，创建出了集成于成品零件中的复杂电子结构。当集成到 AM 工艺流程中时，可以利用 DW 技术来制造电子信号路由、嵌入式传感器以及集成电力系统，具体应用包括信号路由、保形天线、应变传感器、力传感器、磁性探测器和电池。

尽管增材制造系统发展中使用了不同的技术，但它们的基本原理都相同，相关基本原理如下：

（1）先用计算机辅助设计与制造（CAD-CAM）软件建模，设计出零件的模型。构建的实体模型，必须为一个明确定义了封闭容积的闭合曲面，这意味着这些数据必须详细描述模型内、外及边界。如果构建的是一个实体模型，则这一要求显得多余，因为有效的实体模型将自动生成封闭容积。该要求确保了模型所有水平截面都是闭合曲线，这一点对增材制造十分关键。

（2）构建了实体或曲面模型之后，要转化为由 3D Systems 公司开发的一种称为 STL（stereolithography）的文件格式。STL 文件格式是利用最简单的多边形和三角形来逼近模型表面，曲度大的表面需采用大量三角形逼近，意味着弯曲部件的 STL 文件可能非常大。而某些增材制造设备能接受 IGES（initial graphics exchange specification）文件格式，以满足特定的要求。

（3）计算机程序分析定义制作模型的 STL 文件，然后将模型分层为截面切片。这些截面通过打印设备将液体或粉末材料固化被系统地重现，然后层层打印结合形成最终的 3D 模型或产品。另外，也有其他技术是将这些薄层切片，固态片层通过胶黏剂结合在一起形成 3D 模型，其他类似的方法也可用于构建模型中。

一般而言，增材制造系统可以概括为四个基本部分。图 1-2 的图轮描述了增材制造的四个关键方面，分别是：输入、方法、材料、应用。

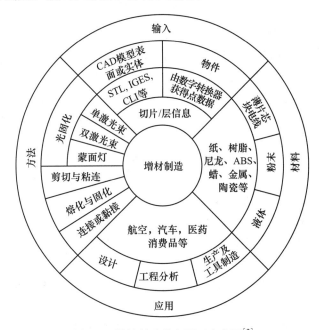

图 1-2　增材制造的主要四个方面[2]

（1）输入。输入是指要用数字化信息描述 3D 实体，即数字化模型。由两种方式获得，分别为计算机设计模型以及物理实体或零件的扫描模型。计算机设计模型可由计算机辅助设计（CAD）系统建立，计算机设计模型可以是平面模型，也可以是立体模型。从物理实体扫描获得的 3D 数据模型不直观，要求通过逆向工程技术的方法获得三维数据。在逆向工程中，广泛使用如坐标测量仪（CMM）或激光数字化扫描仪等设备，通过扫描格式捕捉实体模型的三维数据点，然后在 CAD 系统中进行模型重建。

（2）方法。增材制造方法可以分为几类，分别为光固化类、剪切与粘连类、熔化和固化类、连接或黏接类等，光固化类又可进一步划分为单激光束类、双激光束类和蒙面灯类等。

（3）材料。原材料有几种形态：固态、液态或粉末。固态材料有多种形式如颗粒、线材或层压片状，当前应用的材料包括纸、聚合物、蜡、树脂、金属和陶瓷。

（4）应用。大多数增材制造系统制造的产品和制件在实际使用前都需要经过抛光或修整处理，应用可分为：1）设计；2）工程分析和规划；3）制造和模具等。目前，增材制造技术广泛应用于航空、汽车、生物医学、个人消费、电子产品等行业。

1.2　增材制造技术的特点

增材制造技术有以下优点：

（1）设计灵活性。增材制造技术的显著特征是分层制造方法，该方法可以用于创建任何复杂的几何形状。与切削（减材制造）工艺形成对比，切削（减材制造）工艺由于需要安装夹具和各种刀具，以及当制造复杂几何形状时刀具达到较深或不可见区域等原因，会造成加工困难甚至无法加工。从根本上说，增材制造技术为设计人员提供了将单一或多种材料精确地放置在实现设计功能所需位置的能力。这种能力与数字生产线相结合，就能够实现结构的拓扑优化，减少材料的用量。

（2）节省成本。目前的增材制造技术为设计师在实现复杂几何形状方面提供了最大的自由发挥空间。由于增材制造技术不需要额外的工具、不需要重新修复、不需要增加操作员的专业知识，甚至制造时间，因此使用增材制造技术时，零件的复杂性不会增加额外的成本。尽管传统的制造工艺也可以制造复杂零部件，但是其几何复杂性与模具成本之间仍存在直接的关系，大批量生产时，利润才可达到预期。

（3）尺寸精度。与原始数字模型相比，尺寸精度（打印公差）直接决定了最终成型的模型。在传统制造系统中，需要基于国家标准的一般尺寸公差和加工余量来保证零件的加工质量。大多数增材制造设备可用于制造几厘米或更大的部件，具有较高的形状精度，但尺寸精度较差。尺寸精度在增材制造早期开发中并不重要，因为其主要用于原型制作。然而，随着对增材制造技术制品的期望越来越高，对其制品的尺寸精度要求也越来越高。

（4）装配需要。增材制造技术能够直接生产具有复杂几何形状的零件，常规生产条件下产品由多个零件组成。此外，可以使用增材制造生产具有集成机制的"单件组件"产品。

（5）生产运行时间和成本效益。一些常规工艺（如注塑成型），批量生产都需要消耗大量的时间和成本。虽然增材制造工艺的生产效率要低于注塑成型，由于不需要进行生产启动的环节，所以增材制造技术更适合于单件小批量的生产。此外，按订单需求采用增材制造生产可以降低库存成本，也可能降低与供应链和交付相关的成本。通常，用增材制造制作零件时，材料去除量很少，避免材料浪费。虽然由于粉末熔融技术中的支撑结构和粉末回收而产生一些废料，但是对于增材制造工艺来说废料比率非常低。

1.3　增材制造技术的发展

增材制造的出现最早可以追溯到 20 世纪 80 年代。最初，增材制造被用来制作产品的外观模型，材料仅限于塑料。研究者在 1996~1998 年期间对增材制造做了初步的归纳和分类，有关增材制造技术的专利也逐渐增多，其中 Paul L. Dirnatteo 在其专利中明确地提出了增材制造的基本思路。如图 1-3 所示，先用轮廓跟踪器将三维物体转化成许多二维轮廓薄片，然后用激光切割成型这些薄片，再用螺钉、销钉等将一系列薄片连接成三维物体。

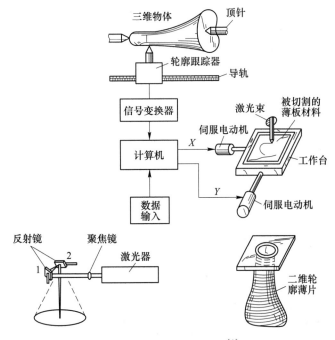

图 1-3　Paul 分层成型法[1]

现在增材制造所涉及的材料不再限于塑料，金属同样可以采用这一制造工艺。无论是科研院所、高等院校还是公司都参与研发了数种增材制造技术。产品的尺寸从最初的小零件如螺栓、螺母，发展到较大尺寸的零件，如飞机上的梁。纤维缠绕成型技术最早出现于20 世纪 40 年代美国的曼哈顿原子能计划，用于缠绕火箭发动机壳体及导弹等军用产品，该技术机械化与自动化程度高，工件适应性强，可以充分发挥纤维的强度与模量优势，在美国申请专利之后，迅速发展成为复合材料制品的重要成型方法。复合材料纤维铺放成型技术是 20 世纪 70 年代作为对纤维缠绕、自动铺带技术（ATL）、自动铺丝技术（AFP）的改革而发展起来的一种全自动复合材料加工技术，也是近年来发展最快、效率最高的复合材料自动化成型制造技术之一。纤维铺放弥补了纤维缠绕技术的不足，不仅可以成型负曲率构件、加强筋板等，而且能够保证大平面表面铺放足够的压紧力，避免出现层间分离等现象。1984 年，3D Systems 公司的 Charles Hull 利用光固化法开发了第一个商业增材制造系统，其工作原理为利用紫外激光来选择性聚合紫外线固化树脂以产生一层固化材料，叠加固化层直到部件完成。1986 年，Holisys 公司开发了使用叠层实体制造（LOM）工艺的增材制造系统，该工艺在 1987 年获得专利，LOM 采用薄片材料，如纸、塑料薄膜等。薄片材料表面先涂覆上一层热熔胶，加工时热压辊热压薄片材料，使之与下面已成型的工件黏结。1988 年，Stratasys 有限公司的联合创始人 Scott Crump 开发了一种通过将熔融热塑性材料（如 ABS 或 PLA）机械挤出到基底上制成层的增材制造工艺，该方法被称为熔融

沉积（FDM）技术。1989 年，美国得克萨斯大学奥斯汀分校提
出了选择性激光烧结（SLS）技术，其工作原理为利用高强度激
光将尼龙、蜡、ABS、陶瓷甚至金属等材料粉末高温熔化烧结成
型，如图 1-4 所示。

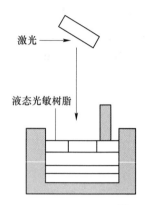

图 1-4　SLS 示意图[1]

　　随着 SLS 工艺的不断应用，各种改型技术不断出现，比较有
代表性的有：直接金属激光烧结（DMLS）、选区激光熔化
（SLM）和电子束熔化（EBM）。20 世纪 90 年代中期，在 SLS 工
艺的基础上发展起来的选区激光熔化（SLM）工艺克服了 SLS 工
艺在制造金属零件时工艺过程复杂的困扰，可利用高强度激光熔
化金属粉末，快速成型出致密且力学性能良好的金属零件。1993
年，美国麻省理工学院教授 Emanual Sachs 将金属、陶瓷的粉末
通过黏结剂黏在一起发明了三维打印快速成型技术（3DP）。1995 年，美国麻省理工学院
的毕业生 Jim Bredt 和 Tim Anderson 修改了喷墨打印机方案，把墨水挤压在纸上的方案变为
把约束溶剂挤压到粉末床，以此技术创立了现代的增材制造企业 Z Corporation。同年，美
国 Sandia 国家实验室研发出了 LENS 技术，该技术工作原理为通过粉末喷嘴将金属粉末直
接输送到激光光斑在固态基板上形成的熔池，使之凝固成层，实现层层堆叠成型。1996 年
3D Systems 推出了第一台多点喷射 3D 打印机，该技术类似于喷墨印刷技术将颜料从液体
通道以液滴的方式转移到纸基材上，材料喷射 3D 打印机的工艺过程是直接通过滴定将蜡
和光聚合物液滴沉积在基材上进行打印，通过加热或光固化使喷射液滴相变。1997 年，瑞
典 Arcam 公司成立并首先开发出电子束熔化（EBM）增材制造技术，类似于 SLM 工艺，
利用电子束在真空室中逐层熔化金属粉末，并可由 CAD 模型直接制造金属零件。

　　2005 年是 3D 打印行业的蓬勃之年，在这一年 Z Corporation 推出了世界上第一台高精
度彩色 3D 打印机 Spectrum 2510。英国巴恩大学的 Adrian Bowyer 发起了开源 3D 打印机项
目 Rep Rap，目标是通过 3D 打印机本身，制造出另一台 3D 打印机，该项目吸引了众多投
资者的目光，使 3D 打印企业开始像雨后春笋般出现。2010 年 11 月，第一台 3D 打印轿车
出现，其所有外部组件都由 3D 打印制作完成，其玻璃面板使用 Dimension 3D 打印机、由
Stratasys 公司数字生产服务项目以及 Red Eyeon Demand 提供的 Fortus 3D 成型系统制作而
成。2011 年 8 月，英国南安普敦大学的工程师研发了世界上第一架 3D 打印无人飞机，如
图 1-5 所示。

图 1-5　世界第一架 3D 打印无人机"SULSA"

2012 年 3 月，维也纳大学的研究人员成功打印出一辆长度不到 0.3 mm 的赛车模型，这辆车的问世突破了当时 3D 打印的最小极限。2012 年 11 月，苏格兰科学家利用人体细胞首次用 3D 打印机打印出人造肝脏组织。2012 年 12 月，美国分布式防御组织成功测试了 3D 打印的枪支弹夹。2015 年 3 月，美国北卡罗来纳大学的几名研究人员改进研制了一种新型 3D 打印技术——CLIP 技术，其利用每层图案做整幅投影，从而可快速令液态树脂固化。该技术在《科学》杂志上一经发表，具有很强的影响力。与传统 3D 打印技术相比，该技术最大的优点是打印速度得到极大提升。近几年，3D 打印一直有新的进展，在服装首饰、食品卫生、材料建筑、文化艺术等领域相继得到运用，3D 打印可以实现各式各样的产品，具有极大的潜力。

1.3.1 国外增材制造技术的发展历史

1892~1988 年属于增材制造技术发展的初期阶段。从历史上看，很早以前就有"材料叠加"的制造设想，1892 年，J. E. Blanther 在他的美国专利（#473901）中建议利用分层制造法构成地形图。这种方法的原理是，将地形图的轮廓线压印在一系列的蜡片上，然后按轮廓线切割蜡片，并将其黏结在一起，熨平表面，从而得到三维地形图。1902 年，Carlo Baese 在美国专利（#774549）中提出了用光敏聚合物制造塑料件的原理，这是现代第一种增材制造技术立体平板印刷术（stereo lithogrphy）的初步设想。1940 年，Perera 提出了在硬纸板上切割轮廓线，然后将这些纸板黏结成三维地形图的方法。20 世纪 50 年代之后，出现了几百个有关增材制造技术的专利，其中，Paul L Dimatteo 在 1976 年美国专利（#3932923）中明确地提出：先用轮廓跟踪器将三维物体转化成许多二维廓薄片，然后用激光切割这些薄片成型，再用螺钉、销钉等将一系列薄片连接成三维物体。

1986 年迈克尔·费金（Michael Feygin）研制成功分层实体制造（laminated object manufacturing, LOM）为 LOM 的工作示意图，工作原理是根据零件分层几何信息切割箔材和纸等，将所获得的层片黏结成三维实体。其工艺过程是首先铺上一层箔材，如纸、塑料薄膜等，然后用激光在计算机控制下切出本层轮廓，非零件部分全部切碎以便于去除。当本层完成后，再铺上一层箔材，用滚子碾压并加热，以固化黏结剂，使新铺上的一层牢固地黏结在已成型体上，再切割该层的轮廓，如此反复直到加工完毕，最后去除切碎部分以得到完整的零件，具有工作可靠、模型支撑性好、成本低、效率高的优点。但是其前后处理费时费力，且不能制造中空结构件，由于该工艺材料仅限于纸或塑料薄膜，性能一直没有提高，因而逐渐走入没落。

1988~1990 年属于快速原型技术的阶段。1988 年，美国 3D Systems 公司推出世界上第一台商用快速成型机立体光刻——SLA-1（SLA-Stereolithography Apparatus）机，成为现代增材制造的标志性事件，快速原型阶段开发了多种增材制造技术。

1989 年美国得克萨斯大学奥斯汀分校提出选区激光烧结（selected laser sintering, SLS）。该工艺常用的成型材料有金属、陶瓷、ABS 塑料等粉末，其工艺过程是先在工作台上铺一层粉末，在计算机控制下用激光束有选择地进行烧结，被烧结部分便固化在一起构成零件的实心部分。一层完成后再进行下一层，新一层与其上一层被牢牢地烧结在一起。全部烧结完成后，去除多余的粉末，便得到烧结成的零件。该工艺的特点是材料适应面广，不仅能制造塑料零件，还能制造陶瓷、金属、蜡等材料的零件。SLS 通过计算机将 3D

模型处理成薄层切片数据，切片图形数据传输给激光控制系统。激光按照切片图形数据进行图形扫描并烧结，形成产品的一层层形貌，SLS 技术成型件强度接近相应的注塑成型件的强度。

1988 年，美国 Stratasys 公司首次提出熔融沉积成型（fused deposition modeling，FDM）。熔融沉积成型也有研究者称为熔融挤出成型，工艺过程是以热塑性成型材料丝为材料，材料丝通过加热器的挤压头熔化为液体，由计算机控制挤压头沿零件的每一截面的轮廓准确运动，使熔化的热塑性材料丝通过喷嘴挤出，覆盖于已建造的零件之上，并在极短的时间内迅速凝固，形成一层材料；然后挤压头沿轴向向上运动一微小距离进行下一层材料的建造，这样由底到顶逐层堆积成一个实体模型或零件。该工艺的特点是使用维护简单、制造成本低、速度快，一般复杂程度原型仅需要几个小时即可成型，无污染。

美国 Sandier 国立实验室将选择性激光烧结工艺和激光熔覆工艺（laser cladding）相结合提出激光工程化净成型（laser engineered net shaping，LENS）。激光熔覆工艺是利用高能密度激光束将具有不同成分、性能的合金与基材表面快速熔化，在基材表面形成与基材具有完全不同成分和性能的合金层的快速凝固过程。激光工程化净成型工艺既保持了选择性激光烧结技术成型零件的优点，又克服了其成型零件密度低、性能差的缺点。

从 1990 年到现在为直接增材制造阶段，主要实现了金属材料的成型，分为同步材料送进成型（LSF）和粉末床选区熔化成型（SLM）。2013 年 2 月美国麻省理工学院成功研发四维打印技术（four dimensional printing，4DP），俗称 4D 打印。无需打印机器就能让材料增材制造的革命性新技术。在原来的 3D 打印基础上增加第四维度——时间，可预先构建模型和时间，按照产品的设计自动变形成相应的形状，关键材料是记忆合金。四维打印具备更大的发展前景，2013 年 2 月美国康奈尔大学打印出可造人体器官。

1.3.2　国内增材制造技术的发展历史

我国自 20 世纪 90 年代初，在国家科技部等多部门持续支持下，西安交通大学、华中科技大学、清华大学、北京隆源公司等，在典型的成型设备、软件、材料等研究和产业化方面获得了重大进展。随后国内许多高校和研究机构也开展了相关研究，如西北工业大学、北京航空航天大学、华南理工大学、南京航空航天大学、上海交通大学、大连理工大学、中北大学、中国工程物理研究院等单位都在做探索性的研究和应用工作。我国研发出了一批增材制造装备，在典型成型设备、软件、材料等研究和产业化方面获得了重大进展，到 2000 年初步实现了设备产业化，接近国外产品水平，改变了该类设备早期依赖进口的局面。在国家和地方的支持下，建成 20 多个服务中心，设备用户遍布医疗、航空航天、汽车、军工、模具、电子电器、造船等行业，推动了我国制造技术的发展。近五年国内增材制造市场发展不大，主要还在工业领域应用，没有在消费品领域形成快速发展的市场。另外，研发方面投入不足，在产业化技术发展和应用方面落后于美国和欧洲。

近五年来增材制造技术在美国取得了快速的发展，主要的引领要素是低成本 3D 打印设备社会化应用和金属零件直接制造技术在工业界的应用。我国金属零件直接制造技术也有达到国际领先水平的研究与应用。例如，北京航空航天大学、西北工业大学和北京航空制造技术研究所制造出大尺寸金属零件，并应用在新型飞机研制过程中，显著提高了飞机研制速度。

在技术研发方面，我国增材制造装备的部分技术水平与国外先进水平相当，但在关键器件、成型材料、智能化控制和应用范围等方面较国外先进水平落后。我国增材制造技术主要应用于模型制作，在高性能终端零部件直接制造方面还具有非常大的提升空间。例如，在增材的基础理论与成型微观机理研究方面，我国在一些局部点上开展了相关研究，但国外的研究更基础、系统和深入；在工艺技术研究方面，国外是基于理论基础的工艺控制，而我国则更多依赖于经验和反复的试验验证，导致我国增材制造工艺关键技术整体上落后于国外先进水平；材料的基础研究、材料的制备工艺以及产业化方面与国外相比存在相当大的差距；部分增材制造工艺装备国内都有研制，但在智能化程度上与国外先进水平相比还有差距；我国大部分增材制造装备的核心元器件还主要依靠进口。

1.4 增材制造技术的分类

1.4.1 选区激光熔化

选区激光熔化（selective laser melting，SLM）是 20 世纪 90 年代中期在 SLS 工艺的基础上发展起来的，SLM 工艺克服了 SLS 工艺在制造金属零件时相对复杂的困扰。SLM 工艺可利用高强度激光熔化金属粉末，从而快速成型出致密且力学性能良好的金属零件。

SLM 的原理为：在高能量密度激光作用下，使金属粉末完全熔化，经冷却凝固层层累积成型出三维实体。SLM 设备使用激光器，通过扫描反射镜控制激光束熔化每一层轮廓，金属粉末被完全熔化，而不是使金属粉末黏结在一起。因此成型件的致密度可达到 100%，强度和精度都高于激光烧结成型。

1.4.2 选区激光烧结

选区激光烧结（selective laser sintering，SLS）由 Carl Robert Deckard 于 1988 年发明，SLS 工艺是利用粉末状材料成型的。由于该类成型方法有着制造工艺简单、柔性度高、材料选择范围广、材料价格便宜、成本低、材料利用率高、成型速度快等特点，因此主要应用于铸造业，并且可以用来直接制作快速模具。

SLS 工艺的原理是：预先在工作台上铺一层粉末材料（金属粉末或非金属粉末），在计算机控制下，按照界面轮廓信息，利用大功率激光对处于相应实体部分的粉末进行扫描烧结，然后不断循环，层层堆积成型，直至模型完成。

1.4.3 电子束熔化

电子束熔化（elctron beam melting，EBM）是瑞典 Arcam 公司最先开发的一种增材制造技术。类似于 SLM 工艺，该技术利用电子束在真空室中逐层熔化金属粉末，并可由 CAD 模型直接制造金属零件。但是与 SLM 工艺相比，EBM 具有能量利用率高、无反射、功率密度高以及扫描速度快等优点，原则上可以实现活性稀有金属材料的直接洁净与快速制造，受到广泛的关注。电子束熔化技术是在真空环境下以电子束为热源，以金属粉末为成型材料，高速扫描加热预置粉末，通过逐层化叠加，获得金属零件。在铺粉平面铺上粉末，将高温丝极释放的电子束通过阳极加速到光速的一半，通过聚焦线圈使电子束聚焦，在偏转线圈控制下，电子束按照截面轮廓信息进行扫描，高能电子束将金属粉末熔化并在冷却后成型。

1.4.4 熔融沉积

熔融沉积（fused deposition modeling，FDM）增材制造技术是由美国学者 Dr. Scott Crump 于 1988 年研发成功的，并由美国 Stratasys 公司推出了商业化设备。FDM 是将各种热熔性的丝状材料（如蜡、工程塑料和尼龙等）加热熔化，然后通过由计算机控制的精细喷嘴按 CAD 分层截面数据进行二维填充，喷出的丝材经冷却黏结固化生成薄层截面形状，层层叠加形成三维实体。FDM 是继光固化成型和分层实体制造工艺后的另一种应用较为广泛的工艺方法。FDM 又可被称为熔丝成型（FFM）或熔丝制造（FFF），FDM 工艺主要应用于桌面级 3D 打印机和较便宜的专业 3D 打印机。

FDM 工艺原理类似于热胶枪，热熔性材料的温度始终稍高于固化温度，而成型的部分温度稍低于固化温度。热熔性材料通过加热喷嘴喷出后，随即与前一个层面熔结在一起。一个层面沉积完成后，工作台按预定的增量下降一个层的厚度，再继续熔喷沉积，直至完成整个实体零件。其中，热塑性材料的细丝通过加热软化后被挤出，然后逐层沉积在搭建平台上。细丝的标准直径为 1.75 mm 或 3 mm，由线轴供应。最常见的 FDM 设备具有标准的笛卡儿结构和挤压头。

1.4.5 三维打印成型

三维打印成型（three dimensional printing，3DP），也称 CJP（彩色打印），由麻省理工学院开发。3DP 是基于增材制造技术的基本堆积建造模式，实现三维实体的快速制作。因其材料较为广泛，设备成本较低且可小型化到办公室使用等，近年来发展较为迅速。3DP 是以某种喷头作为成型源，其运动方式与喷墨打印机的打印头类似，所不同的是喷头喷出的不是传统墨水，而是黏结剂、熔融材料或光敏材料等。3DP 的工作原理是首先按照设定的层厚进行铺粉，随后利用喷头按指定路径将黏结剂喷在预先铺好的粉层特定区域，之后工作台下降一个层厚的距离，继续进行下一叠层的铺粉，逐层黏结后去除多余底料便得到所需形状的制件，该方法可以用于制造几乎任何几何形状的金属、陶瓷制品。3DP 工艺与 SLS 工艺类似，采用粉末材料成型，如陶瓷基粉末、金属基粉末，所不同的是材料粉末不是通过烧结连接起来的，而是通过喷头用黏结剂（如硅胶）将零件的截面"印刷"在材料粉末上面，用黏结剂黏结的零件强度较低，还须进行后处理。

1.4.6 纤维缠绕

纤维缠绕（filament winding）成型技术最早出现于 20 世纪 40 年代美国的曼哈顿原子能计划，用于缠绕制造火箭发动机壳体及导弹等军用产品。其机械化与自动化程度高，工件适应性强，最大的优点是可以充分发挥纤维的强度与模量优势，在美国申请专利之后，迅速发展成为复合材料制品的重要成型方法。纤维缠绕技术的原理是在控制张力和预定线型的条件下，将浸有树脂胶液的连续丝缠绕到芯模或模具上来成型增强塑料制品。纤维缠绕成型工艺制造出来的制件纤维体分比、强度等性能好，生产技术要求较低，适用于连续生产，可有效节约原材料，降低生产成本，被大量应用以满足各类复合材料零件或结构的整体成型需求。

1.4.7 纤维铺放

复合材料纤维铺放成型技术是 20 世纪 70 年代作为对纤维缠绕、自动铺带技术（ATL）、自动铺丝技术（AFP）的改革而发展起来的一种全自动复合材料加工技术，也是近年来发展最快、效率最高的复合材料自动化成型制造技术之一。纤维铺放技术弥补了纤维缠绕技术的不足，不仅可以成型负曲率构件、加强筋板等，而且在大平面表面铺放时也可以保证足够的压紧力，避免出现层间分离等现象。其中，纤维铺放技术在航空、航天等高性能复合材料零件制造中的应用得到了各界的广泛关注。纤维铺放（fibre placement）的工艺原理是将预浸纱束从绕纱架上送到加工头内，在此纱束被平直成纱带，然后被压实在芯模表面上，这项自动化的工艺可以被看作纤维缠绕和自动铺带的协同叠加，这种协同组合能提高结构的可设计性和各种形状的可实现性。

1.5 增材制造技术的挑战

增材制造技术有着巨大的发展前景，它会改变制造业的生产模式和生产现场，减少供应链。就目前的发展状况来说，要实现该技术的大规模应用，还有许多问题有待解决。这里列举出几个主要的问题。

（1）高昂的制造成本问题。增材制造技术当前适用于制造具有定制特征、小批量或几何形状复杂度高的产品，其主要应用领域包括航空航天、高端汽车和生物医学，同时也可以满足个人需求，如制造收藏品、首饰和家居饰品等。然而，采用增材制造技术批量制造标准化零件来实现规模经济的成本明显大于传统工艺。以注塑工艺为例，注塑成型塑料的价格只有 150 元/kg，而大多数增材制造光敏树脂和塑料价格在 850 ~ 1500 元/kg。再以金属粉末成型为例，增材制造钛和钛合金价格为 2040 ~ 5280 元/kg，远高于传统工艺与原材料价格。与此同时，当前的生产速度过于缓慢，导致设备和厂房的折旧率很高，进一步增加了增材制造的制造成本。

（2）尺寸范围和层间分辨率的局限问题。在层间分辨率和打印部件的尺寸范围之间，增材制造技术存在内在的局限性。虽然较高的层间分辨率（即较小的层厚度）能提供更好的表面质量，但是这需要建立更多层来创建所期望的几何形状，因此会增加总的制造时间。正是因为这个原因，商业上的一些增材制造系统，在层间分辨率小于 0.1 mm 时所能制造出产品的最大尺寸一般小于 25 mm。目前，根据机型和加工工艺的不同，增材制造产品的尺寸范围一般小于 1 m（平均 200 ~ 350 mm），在生产一些大型零件时不适合采用增材制造技术。对于大尺寸范围的增材制造设备，一般采用较大的层间厚度来提高打印速度，而其表面质量则可通过工艺规划来保障，或者通过后处理工艺（打磨）提高。

（3）材料的局限性问题。由于高昂的材料成本，研究新的可用材料以降低生产成本对提高增材制造技术的市场竞争力至关重要。因此，必须增加可用材料的范围。再者，在加工过程中节省材料也十分重要。对于一些贵重材料来说，材料的高效利用是降低生产成本的重要方法。同时，新材料已经成为增材制造领域一大热门研究方向，新材料的出现将进一步优化增材制造效果，材料的研究范围包括现有材料（如金属、聚合物、复合材料、陶瓷）和未来的材料（如食品、生物结构）。近年来出现的多色彩 3D 打印满足了创意行业对色彩的需求，但就多彩的世界而言，未来彩色增材制造还有很漫长的道路要走。

（4）材料异质性和结构可靠性问题。在产品生产过程中需要采用不同材料时，增材制造系统在选择材料时就会出现困难，因为现有技术的增材制造系统所生产的产品由于层间结合缺陷会导致零件的各向异性。此外，大多数增材制造系统一次只能打印一种材料。虽然部分增材制造系统可以同时打印多种不同的材料，如打印金属和聚合物，但由于材料之间其界面行为的不确定性以及缺乏设计软件的支持，所以这些系统的应用也十分有限，现有的商业软件不能为设计者提供模拟和分析多种材料的功能。

（5）AM 标准化和知识产权问题。为了确保零件质量、重复性以及整机和机器的一致性，增材制造行业必须对材料、工序、校准、测试和文件格式进行统一，由于现有的机器、材料和工艺的种类繁多，而且各设备制造商（类似于文字印刷行业）在定制耗材和配件方面存在着巨大的经济利益矛盾，这导致了增材制造行业很难有统一的标准。从知识产权的角度来看，增材制造的数据驱动的生产方式和可供下载的开源项目的出现，挑战了当前保护发明家免受侵权的法律环境和社会法规。将来，增材制造领域可能会出现设计类的专利申请，并导致其保护方式发生根本性的变化。为了保护数字化模型的知识产权，研究人员试图通过在图像信息内嵌入频谱域来进行加密，使其内部结构仅在太赫兹波下可见。

（6）商业化障碍问题。当前增材制造技术的专业培训不够完善，大多数爱好者都只停留在认识阶段，这对技术的进一步优化成熟无疑是相当不利的。技术准备水平（TRL）由美国国家航空航天局于 1969 年首次提出，是技术开发成熟度（包括材料、零部件、设备等）的衡量标准，其核心思想是满足成熟技术的科技研究规律，评估科技研究进程及其创新阶梯。一般来说，当发明或提出新技术时，不适合在实际环境中立即使用。需经大量实验测试，进行完善，在充分证明了其可行性之后才可推广应用。因此，TRL 将整个技术研发过程分为 9 个阶段，分别为 3 个"实验室"阶段、3 个"试点"阶段以及 3 个"工业化"阶段。根据 TRL 评估标准，对于许多应用来说，增材制造技术准备水平仍处于低位。因此，这种技术要成为革命性的力量还需要社会各阶层制定合适的规划进行推广。

受 TKL 较低及产业链不成熟的影响，增材制造的产业基础相当薄弱。设备供应商生产的机器没有统一的标准加剧了产品市场流动的困难，原材料供应商十分有限，这导致不同厂家的原材料和不同厂家的设备匹配性能较差，设备和材料必须配套，产品才能达到最佳性能。与标准化的产业链相比，以上种种问题无疑为增材制造设备的市场流通设置了障碍。

1.6　增材制造技术的机遇

增材制造技术的出现引起了制造业的一场革命，有人将其与 20 世纪 60 年代的数控技术相提并论。它不需要任何专门的辅助工夹具，并且不受批量大小的限制，能够直接从 CAD 三维模型快速地转变为三维实体模型，而产品造价几乎与零件的复杂性无关，特别适合于复杂的、带有精细内部结构的零件制造，并且制造柔性极高，随着各种成型技术的进一步发展，零件精度也不断提高。随着材料种类的增加以及材料性能的不断改进，其应用领域必将不断扩大，用途也将越来越广泛，其主要可以概括为以下几方面。

（1）使设计原型样品化。为提高产品设计质量，缩短试制周期，增材制造装备可在几小时或几天内将设计人员的图样或 CAD 模型制造成看得见、摸得着的实体模型样品，从而使设计者、制造者、销售人员和用户都能受益。

1）从设计者受益的角度来看。分析传统的设计，设计者要完成一个产品的设计必须进行以下工作。①根据用户对产品的要求，设计结构、形状和尺寸。②对所选定的结构、形状和尺寸进行运动学、动力学和强度等分析、计算，然后修改原设计。③考虑可能采用的原材料、加工工艺、工模具及其成本与工时，然后再修改设计。④考虑产品制作后的包装、运输、维修和使用培训等问题，最终修改设计。因此，在传统的设计过程中，由于设计者自身的能力限制，不可能在短时间内仅凭产品的使用要求就把以上各方面的问题都考虑得很周全并使结果优化。虽然在现代制造技术领域中，提出了并行工程（concurrent engineering）的方法即以小组协同工作（teamwork）为基础，通过网络共享数据等信息资源，来同步考虑产品设计和制造的有关上、下游问题，从而实现并行设计思想，但仍然存在着设计、制造周期长、效率低等问题。采用增材制造技术，设计者在设计的最初阶段，就能拿到实在的产品样品，并可在不同阶段快速地修改、重做样品，甚至做出试制用工模具及少量的产品进行试验，据此判断有关上、下游的各种问题，从而为设计者创造了一个优良的设计环境，无须多次反复思考、修改，即可尽快得到优化结果。因此，增材制造技术是真正实现并行设计的强有力手段。

2）从制造者受益的角度看。制造者在产品制造工艺设计的最初阶段，可通过具体的产品样品，甚至试制用模具以及少量的产品，及早地对产品工艺设计提出意见，做好原材料、标准件、外协加工件、加工工艺和批量生产用模具等方面的准备，以减少失误和返工，节省工时，降低成本和提高产品质量。因此，增材制造技术可以实现基于并行工程的快速生产准备。

3）从推销者受益的角度来看。推销者在产品的最初阶段能借助于实物产品样品及早并具体地向用户宣传，征求用户意见，以准确地预测市场需求。因此，增材制造技术的应用可以显著降低新产品的销售风险和成本，大大缩短其投放市场的时间和提高竞争能力。

4）从用户受益的角度来看。用户在产品设计的最初阶段，能够见到产品样品，进而及早、深刻地认识产品，进行必要测试，并且提出完善意见。因此，增材制造技术可以在尽可能短的时间内，以最合理的价格得到性能最符合用户要求的产品。

（2）用于产品的性能测试。随着新型材料的开发，增材制造装备所制造的产品零件原型具有足够的机械强度，可用于传热以及流体力学试验。用某些特殊光敏固化材料制作的模型还具有光弹特性，可用于零件受载荷下的应力应变分析。例如，美国通用汽车公司1997 年在为其推出的某车型开发过程中，直接使用增材制造技术制作的模型进行车内空调系统、冷却循环系统及加热取暖系统的传热学试验，较以往的同类试验节省成本在 40%以上；克莱斯勒汽车公司直接利用增材制造技术制作的车体原型进行高速风洞流体动力学试验，节省开发成本达 70%。

（3）用作投标的手段。在国外，增材制造技术已成为某些制造商家争夺订单的手段。例如，位于 Detroit 的一家仅组建两年的制造商，由于装备了两台不同型号的快速成型机及以此为基础的快速精铸技术，仅在接到 Ford 公司标书后的 4 个工作日内便生产出了第一个功能样件，从而在众多的竞争者中得到了 Ford 公司年总产值达 3000 万美元的发动机缸盖精铸件合同。

（4）快速模具制造。以增材制造制作的实体模型作模芯或模套，结合精铸、粉末烧结或石墨研磨等技术，可以快速制造出企业产品所需要的功能模具或工装设备，其制造周期为传统数控切削方法的 1/10~1/5，而成本却仅为其 1/5~1/3。模具的几何复杂程度越高，其效益越显著。一家位于美国 Chicago 的模具供应商（仅有 20 名员工）声称，车间在接到客户 CAD 文件后一周内可提供制作任意复杂的注塑模具，实际上 80% 的模具则可在 24~48 h 内完工。

模具的开发是制约新产品开发的瓶颈，要缩短新产品的开发周期、降低成本，必须首先缩短模具的开发周期，降低模具的成本。快速模具是模具学科中新发展的一种完全不同于传统模具的制造工艺，能显著缩短制造周期，降低成本，对于新产品的开发、试制、生产具有十分重要的作用，是目前制造业重点推广的一种先进技术。因此，进一步探讨新型快速模具的原理、结构、材料与制造工艺，加大该技术推广应用的力度，是推动模具行业可持续发展的重要契机。

（5）增材制造为创新设计释放了巨大的空间。增材制造新工艺使设计思想不再受制造风险约束，为设计创新开辟了巨大的空间，能够满足任意复杂形状（包括内部形状，采用传统制造刀具不可达的方位）、多零件、多材料集成为一体等的制造需求。目前，制造行业采用增材制造技术已经实现了许多热交换结构的创新，实现了最优的换热效率；GE 公司通过增材制造技术用一个零件代替原设计 20 个零件组成的飞机发动机喷嘴，实现了 25% 的减重和 15% 的增效，大幅度降低了制造成本，并已大批量生产；美国公司采用增材制造，成型了耐热 3300 ℃ 的复合材料航天发动机零件，可能是其龙飞船 2 号推力 200 倍于龙飞船 1 号的关键。

（6）3D 打印是创新产品开发的利器。汽车车身设计、零部件制造、家电轻工产品、建筑设计、时尚消费品等的新产品开发经过 3D 打印验证，已成为其产品开发程序，能够促使开发周期、开发费用降低至原来的 1/10~1/3。PORD 汽车公司全面采用 3D 打印技术开发其汽车发动机，助力了企业复苏。目前，3D 打印在发达国家已成为其创新产品开发的利器。

思 考 题

1-1 增材制造的基本原理是什么？

1-2 增材制造系统分为哪些基本部分？分别是什么？

1-3 增材制造方法与传统制造方法有什么区别和联系？

1-4 增材制造技术有什么特点及作用？

参 考 文 献

[1] 杨占尧，赵敬云. 增材制造与 3D 打印技术及应用 [M]. 北京：清华大学出版社，2017：77-79.
[2] 蔡志楷，梁家辉. 3D 打印和增材制造的原理及应用 [M]. 4 版. 北京：国防工业出版社，2017.

2 金属增材制造材料

本章提要: 金属增材制造材料的分类和特点;常用金属粉末材料和金属丝材的介绍。

成型材料是金属增材制造技术发展中的关键环节之一,它对制件的物理力学性能、化学性能、精度及其应用领域起着决定性作用,直接影响到金属增材制造制件的用途以及金属增材制造技术的竞争力。用于金属增材制造的主要材料有金属粉末材料和金属丝材,其中金属粉末应用较为广泛,粉末应尽可能同时满足纯度高、少无空心、卫星粉少(实心最佳)、粒度分布窄、球形度高、氧含量低、流动性好以及松装密度高等要求,主要应用于选区激光烧结(SLS)、选区激光熔化(SLM)和选区电子束熔化(EBSM)等增材制造技术。传统的金属丝材主要用于焊接工艺,目前高品质丝材主要用于电弧增材制造技术,本章主要介绍金属粉末材料和丝材的特性及其对增材制造成型性的影响。

2.1 增材制造用金属粉末材料

3D 打印用金属粉末通用标准如下:粒径在 $15 \sim 60~\mu m$ 的金属球形粉末,尽可能同时满足纯度高、少无空心、卫星粉少(实心最佳)、粒度分布窄、球形度高、氧含量低、流动性好以及松装密度高等要求。其中,理想的 SLM 专用金属粉末如图 2-1 和图 2-2 所示。国外制造业在 19 世纪末实现了超细金属粉末的规模化工业生产,通过近 30 年的发展,成功采用真空感应气体雾化(VIGA)法、无坩埚电极感应熔化气体雾化(EIGA)法、等离子旋转电极雾化(PREP)法以及等离子火炬(PA)法等方法制备出了 SLM 专用金属粉末材料,目前已经具备成熟稳定的批量供货能力。

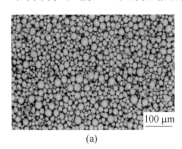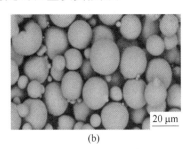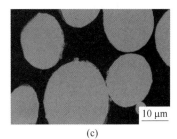

(a)   (b)   (c)

图 2-1　Sandvik 采用 PREP 技术生产的用于增材制造的 Ti-6Al-4V 合金球形粉末
(a) 粉末分布与形貌;(b) 粉末表面形貌;(c) 粉末截面形貌

国内粉末制造行业制备高性能增材制造专用金属粉末材料(见图 2-3)的方法主要有

图 2-2　Sandvik 生产的用于增材制造的高温合金粉末

(a) 718-AM；(b) 625-AM

两种：一种是高速等离子旋转电极雾化法，一种是气体雾化法。现阶段，大部分企业已经基本具备利用这两种工艺制备球形金属粉末材料的硬件能力，但是材料种类偏少、产能较低、批次稳定性较差。国内权威机构对增材制造用国产金属粉末与进口金属粉末进行比较，发现两者在粉末形貌、卫星粉、空心粉等部分指标上基本相当，但是国产金属粉末细粉（325 目❶）出粉率不够高（EIGA 细粉出粉率在 28% 左右，PREP 细粉出粉率为 10% ~ 15%），试用后反馈氧含量控制不稳定，导致成型试样力学性能不理想。随着近些年的科研攻关，国内部分研究机构和高端制造企业已经初步具备了生产高品质军用钛合金、铝合金等 3D 打印专用球形粉末的能力，并能够定制化批量生产。

图 2-3　中航迈特采用 EIGA、PREP 等工艺生产超高纯净粉末

(a) 钛合金；(b) 高温合金

2.1.1　增材制造用金属粉末材料制备方法

粉末制备方法按照制备工艺主要分为还原法、电解法、研磨法、雾化法等。其中，还原法、电解法和雾化法生产的粉末作为原料应用到粉末冶金工业的情况较为普遍，电解法和还原法仅用于单质金属粉末的生产，对于合金粉末上述方法均不适用。雾化法可以用于合金粉末的生产，同时现代雾化工艺对粉末的形状也能够予以控制，不断发展的雾化腔结

---

❶　325 目 = 0.043 mm。

构大幅提高了雾化效率，使得雾化法逐渐发展成为主要的粉末生产方法。雾化法生产的金属粉末能满足 3D 打印的特殊要求。雾化法是指通过机械方法使金属熔液粉碎成粒径小于 150 μm 的颗粒的方法。按照粉碎金属熔液的方式分类，雾化法包括二流雾化法、离心雾化法、超声雾化法、真空雾化法等。其中，水气雾化法具有生产设备及工艺简单、能耗低、可批量生产等优点，是金属粉末的主要工业化生产方法。目前，用于增材制造用金属粉末制造的工艺主要有真空感应气体雾化（VIGA）法、无坩埚电极感应熔化气体雾化（EIGA）法、等离子旋转电极雾化（PREP）法以及等离子雾化（PA）法等。

2.1.1.1 真空感应气体雾化法

真空感应气体雾化（VIGA）制粉设备适用范围广，可制备铁基、镍基、钴基、铝基、铜基等合金粉末材料，广泛应用于 3D 打印、熔融沉积、激光熔覆、热喷涂、粉末冶金以及热等静压等先进制造领域。

A 工作原理

（1）熔炼：炉内抽真空，坩埚内原料在真空环境中感应加热熔化，达到工艺要求后，金属液浇入中间保温坩埚，经保温坩埚底部导流孔流入雾化喷嘴；

（2）雾化：雾化喷嘴通入高压惰性气体，经过拉瓦尔结构腔体加速，形成超音速气流，将落入雾化区的金属液冲击破碎，使其雾化成细微的金属液滴；

（3）粉末收集：液滴在空中受表面张力变为球形颗粒，在雾化室内快速冷却凝固成为金属粉末，再经过旋风分离系统将金属粉末收集。

B 工艺特点

（1）适用性强，可制备多种合金系金属粉末，典型产品有不锈钢、模具钢、高温合金、钴铬合金、铝合金等；

（2）入炉料多样，可选择合金配料、母合金、粉末返回料；

（3）冷速快，液滴冷却凝固速率达到 $10^3 \sim 10^6$ K/s，快速凝固为细小微晶组织；

（4）纯净度高，真空下精炼合金，气体、杂质含量低；

（5）粉末质量好，采用紧耦合或自由式气雾化喷嘴技术，球形度高，粒度可控；

（6）操作简便，生产准备时间短，可连续批量生产。

2.1.1.2 无坩埚电极感应熔化气体雾化法

无坩埚电极感应熔化气体雾化（EIGA）主要用于活泼或难熔金属以及合金粉末的制备，如纯钛及钛合金、高温合金、铂铑合金、金属间化合物等金属粉末，所制得的粉末广泛应用于选区激光熔化、激光熔融沉积、电子束选区熔化以及粉末冶金等领域。

A 工作原理

（1）熔炼：炉体抽真空后，充入高纯惰性保护气体，将预制合金棒料通过升降旋转机构送入炉内环形感应线圈内，在电磁场作用下电极棒料熔化，束流熔滴落入特制的雾化器喷嘴；

（2）雾化：雾化喷嘴通入高压惰性气体，将落入雾化区的金属液冲击破碎，使其雾化成细微的金属液滴；

（3）粉末收集：液滴在空中受表面张力变为球形颗粒，在雾化室内快速冷却凝固成为金属粉末，再经过旋风分离系统将金属粉末收集，如图2-4所示。

B 工艺特点

（1）粉末质量好，球形度高，由于不采用坩埚等耐火材料，制粉全过程无污染，适合制备高纯净高附加值粉末；

（2）入炉料多样，可选择合金配料、母合金、粉末返回料；

（3）冷速快，液滴冷却凝固速率达到 $10^3 \sim 10^6$ K/s，快速凝固为细小微晶组织；

（4）纯净度高，真空下精炼合金，气体、杂质含量低；

（5）粉末质量好，采用紧耦合或自由式气雾化喷嘴技术，球形度高，粒度可控；

（6）操作简便，生产准备时间短，可连续批量生产。

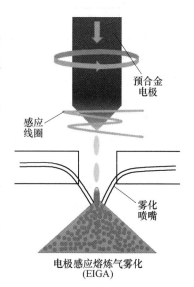

图 2-4 EIGA 雾化制粉原理图[1]

2.1.1.3 等离子旋转电极雾化法

等离子旋转电极雾化（PREP）制粉设备主要用于生产镍基高温合金粉末、钛合金粉末、不锈钢粉末以及难熔金属粉末等，所制得的粉末质量高，广泛应用于电子束选区熔化、激光熔融沉积、热喷涂以及热等静压等领域。

A 工作原理

将金属或合金制成自耗电极棒料，通过等离子弧将高速旋转的电极端面熔化，电极高速旋转产生的离心力将熔化的金属液甩出形成小液滴，液滴在惰性气体中高速冷却，凝固成为球形金属粉末颗粒，如图 2-5 所示。

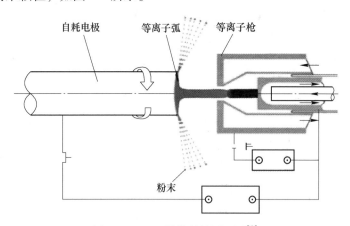

图 2-5 PREP 雾化制粉原理图[2]

B 工艺特点

（1）粉末品质高，粉末颗粒表面光滑洁净、空心粉和卫星粉极少、气体夹杂少；

（2）工艺参数控制简单，操作方便，可自动化生产；

（3）适用性强，可制备 Ti、Ni、Co 难熔金属及合金。

C 技术优势

与气雾化技术相比，PREP 工艺不以高速惰性气流直接分散金属液流雾化，因此可以避免雾化法中出现的"伞效应"，其优势可直观表现在金属粉体的粒度分布、形貌、氧含量以及洁净度上。以钴铬钼合金（CCM）粉末制备为例，其技术优势对比有如下几点。

（1）粉末粒度分布更集中，均匀性好。采用气雾化制备的 CCM 粉末粒度主要集中在 20~150 μm 范围，而 PREP 法制备的粉末粒度主要集中在 30~120 μm。相比气雾化法，PREP 法制备粉末粒度分布更集中，粉末颗粒大小基本一致。

（2）粉末基本不存在空心粉、卫星粉，纯度更高、夹杂少。气雾化法制备的 CCM 粉末具有不规则形状、破碎颗粒、大尺寸金属长薄片等特点，其流动性较差。高速氩气流对熔体的冲击分散易在粉末颗粒内部形成闭合孔隙，导致闭孔内含有一定量氩气体（通常不溶于金属，在 3D 打印过程中不易消除），进而形成气隙、卷入性和析出性气孔、裂纹等缺陷，即使采用热等静压也无法消除该类缺陷，在随后热处理过程中易发生热诱导孔隙长大。采用 PREP 法制得的粉末球形度更高、流动性更好、气体体积分数低，能够有效避免上述缺陷，是金属增材制造理想的原材料。

（3）粉末增氧量更低。PREP 法有效避免了气雾化的合金熔炼以及高速惰性气流破碎液流的工序，PREP 粉末氧增量可控制在 10~40 ppm（$(10 \sim 40) \times 10^{-6}$）以内，而气雾化粉末氧增量通常达到 100 ppm（100×10^{-6}）以上。

2.1.2 粉材粒径对成型性的影响

2.1.2.1 粉材粒径分析与松装密度

目前，通常采用激光衍射法分析粉末的平均颗粒粒径及颗粒粒径分布特征，并根据体积平均法统计获得平均颗粒粒径结果，以几种典型粒径分布的金属粉末为例，如图 2-6 所示。

从图 2-6 可以看出，各种颗粒粒径范围粉末的体积分布均呈正态分布，按照体积平均颗粒粒径的理论获取各组粉末的平均颗粒粒径，如图 2-6（a）所示，粉末（1 号粉末）的平均颗粒粒径为 50.81 μm；如图 2-6（b）所示，粉末（2 号粉末）的平均颗粒粒径为 26.36 μm；图 2-6（c）中粉末（3 号粉末）的平均颗粒粒径为 13.36 μm；图 2-6（d）所示的是 1 号和 3 号粉末混合而成的粉末（4 号粉末）的颗粒粒径分布，因为两种粒径粉末的存在，所以粉末粒径呈现"双峰"分布特征，平均颗粒粒径为 47.15 μm。上述粉末平均粒径和松装密度见表 2-1。

表 2-1 不同粒径粉末的松装密度[3]

粉末编号	1	2	3	4
平均颗粒粒径/μm	50.81	26.36	13.36	47.15
松装密度/%	54.98	55.79	56.13	59.83

平均粒径为 50.81 μm 的 1 号粉末松装密度仅为 54.98%，在 4 种粉末中最低。由于这种粉末粒径分布范围最窄，类似于单一粒径球体堆积，根据球体堆积密度理论，单一粒径球体堆积密度最小，平均值为 53.3%。当粉末平均粒径在 50.81~13.36 μm 之间变化时，粉末松装密度逐渐变大。由图 2-6 可以看出，图 2-6（b）和（c）的曲线宽度较宽，说明

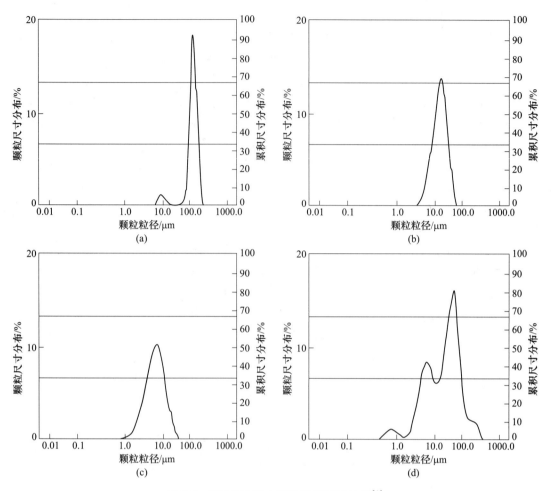

图 2-6　四种不同粉末颗粒粒径测试结果[3]

（a）平均颗粒粒径 50.81 μm；（b）平均颗粒粒径 26.36 μm；

（c）平均颗粒粒径 13.36 μm；（d）平均颗粒粒径 47.15 μm

其粒径分布范围较广，不同粒径的球体混合在一起，减小了球形粉末堆积的孔隙率。对于球体堆积理论，在只有两种粒径的球体堆积中，当小、大球粒径比为 0.31 时，堆积密度能够达到最大。4 号粉末是由 1 号和 3 号粉末混合而成的，假设 1 号和 3 号粉末这两种粉末都是由粒径为 50.81 μm 和 13.36 μm 的球体组成的，那么在混合粉末中小、大球的粒径比为 0.26，这种配比接近了理想的比例 0.31，最后实测松装密度达到了 59.83%。

2.1.2.2　粉材粒径对单道成型形貌及球化现象的影响分析

粒径较大的粉末单道成型性差，表现为扫描线宽度不均匀、表面粗糙，有大颗粒的球化现象。最主要的原因是粉末粒径较大，铺粉时粉末容易出现分布不均的现象，且粉末比表面积较小，对能量的吸收较小。由于激光束能量的分布是高斯分布模式，扫描过程中激光扫描线边缘能量较低，部分粉末颗粒并未完全熔化，导致扫描线不均匀，且熔化的金属液依附着未熔化的大颗粒粉末凝固生长，形成球化现象。在 SLM 成型过程中，金属粉末经激光熔化后如果不能均匀地铺展，而是形成大量彼此隔离的金属球，这种现象称为 SLM

成型过程的球化现象。球化现象对 SLM 成型技术来讲是一种普遍存在的成型缺陷，严重影响了 SLM 成型质量，其危害主要表现为会导致金属件内部形成孔隙。由于球化后的金属球都是彼此隔离开的，隔离的金属球之间存在大量孔隙，大大降低了制件的力学性能并增加了表面粗糙度。

球化现象的产生归结为液态金属与固态表面的润湿问题，图 2-7 为熔池与基板润湿状况示意图。其中，θ 为气液间表面张力 $\sigma_{L/V}$ 与液固间表面张力 $\sigma_{L/S}$ 的夹角。三应力接触点达到平衡状态时的合力为零，即

$$\sigma_{V/S} = \sigma_{L/V}\cos\theta + \sigma_{L/S} \tag{2-1}$$

当 $\theta<90°$ 时，SLM 成型熔池可以均匀地铺展在前一层上，不形成球化现象；反之，当 $\theta>90°$ 时，SLM 成型熔池将凝固成金属球，黏附于前一层上。此时，$-1<\cos\theta<0$，可以得出球化时界面张力之间的关系为

$$\sigma_{V/S} + \sigma_{L/V} > \sigma_{L/S} \tag{2-2}$$

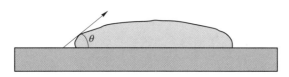

图 2-7　熔池与基板的润湿状况示意图[3]

可见，对激光熔化金属粉末而言，液态金属润湿后的表面能小于其润湿前的表面能，从热力学的角度上讲，SLM 的润湿是自由能降低的过程。产生球化的原因主要是根据吉布斯自由能的能量最低原理，金属熔池凝固过程中，在表面张力的作用下，熔池形成球形以降低其表面能。

SLM 成型过程中的球化因素主要有三种：（1）粉末的氧含量；（2）粉末颗粒粒径；（3）成型气氛。由于氧的存在，熔化的金属粉末会形成金属氧化物浮在金属液的表面，在熔化道和熔化层之间相互连接时，降低了湿润效果，形成球化。然而，粉末颗粒粒径的分布对球化的影响也非常重要。在本试验中，平均颗粒粒径最大的粉末和两种颗粒粒径混合的粉末容易形成球化现象，其原理如图 2-8 所示。

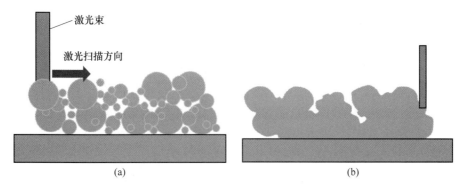

图 2-8　SLM 成型球化示意图[3]

（a）熔化前；（b）熔化后

2.1.2.3　粉材粒径对单道扫描线宽度的影响分析

各种粒径的粉末，随着激光功率的增强，扫描线的宽度都呈增加趋势。同时，粒径较小粉末的熔池宽度变化最为均匀，这是由于粒径较小粉末的成型过程较稳定，轨迹连续，导致熔池宽度尺寸很均匀，因此测量的尺寸最符合理想的规律；而粒径相对较大的粉末，成型较不稳定，易形成波动，导致熔池尺寸不均匀。研究发现，不同粒径的不锈钢粉末的单道扫描线宽度 ω 与激光线能量密度 e 存在一定关系，即激光功率 P 与扫描速度 v 综合作用对熔池产生影响。根据测量数据，可以拟合出熔池宽度与激光线能量密度满足指数关系。

例如，SLM 单道成型轨迹的宽度与激光线能量密度之间的关系，如图 2-9 所示。对粒径为 50.81 μm 的 316L 不锈钢粉末单道扫描轨迹的宽度 w(mm) 与激光线能量密度 e 进行数据拟合，得到公式：

$$w = 0.08797 - 0.25505\exp(-14.39072e) \tag{2-3}$$

粒径为 26.36 μm 的 316L 不锈钢粉末单道扫描轨迹的宽度 w(mm) 与激光线能量密度 e 满足

$$w = 0.09885 - 0.13232\exp(-7.35164e) \tag{2-4}$$

粒径为 13.36 μm 的 316L 不锈钢粉末单道扫描轨迹的宽度 w(mm) 与激光线能量密度 e 满足

$$w = 0.08965 - 0.1545\exp(-10.33076e) \tag{2-5}$$

经上述分析得到，316L 不锈钢粉末的 SLM 单道成型轨迹宽度会随着激光线能量密度的增大而增大，并且存在一种以激光线能量密度为自变量的函数关系，其形式为

$$w = w_0 - A\exp(-Ke) \tag{2-6}$$

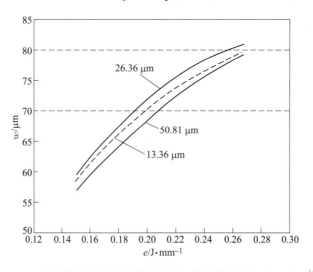

图 2-9　不同颗粒粒径粉末熔化道宽度与激光线能量密度的关系[3]

从以上数据函数关系可以看出，粉末参数对 SLM 单道成型的熔池形貌与尺寸有很大影响。其中，w_0是每种粉末扫描线宽度的最大值，平均粒径为 50.81 μm 不锈钢粉末的单道成型轨迹的宽度是最小的。根据粉末熔化后体积一定的规律，扫描线的宽度很小，说明熔化道的高度较高，不利于面扫描时熔池间良好连续的搭接，也会影响面扫描表面的平整

度，并且最终导致扫描线之间出现孔隙，严重影响最终制件的相对密度及力学性能。

相对而言，可以发现粒径为 26.36 μm 的不锈钢粉末在同等条件下的单道扫描轨迹的宽度最大，这说明在相同的粉层厚度下，具有该粒径的粉末能更好地被熔化且平整地铺展在基板上，这样有助于扫描线之间的良好搭接，同时对激光器的输出功率要求也较低，成型表面质量更好，最终得到的制件的相对密度更高，力学性能更好。平均粒径为 13.36 μm 的不锈钢粉末单道成型轨迹普遍呈直线连续型，且轨迹较为平整，表面质量较好，很少出现球化等缺陷，粉末的成型性能介于 1 号粉末和 2 号粉末之间。

2.1.2.4 粉材粒径对面扫描的影响

根据单道扫描测量和分析结果，计算出各种粒径粉末在不同工艺参数下的熔池宽度，为下一步进行不同粒径分布的不锈钢粉末在不同工艺参数下面扫描的扫描线搭接率和实体制造中需要的扫描间距的计算提供依据。在一定工艺参数下，以搭接率 η 指导扫描间距 S 的设置。例如，平均粒径为 50.81 μm 的不锈钢粉末，当激光功率为 140 W、扫描速度为 550 mm/s、扫描间距为 0.08 mm 时，扫描线之间有搭接，球化现象较为严重，表面粗糙度较大；当扫描间距减小到 0.06 mm（搭接率为 21.6%）时，组织基本无孔隙，球化现象有所减轻，表面较为平整，如图 2-10（a）所示；扫描间距减小到 0.04 mm（搭接率为 47.7%）时，只有少量的金属球飞溅，组织更加致密。

平均粒径为 26.36 μm 的不锈钢粉末，在激光功率为 140 W、扫描速度为 550 mm/s、扫描间距为 0.08 mm 时，相邻扫描线之间有明显的较连续的孔隙沟壑，几乎没有黏结，因此表面极不平整；当扫描间距减小到 0.06 mm（搭接率为 25%）时，扫描线之间搭接良好，表面均匀平整，如图 2-10（b）所示。当扫描间距减小到 0.04 mm（搭接率为 39.4%）时，表面质量较差，并且球化现象有些严重。

平均粒径为 13.36 μm 的不锈钢粉末，在激光功率为 140 W、扫描速度为 550 mm/s、扫描间距为 0.08 mm（搭接率为 12%）时，扫描线搭接质量良好，但是搭接率过低，可能会影响到制件的致密性。如图 2-10（c）所示。在扫描间距为 0.06 mm 时，其搭接率为 16%，制件表面质量较好，但要比扫描间距为 0.08 mm 时的更差；当扫描间距继续变小时，表面质量更差，球化现象比较严重，表面粗糙度较高。

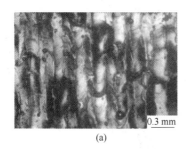  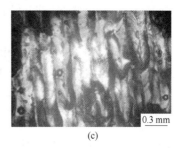

图 2-10 面扫描金属表面形貌[4]
（激光功率 140 W，扫描速度 550 mm/s，扫描间距 0.06 mm）
（a）搭接率为 21.6%；（b）搭接率为 25%；（c）搭接率为 16%

2.1.2.5 成型实体的相对密度与力学性能

结合单道扫描及面扫描试验优化的粉末参数及工艺参数，选择四种粒径粉末，用激光功率为 140 W、扫描速度为 650 mm/s、层厚为 0.02 mm 的制造工艺参数进行立方块体制造，图 2-11 所示的是四种粒径的粉末松装密度与成型后零件的相对密度的关系曲线。1号~3 号粉末成型零件的相对密度依次提高，其中 3 号粉末成型零件相对密度最高、4 号粉末成型零件相对密度稍高于 1 号粉末而低于 2 号粉末。由 1 号~3 号粉末成型零件的相对密度结果可以看出，随着粉末的松装密度的提高，成型零件的相对密度也随之提高，4 号粉末松装密度最高，但其相对密度相对 3 号粉末有所下降，这是因为 4 号粉末中两种粒径相差较大，在熔化过程中，小粒径的粉末优先熔化，大粒径的粉末有的则未被熔化，形成球化现象，导致下一层铺粉不均匀，最终出现孔隙。在制造过程中样件中间出现断层，如图 2-12 所示，将该样件从断层处折断，从断裂处可以看到大量未熔化的金属粉末及形成的一些孔洞。

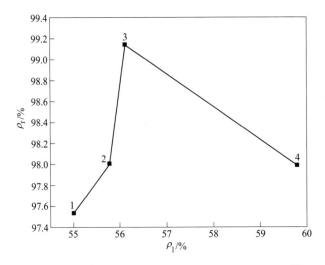

图 2-11   粉末松装密度与成型后零件相对密度的关系[3]

前面研究表明，平均颗粒粒径为 26.36 μm 的粉末成型性能最好，所以以该种不锈钢粉末作为成型材料制造八组制件进行相对密度测试，然后线切割成拉伸测试条进行力学性能的测试，拉伸曲线如图 2-13 所示。

由图 2-13 可以看出，1 号~3 号试样抗拉强度依次提高，3 号试样的抗拉强度最高，超过 1000 MPa。结合图 2-11 所示的相对密度曲线，抗拉强度与相对密度存在一致性，即相对密度高的制件的抗拉强度也高；4 号~6 号试样抗拉强度依次提高，其相对密度也依次增加。由拉伸曲线可以看出，抗拉强度高的试样，其拉伸长度也较长，主要是因为：相对密度相对高的零件，在变形过程中，裂纹的形成和扩展时机更晚一些，其拉伸长度就更长一些。

2.1.3   粉材球形度对成型性的影响

采用相同粒径的气雾化和水雾化不锈钢粉末进行试验。粉末粒径分布基本接近，由于分别采用不同的雾化制粉方式，因此其颗粒形状存在较大差异。图 2-14 所示的是两种不锈钢粉末的微观形貌，水雾化不锈钢粉末的颗粒呈不规则形状，气雾化不锈钢粉末颗粒为较规则的球形。激光功率为 95 W 和扫描速度为 60 mm/s 工艺参数条件下进行单道单层扫描试验，获得单道单层熔化结果，如图 2-15 所示。结果显示，两种不锈钢粉末的单道扫

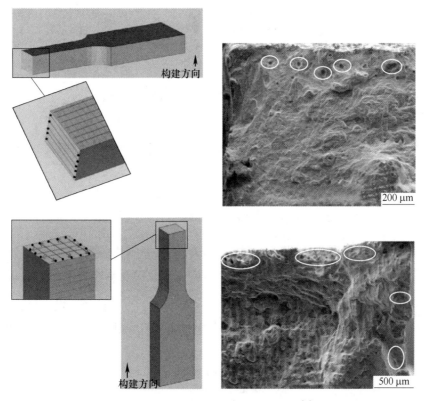

图 2-12 不同扫描方式下的断口形貌[5]

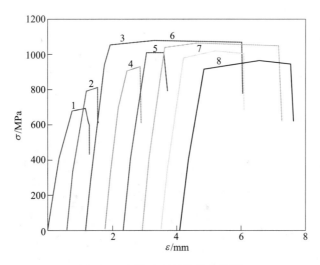

图 2-13 制件室温的拉伸曲线[3]

描轨迹无明显区别，两条扫描线都为连续直线状，中间无断裂，且无球化现象。由此看出，在激光能量密度足够大时，粉末的颗粒形状不影响单道单层扫描质量。

粉末颗粒形状会影响粉末的流动性，进而影响铺粉的均匀性。在多层成型过程中，铺粉不均将导致扫描区域内各部位的金属熔化量不均，使制件内部组织结构不均，有可能出

图 2-14　不锈钢粉末颗粒的微观形貌

（a）水雾化制备 316L 不锈钢粉末[6]；（b）真空气雾化工艺制备低氧含量 316L 不锈钢粉末[7]

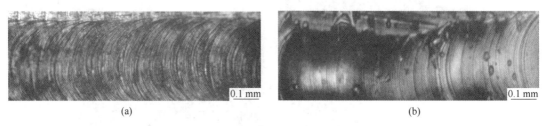

图 2-15　单道单层扫描线[4]

（a）水雾化粉末；（b）气雾化粉末

现部分区域结构致密，而其他区域存在较多孔隙的现象。为了验证该推论，采用上述单道单层工艺参数和成型粉末，制造多道多层块体制件，获得的表面形貌如图 2-16 所示，两种粉末制件的表面形貌存在明显差异。在相同放大倍数下，水雾化粉末制件的表面较为粗糙，表面存在大量体积较大的孔隙；气雾化粉末制件表面相对平整，孔隙数量少，体积小。试验测得水雾化粉末制件的相对密度约为 90%，气雾化制件的相对密度在 90% 以上。结果表明，在相同工艺参数下，粉末颗粒形状直接影响 SLM 制件的相对密度和表面质量。球形颗粒粉末相对不规则颗粒粉末，更适合于 SLM 成型。

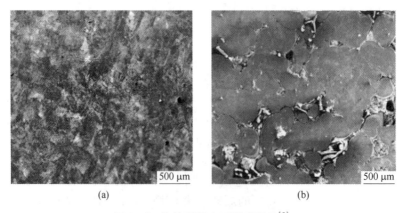

图 2-16　块体制件表面微观形貌[8]

（a）气雾化粉末；（b）水雾化粉末

2.1.4 粉材氧含量对成型性的影响

随着粉末氧含量的增加，制件的相对密度和抗拉强度明显下降。当氧的质量分数超过一定限度时，制件性能急剧恶化。其原因是在成型过程中，金属粉末在激光作用下短时间内吸收高密度的激光能量，温度急剧上升。如果有氧存在，则制件极易被氧化。另外，粉末中残杂的氧化物在高温作用下也会导致液相金属发生氧化，使液相熔池的表面张力增大，加剧球化效应，直接降低了制件的相对密度，影响了制件的力学性能。粉末氧含量的不同导致了成型过程中熔池质量的差异，而熔池的形状和球化效应最终决定了制件内部组织，进而影响了制件最终的性能。

2.1.5 常用的金属增材制造粉材

纯金属已经应用于选区激光熔化（SLM）和选区激光烧结（SLS）等增材制造工艺中，但是与合金相比，纯金属粉末不是增材制造的主要研究对象。主要原因如下：首先，纯金属性质（相对于其合金）较弱，其力学性能较低，抗氧化性、抗腐蚀性等较弱；其次，增材制造用的，尤其是 SLM 成型使用的金属粉末颗粒粒径很小（20~100 μm），同时，流动性好的球形纯金属粉末制造加工很困难，阻碍增材制造成型纯金属粉末的发展。目前，常见金属 3D 打印用粉材有以下几种。

2.1.5.1 钛合金

钛及钛合金以其显著的轻质量、高强度、高韧度和高耐腐蚀等特点，广泛应用于医疗器械、化工设备、航空航天以及军工海装等领域。钛具有同素异构体，熔点为 1668 ℃，在低于 882 ℃时呈密排六方晶格结构称为 α 钛，882 ℃以上为体心立方的 β 钛；基于钛上述两种晶体结构相的不同特点，通过添加适当的合金元素，使其相变温度及相分含量逐渐改变，能够得到不同组织的钛合金（titanium alloy）。室温下，钛合金有三种基体组织，α 组织、（α+β）组织以及 β 组织。目前，通过 SLM 成型制备的钛合金主要有纯钛、Ti-6Al-4V 以及 Ti-6Al-7Nb 合金等，其主要应用于航空航天、人体植入（如骨骼、牙齿等）等领域。

TC4(Ti-6Al-4V) 是最早应用于 SLM 工业生产的一种钛合金，其增材制造用球形金属粉末的制备技术相对成熟。目前，针对该成分钛合金球形金属粉，相关行业企业已经具有稳定的批量供货能力。李伟[9]利用雾化法得到球形 TC4 合金粉末，如图 2-17 所示，粉末分散性良好、颗粒圆整、表面光滑，颗粒平均直径为 57 μm，并通过选区激光熔化技术制备获得 10 mm×10 mm×10 mm 的成型件。

对不同激光扫描速度下成型的 TC4 合金进行缺陷和微观组织表征以及力学性能测试，研究发现，SLM 制备的 TC4 钛合金缺陷以小尺寸孔洞为主，孔洞的三维空间分布均匀，形貌并没有规则，有类球形、环形、柱状以及其他形状孔洞。孔隙形成原因如下：一是金属熔化过程中保护气体被裹挟到熔池内部形成小型孔洞，多为类规则的孔洞，如类球形孔洞和柱状；二是激光扫描轨道间以及层与层之间存在未熔化或者欠熔化的粉末颗粒导致大型孔洞形成，多为不规则的孔洞。在铺粉厚度不变的情况下，激光提供的热量并不足以使全部的金属粉末熔化，导致出现更多的未熔合或者欠熔合颗粒，这些颗粒与其周围的凝固金属之间形成孔隙，导致大尺寸孔洞增加。

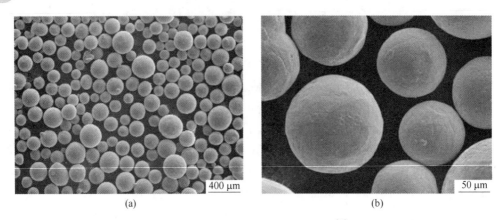

图 2-17　TC4 钛合金粉末 SEM 图像[9]

（a）低倍图像；（b）高倍图像

田操等人[10]为制备综合性能优良的 TC4 钛合金粉末，采用冷壁坩埚真空感应熔炼气雾化制粉工艺，通过合理匹配方法归纳设计真空熔炼和气雾化喷粉工艺参数，并对粉末进行力学性能检测验证。结果表明，设计线圈功率最大 400 kW、石墨倒流管直径 5 mm 以及雾化压力（5.5±0.2）MPa 工艺参数条件下，可以获取球形度好、细粉收得率在 30%以上的增材制造用 TC4 钛合金粉末。粉末筛分供选区激光熔化和选区电子束熔化成型用，两种粉末粒度分布均匀，松装密度分别为 2.1 g/cm^3 和 2.3 g/cm^3，霍尔流速分别为 60 s/（50 g）和 25 s/（50 g），如图 2-18 所示。旋风分离技术获得的粉末粒径范围均匀，堆积状态较好，

图 2-18　不同粒径 TC4 钛合金粉末的 SEM 图像[10]

（a）（b）15~53 μm；（c）（d）53~106 μm

未发现明显异形颗粒，粉末的球形度较高，粘连卫星球较少，细颗粒掺杂较少，满足增材制造用球形粉末要求。

Chen 等人[11]观察 EOS 公司制备的 SLM TC4（Ti-6Al-4V）球形粉末，如图 2-19 所示，TC4 粉末呈高度球形，粉末尺寸符合高斯尺寸分布，组织为典型的细针 α′马氏体形态。赵少阳等人[12]利用水冷铜坩埚熔炼、高纯氩气雾化技术制备出高品质球形 TC4 合金粉末。实验采用 TC4 合金棒材为原料，首先将合金棒材装入水冷铜坩埚中，熔炼前将熔炼室和雾化室分别进行抽真空（真空度约为 1.0×10^{-2} Pa）；再进行真空感应熔炼，当原料熔化后，在熔炼室中充入氩气保护；随后，将导流管加热，待坩埚底部的金属完全熔化后，由于熔炼室与雾化室之间存在正压差，熔融钛合金液流从坩埚底部流入导流管，并从导流管中流入雾化室，当液流自由落至高压氩气喷口处时，开启高纯氩气进行雾化操作。雾化介质为高纯氩气（纯度为 4 N），熔炼温度约为 1740 ℃，雾化压力为 3~7 MPa。

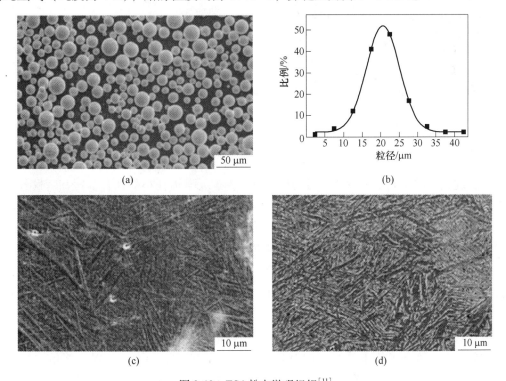

图 2-19 TC4 粉末微观组织[11]

（a）球形 TC4 粉末；（b）高斯尺寸分布；（c）初始粉末组织；（d）SLM 后的细针 α′马氏体形态

雾化粉末经过旋风分离装置落入粉末收集罐中，待冷却后将粉末取出。如图 2-20 所示为不同粒径 TC4 钛合金粉末表面形貌的 SEM 像，可以看出，粉末均以球形为主，粒径较大的部分粉末伴有"卫星"颗粒（见图 2-20（a））；对比图 2-20（b）和（f）可知，粉末粒径越小，其表面越光滑。另外，如图 2-20（b）所示，粒径较大粉末表面表现为发达的呈近似等轴花瓣状的胞状枝晶组织。如图 2-20（d）和（f）所示，随着粉末粒径的减小，颗粒表面的组织细化。

邝泉波等人[13]利用等离子旋转电极雾化法（PREP）在不同转速下制备得到成分为 Ti-6.5Al-1.4Si-2Zr-0.5Mo-2Sn 钛合金粉末，研究了电极转速与粉末性能之间的关系。研究

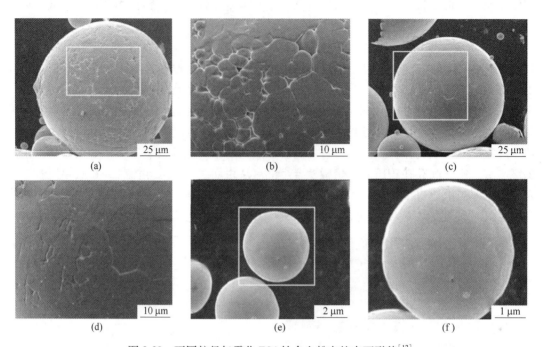

图2-20　不同粒径气雾化TC4钛合金粉末的表面形貌[12]

（a）（c）（e）不同粒径粉末微观形貌；（b）（d）（f）图（a）（c）（e）中所选区域的微观组织形貌

表明，通过独特的压制电极设计，可制得成分均匀、元素损耗小的钛合金铸锭，且各合金元素含量满足国家标准的要求。铸锭微观组织为层片状结构，基体中存在少量大小不均的Ti_5Si_3硅化物相。如图2-21所示，PREP法制得的钛合金粉末呈正态分布，且球形度好，无空心球和卫星球。随着转速增加，小颗粒粉末占比增加，大颗粒粉末占比大幅度降低。粉末颗粒以胞状组织为主，存在少量的枝晶。合金粉末主要由α′马氏体相组成。相比合金铸锭，粉末中各合金元素略有损耗，氧元素质量分数小于0.1%，有利于制得高性能的粉末钛合金。

董欢欢等人[14]采用电极感应熔炼气雾化法制备了粒径为50～80 μm激光3D打印用TC4合金粉末，研究了粉末粒径范围对打印样品的微观组织和力学性能的影响。结果表明，TC4合金粉末内部组织存在大量针状马氏体，随着松装密度增大，熔池的宽度和高度先增大后减小，粉末最佳松装密度为2.696～2.792 g/cm³；随着粉末粒径减小，块状魏氏体组织减少，致使拉伸断口形貌中韧窝密集程度逐渐增大，材料塑性提高。如图2-22（a）和（b）所示，粉末球形度高，粘连卫星球少，细颗粒掺杂较少，粒径较大的部分粉末伴有"卫星"颗粒，凝固过程中β相快速冷却，发生β→α转变，形成大量针状α马氏体。因此，TC4合金粉末截面由排列整齐、细密、交错的针状马氏体组成，针状马氏体片宽度范围在0.5～1.5 μm之间，长度范围在10～30 μm，一个晶粒内部存在2～3个位向不同的针状马氏体组列，如图2-22（c）和（d）所示。

冯凯等人[15]采用真空气体雾化法制备了TC4合金粉末，并对粉末的粒度分布、组织形貌、松装密度以及流动性等性能进行了分析。如图2-23所示，制备的粉末球形度较好，

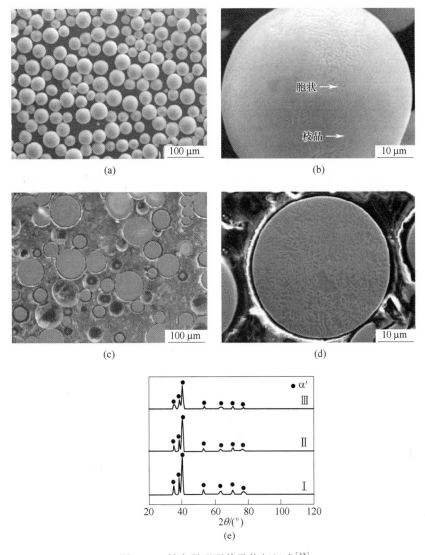

图 2-21　粉末微观形貌及物相组成[13]

（a）低倍；（b）高倍；（c）腐蚀前；（d）腐蚀后；（e）物相

粒度呈正态分布，粒径集中分布在 32.52~182.50 μm 之间，中值粒径 d_{50} 为 92.70 μm，松装密度较低，流动性良好，氧含量低，约为 0.14%，其中，粒径在 38~106 μm 之间的粉末流动性为 25~50 s/（50 g），松装密度为 2.52~2.56 g/cm³。此外，粒径较大的粉末表面为发达的近似等轴胞状枝晶组织，随着粒径减小，粉末表面逐渐变得光滑，部分小粒径粉末会黏附在大粒径的粉末表面，形成连体的"卫星"状粉末堆积。

　　Liu 等人[16]利用 3D Systems 公司提供的球形 TC4 粉末，通过选区激光融化技术制备出了力学性能优异的钛合金，如图 2-24 所示，近球形粉末粒径分布在 6~47 μm 之间，SLM 成型 TC4 合金的极限抗拉强度测量为 1170 MPa，而断裂伸长率保持在 10% 以上。此外，西安赛隆增材技术股份有限公司率先推出了商业化 SEBM 设备，开发出针对 3D 打印需求的新一代 PREP 设备，在国际上率先实现立式 PREP 设备，创新的桌面级 PREP 设备电极

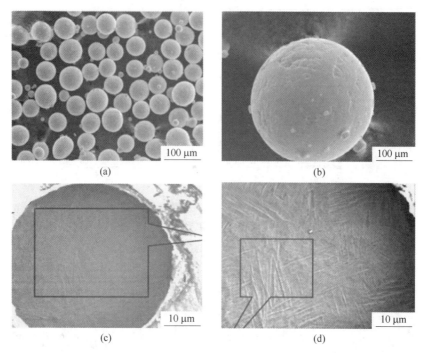

图 2-22　球形 TC4 合金粉末的 SEM 图像[14]

（a）（b）表面形貌；（c）（d）截面形貌

图 2-23　不同粒径下 TC4 合金粉末的低倍 SEM 图像[15]

（a）（b）粒径较大粉末；（c）（d）粒径较小粉末

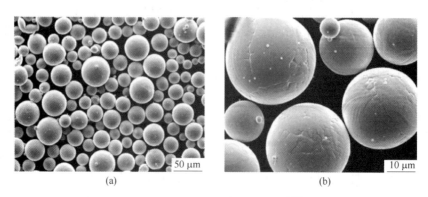

图 2-24　Ti6Al4V 粉末 SEM 图像[16]

（a）低倍组织；（b）高倍组织

棒最高转速达 50000 r/min，采用 SLPA-D 型桌面级等离子旋转电极雾化制粉设备制备高品质球形金属粉末（可制备熔点 600~3410 ℃金属粉末），产品包括钛合金（TC4、TC4ELI、TA7ELI、TC11、TA15、TC18、TC21、TC25G、Ti60、Ti65、…），如图 2-25 所示。

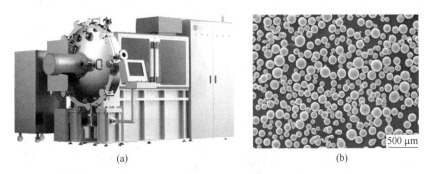

(a)　　　　　　　　　　　　　(b)

图 2-25　SLPA-D 型桌面级等离子旋转电极雾化制粉设备（a）和 TA11 粉末（b）

2.1.5.2　铝合金

铝合金具有优良的物理、化学和力学性能，在航空航天、高速列车以及轻型汽车等领域获得广泛应用，但是铝合金自身的特性（如易氧化、高反射性和导热性等）增加了增材制造的难度。目前，增材制造成型用铝合金存在易氧化、制件有残余应力、孔隙缺陷及制件致密度不足等问题，这些问题主要可通过采用严格的保护气氛、增加激光功率（最小为 180 W）、降低扫描速度等来改善，SLM 成型用铝合金材料主要为 Al-Si-Mg 系合金。

王小军等人[17]以 Al-12Si、Al-10Si-Mg、Al-7Si-Mg、Al-5Si 4 种 Al-Si 合金粉体为研究对象，系统研究了粉末粒径、形貌和分布等特征对选区激光熔化（SLM）成型铝合金组织及性能的影响规律。图 2-26 为不同 Al-Si 合金粉末形貌，可见 4 种 Al-Si 合金粉末形貌均为球状或类球状。其中，Al-12Si、Al-10Si-Mg 和 Al-5Si 合金粉末球形度较好，但 Al-12Si 和 Al-10Si-Mg 粉末分散性不好，具有明显团聚现象；Al-7Si-Mg 合金粉末分散性较好，无明显团聚现象，但球化程度较差，呈椭球状或哑铃状；Al-5Si 合金粉末球形度最好，无团聚现象发生，分散性最好。研究发现，粉末的球形度、流动性越好，粒径分布越窄，SLM 成型材料的致密度越高，组织中缺陷越少，成型性能越好。

耿遥祥等人[18]采用真空感应熔炼气雾化（VIGA）制备了 Al-Mg-Sc-Zr 铝合金粉末，所用原料为：纯 Al（99.99%）、纯 Mg（99.95%）、Al-2Sc 中间合金（99.5%）和 Al-5Zr 中间合金（99.5%）。图 2-27 为制备的 Al-Mg-Sc-Zr 粉末表面形貌 SEM 和截面 OM 图像，可见，粉末粒径较小，为规则球形，球形度较好，空心粉数量少，部分小粒径粉末有黏结现象，只有在极少数的大粒径粉末中存在孔洞，如图 2-27（b）所示。粒径统计结果表明，粉末粒径分布特征值 D_{10}、D_{50} 和 D_{90} 分别为 7.1 μm、15.7 μm 和 27.9 μm，粉末粒径分布在 2~46 μm 之间，如图 2-27（c）所示，对比常用 SLM 成型铝合金粉末粒径特征值 $D_{50}=$ 29 μm 和 $D_{90}=56$ μm，发现该 Al-Mg-Sc-Zr 粉末中小粒径粉末的比例较多，可有效提升粉末的利用率。

Yang 等人[19]在 Al-5Mg-2Si 合金中添加（质量分数）了 3% 的 Zn，并在 99.9% 氩气保护下采用气雾化法制备获得了成分为 Al-5Mg-3Zn-2Si 的合金粉末，粉末的形貌、尺寸和显微组织如图 2-28 所示，粉末粒径范围为 12.2~82.7 μm，平均尺寸为 39.8 μm（见

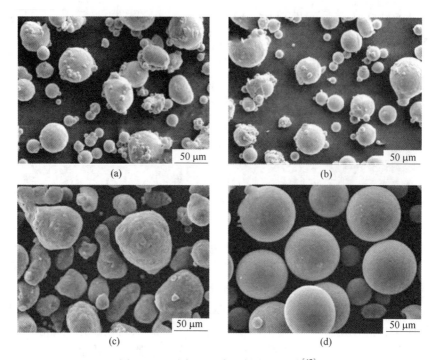

图 2-26　不同 Al-Si 合金粉末的形貌[17]

（a）Al-12Si；（b）Al-10Si-Mg；（c）Al-7Si-Mg；（d）Al-5Si

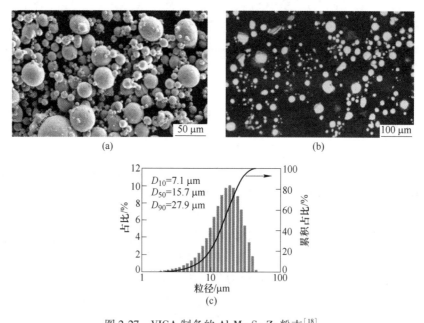

图 2-27　VIGA 制备的 Al-Mg-Sc-Zr 粉末[18]

（a）粉末表面形貌 SEM 照片；（b）剖面金相照片；（c）粒径分布

图 2-28（b））。如图 2-28（c）和（d）所示，粉末截面呈现初生 α-Al 晶粒和共晶 Mg₂Si 网络，枝晶臂间距约为 1 μm。Zhao 等人[20]将 Al-10Si 粉末与 Cu 粉末以 97∶3 的质量百分

比混合，得到 Al-10Si-3Cu 粉末，以制备 Al-Si 合金。Al-Si-Cu 粉末粒径分布曲线如图
2-29（a）和（b）所示，可见，混合粉末的粒径分布在 20～65 μm 之间，其中位粒径为
35 μm，粒径在 40 μm 以下的合金粉末占总体积的 90% 以上，粒径分布符合高斯分布。粉

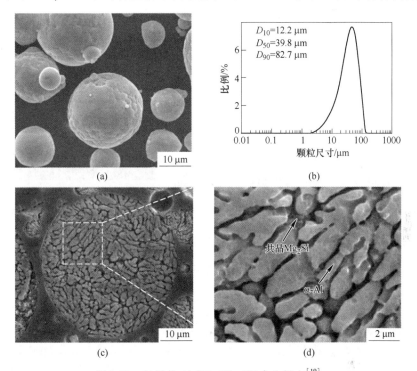

图 2-28　气雾化 Al-5Mg-3Zn-2Si 合金粉末[19]

（a）颗粒形貌的 SEM 图；（b）晶粒尺寸分布；（c）（d）Al-5Mg-3Zn-2Si 合金截面上颗粒的 SEM 图

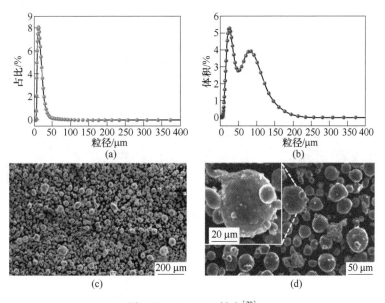

图 2-29　Al-Si-Cu 粉末[20]

（a）粒径分布；（b）体积分布；（c）（d）表面形貌

末表面形貌如图2-29（c）和（d）所示，可见，粉末大部分呈近似球形，在大粒径粉末周围存在部分小粒径孔洞缺陷，粉末表面形貌与粒径大小有关，随着粒径变小，粉体形状逐渐规整。

朱溪等人[21]以真空惰性气体雾化法（VIGA）的Al-Mg-Sc-Zr预合金粉末为原材料，通过选区激光熔化（SLM）技术制备Al-Mg-Sc-Zr合金。经机械筛分后获得粒径分布为5~53 μm的气雾化粉末用于SLM成型，粉末形貌特征如图2-30所示，可见，粉末大多呈球形或近球形，存在少量卫星粉末，流动性良好，符合SLM成型要求。

图2-30　Al-Mg-Sc-Zr预合金粉末
样品的SEM形貌[21]

2.1.5.3　不锈钢

不锈钢具有耐化学腐蚀、耐高温和力学性能良好等特性，其粉末成型性好、制备工艺简单且成本低廉，是最早应用于3D打印的金属材料，如华中科技大学、南京航空航天大学、华南理工大学等院校对不锈钢3D打印研究比较深入，现在研究主要集中在如何降低孔隙率、增加密度和强度以及熔化过程中金属粉末球化机制的揭示等方面。

谢春林[22]采用自行研制的气雾化装置制备了316L不锈钢合金粉末，测试了合金粉体的粒径分布范围、表面形貌、氧含量等性能特征，并对选区激光熔化成型件的组织与力学性能进行了分析。如图2-31所示，粉末氧含量为200~300 ppm（（200~300）×10⁻⁶），粉末收得率约为43%，粉体平均粒径范围$D_{10} = 15~22$ μm，$D_{50} = 32~39$ μm，$D_{90} = 55~62$ μm；粉末表面形貌以球形为主，有少量卫星粉存在，其霍尔流速小于20 s/（50 g），松装密度大于4.0 g/cm³；采用3D打印机对自制和国外粉末进行选区激光熔融成型，其综合力学性能高于国外进口粉末的SLM成型件，见表2-2。

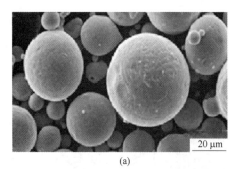
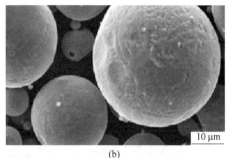

（a）　　　　　　　　　　　　　　　　（b）

图2-31　316L粉末表面形貌[22]

（a）低倍；（b）高倍

表2-2　316L粉末粒径分布对比[22]

粒度/μm	HIT	EOS	Sandvik
$D_V(10)$	16.7	20.0	20.5
$D_V(50)$	33.9	32.4	32.7
$D_V(90)$	60.3	51.4	50.5

  张亚民等人[23]以气雾化316L不锈钢粉为原料，结合等离子球化和选区激光熔化制备了不锈钢块体，并对等离子球化粉体和SLM材料的组织结构和性能进行了分析。如图2-32和图2-33所示，粉末经等离子球化处理后，不规则扁平状颗粒数量减少，球形颗粒数量显著增加，振实密度与松装密度的比值（HR值）从1.28减少到1.08，流动性得到明显改善。等离子球化颗粒经SLM成型后的块体物相组成与前驱粉体一致，均为典型的奥氏体不锈钢组织（γ-Fe+α-Fe）。与气雾化块体相比，等离子球化块体力学性能和致密性均有一定程度提高，这主要归因于经等离子球化处理后的前驱粉体致密度的提高。

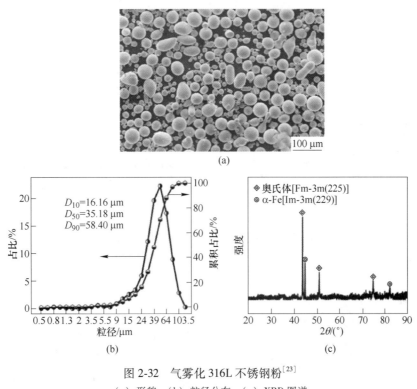

(a)

(b)

(c)

图2-32　气雾化316L不锈钢粉[23]

（a）形貌；（b）粒径分布；（c）XRD图谱

  路超等人[24]研究SS316L不锈钢粉末多次循环使用后粉末特性的变化规律，阐明粉末颗粒形态及粒度的演变机理。试验用SS316L不锈钢粉末是购买的河北敬业增材制造科技有限公司利用真空感应熔炼气雾化方法制备的，粉末粒径分布为$15\sim53~\mu m$，氧含量为350×10^{-6}。粉末形貌不仅影响颗粒之间的内摩擦力、堆积粉末的动态流变特性，还影响铺粉过程中粉末层的均匀性和致密程度，直接决定了成型件的质量优劣。SS316L不锈钢原始粉末和循环使用多次的粉末形貌如图2-34所示，可以看出，原始粉末大部分呈球形，细粉含量较多，粒径分布较宽，存在少量的不规则颗粒、棒状颗粒、卫星球颗粒和半包裹颗粒。图2-34（a₁）、图2-34（a₂）分别显示了原始粉末半包裹颗粒和球形颗粒的表面形貌，气雾化粉末表面由粗大的树枝晶组织构成，已破碎的高温熔滴凝固之前，在飞行过程中与雾化塔内部由涡流携带的已凝固颗粒碰撞，会导致半包裹颗粒形成。

  图2-34（b）为循环使用多次的SS316L不锈钢粉末，可以看出，循环使用的粉末粒径

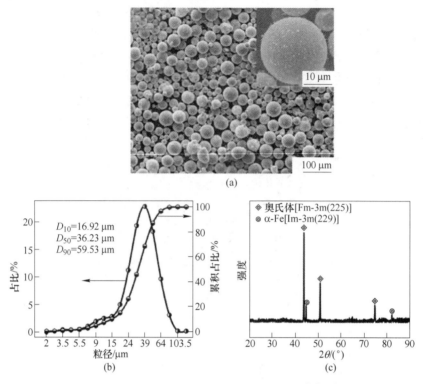

图 2-33　等离子球化后 316L 不锈钢粉末[23]

（a）形貌；（b）粒径分布；（c）XRD 图谱

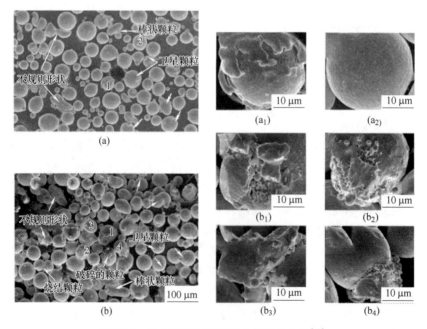

图 2-34　粉末循环利用过程中的形貌变化[24]

（a）（a₁）（a₂）原始粉末；（b）（b₁）~（b₄）循环使用多次的粉末

比较集中，细粉含量极少，除了含有原始粉末中的不规则颗粒、棒状颗粒、卫星球颗粒和半包裹颗粒，还含有破碎颗粒、烧结颗粒以及图 2-34（b₁）~（b₄）所示的异形颗粒。这些异形颗粒如果存在于已成型截面表层，会影响下一层粉末层的均匀性，尺寸较大颗粒还会影响刮刀铺粉的均匀性，可能导致设备运行中断。此外，异形颗粒落入粉末床，在粉末循环利用过程中会与激光热源相互作用，产生更多的飞溅缺陷，异形颗粒的存在和累积在后期粉末循环使用过程中会导致成型件内部孔洞的形成，使成型件的质量不稳定。

赵新明等人[25]利用自行研制的超音速雾化技术制备了 316L 不锈钢粉末，采用激光粒度仪、扫描电镜、金相显微镜和 X 射线衍射仪进行了表征。结果表明，316L 不锈钢粉末的平均粒度约为 24 μm，粒度分布的几何标准偏差 δ 为 1.75；粉末内部存在三种典型凝固组织，即具有发达二次枝晶的枝晶组织、胞晶组织以及枝状晶与胞状晶的混合组织；大粒径气雾化 316L 不锈钢粉末为单一的 γ 奥氏体相，小粒径粉末由 γ 奥氏体相+少量 δ 铁素体相共同组成；熔滴的冷速随着粒径的减小而提高，平均冷却速率为 104~107 K/s。实验中所用 316L 不锈钢成分（质量分数）为：0.02%C、17%Cr、12%Ni、2.5%Mo、Si≤1%、Mn≤2%、余量 Fe。图 2-35 为气雾化 316L 不锈钢粉末的 SEM 形貌照片。由该图可以看出，所得粉末皆为球形或近球形，部分粒径较大的粉末表面依附有小的卫星颗粒。气雾化所得粉体的形貌可分为规则的球形和不规则形状，这与金属熔体

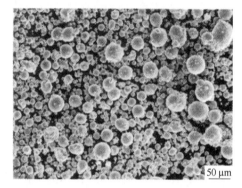

50 μm

图 2-35　316L 不锈钢原粉 SEM 形貌照片[25]

经过破碎后熔滴球化时间 τ_{sph} 和凝固时间 τ_{sol} 的相对大小有关。如果金属液滴的球化时间比凝固时间短时，则凝固后形成的粉末颗粒形状较为规则，表面比较光滑；如果球化时间长，则凝固后形成不规则形状的粉末颗粒。

2.1.5.4 高温合金

高温合金是指以铁、镍和钴为基，在 600 ℃ 以上的高温及一定应力环境下长期工作的一类金属材料，其具有较高的高温强度、良好的耐热腐蚀和抗氧化性能，以及良好的塑性和韧性。高温合金按合金基体种类大致可分为铁基高温合金、镍基高温合金以及钴基高温合金三类。高温合金主要用于高性能发动机，现代先进的航空发动机中，使用量占发动机总质量的 40%~60%，然而，现代高性能航空发动机的发展对高温合金的使用温度和性能的要求越来越高。传统的铸锭冶金工艺冷却速率慢，铸锭中偏析严重，加工性能差，组织不均匀，性能不稳定，因此，3D 打印成为解决高温合金成型中技术瓶颈的新方法。

Inconel718 合金是镍基高温合金中应用最早的一种，也是目前航空发动机中使用最多的一种合金。近年来，凭借自由设计和近净成型等特点，激光增材制造技术在 Inconel718 复杂精密零部件制造领域具有不可替代的作用。激光增材制造技术是一个快速加热与冷却的过程，得到的合金枝晶、胞晶和析出相的尺寸比传统制备工艺更加细小，且表现出跨尺度的多级分层结构，呈现出独特的力学性能相关性，如图 2-36 所示。

随着人们对激光增材制造 Inconel718 高温合金的深入研究，目前 Inconel718 高温合金力学性能可以达到甚至超过锻件水平，如图 2-37 所示。然而，增材制造 Inconel718 合金内

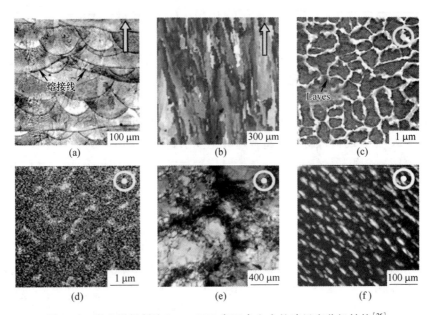

图 2-36　激光增材制造 Inconel718 高温合金中的跨尺度分级结构[26]

（a）熔池形貌；（b）晶粒取向；（c）胞状组织；（d）N 元素偏析；（e）位错胞结构；（f）γ″析出相分布

部往往存在显著的凝固织构和较大的残余拉应力，导致其力学性能呈各向异性且疲劳持久性能较差，限制了增材制造技术的推广应用。因此，需从跨尺度组织结构角度入手，通过工艺参数调控和后处理技术，实现 Inconel718 合金的高质量增材制造[26]。

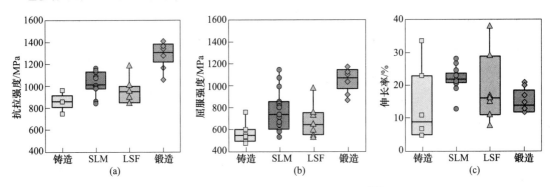

图 2-37　LAM 技术制备 Inconel718 合金[26]

（a）抗拉强度；（b）屈服强度；（c）铸、锻件伸长率

王庆相等人[27]分别采用等离子旋转电极法（PREP）和气体雾化法（VIGA）制备了 Inconel718 合金球形粉末，研究了不同制粉方法对粉末在热处理前后的组织和成分分布的影响，采用对流热交换原理对两种制粉方法对应的冷速进行了模拟计算。结果表明，PERP 制备的 Inconel718 合金粉末在氧增量、球形度以及流动性方面具有一定的优势，而 VIGA 制粉有利于提高粉末的显微硬度和细粉粒径分布；两种粉末经过相同的热处理工艺后，其组织变化规律相同，均析出富 Nb 和 Mo 相，如图 2-38（e）~（h）所示。模拟计算结果表明，VIGA 法制备小粒径粉末的冷速明显高于 PREP 法对应的粉末，与实验对应的性能数据结果相吻合。如图 2-38（e）~（h）所示为粒径 15~53 μm 的粉末截面的热处理前

后显微组织，两种粉末截面组织与表面组织基本一样，均为枝晶组织，且伴随大量的析出相形成。

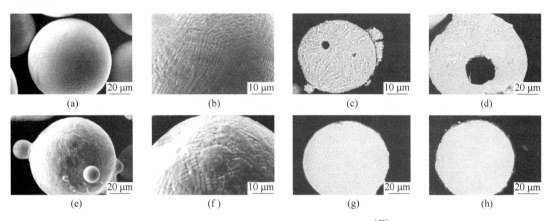

(a)　　　　　　(b)　　　　　　(c)　　　　　　(d)

(e)　　　　　　(f)　　　　　　(g)　　　　　　(h)

图 2-38　Inconel718 合金粉末的 SEM 图像[27]

（a）（b）PREP 粉 15~53 μm；（c）（d）VIGA 粉 15~53 μm；

（e）（f）热处理前后 VIGA 粉 15~53 μm；（g）（h）热处理前后 PREP 粉 15~53 μm

许阳等人[28]采用气雾化法制备了选区激光熔化专用的 Inconel718 合金粉末，如图 2-39 所示为 Inconel718 合金粉末形貌与实测投影图。由图 2-39 可见，粉末整体呈球形，粒径为 15~45 μm，存在部分不规则粉末，主要有圆形、椭球形、不规则形与互相粘连的，其中大部分颗粒的投影均十分接近理论圆形。

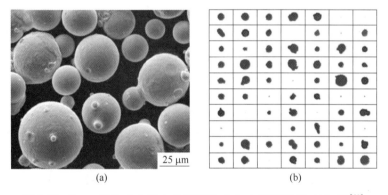

(a)　　　　　　　　　　(b)

图 2-39　Inconel718 合金粉末显微形貌（a）与实测投影（b）图[28]

王华等人[29]采用等离子旋转电极雾化（PREP）法和氩气雾化（AA）法制备了不同种类的 Inconel718 合金粉末，并对比了其在粒度、形貌、夹杂和空心粉率等方面的异同。结果表明，PREP 法生产的 15~53 μm 粉末收得率与 AA 法相当，其中，PREP 法制备的粉末形貌为球形、无粘连粉，AA 法制备粉末一部分为球形，存在大量非球形粉和粘连粉；PREP 法制备的粉末夹杂含量低，夹杂主要为 Al_2O_3 和 CaO，AA 法制备的粉末夹杂含量高，夹杂主要为 Al_2O_3；PREP 法制备的粉末内部致密，无颗粒内孔洞，AA 法制备的粉末存在颗粒内部孔洞。如图 2-40 所示为随机视场下两种粉末形貌图像，可见，AA 粉中存在大量的卫星粉和粘连粉，PREP 粉末不存在此现象；主要原因是 PREP 制粉时，粉末颗粒无论大小，自棒料断面飞出的速度与棒材外沿线速度相同，所以液滴不会发生碰撞而形成粘连粉。

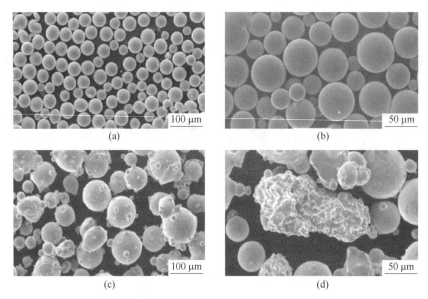

图 2-40　PREP 和 AA 制粉法获得粉末形貌的 SEM 图像[29]

(a)（b）PREP 粉末；（c）（d）AA 粉末

然而，对于气雾化过程，粉末颗粒受力加速过程如下：设气体压力为 P，粉末颗粒半径为 R，粉末颗粒密度为 ρ，粉末颗粒受力约为 $F=P\pi R^2$，粉末颗粒质量为 $m=4\rho\pi R^3/3$，粉末颗粒加速度为 $a=F/m=3P/(4\rho R)$。其中 F 和 m 均为加速度 a 的推导计算量，可见，粉末颗粒加速度与其大小成反比。因此，小粒径粉末加速度大、速度快，易撞击大粒径粉末颗粒形成粘连粉，诸多小粒径粉末颗粒撞击大粒径粉末颗粒时形成卫星粉。

徐磊等人[30]采用无坩埚感应熔炼超声气体雾化法（EIGA）制备了 Inconel718 预合金粉末，并通过热等静压技术制备了 Inconel718 合金。结果表明，如图 2-41 所示，Inconel 718 合金易于制得化学成分满足要求的洁净粉末，但热等静压过程中碳化物形成元素扩散至粉末表面，并以氧化物为核心生成包含 Ti 和 Nb 的碳化物以及 Ni_3Nb 的硬质薄膜，形成粉末高温合金的原始颗粒边界（prior particle boundaries，PPBs），使粉末合金的塑性、韧性和持久性能低于锻造合金，通过后续工艺抑制或消除热等静压过程中产生的原始颗粒边界可显著提升材料的力学性能。此外，中航迈特采用 EIGA 和 PREP 等工艺生产 FGH95、FGH96、FGH97 以及 GH4169 等超高纯净粉末材料，如图 2-42 所示，制备零件成分均匀、无宏观偏析，晶粒细小、热加工性能好，屈服强度和疲劳性能好。

2.1.5.5　钛铝合金

TiAl 合金具有低密度、高比强度、优异的抗蠕变性能以及高温抗氧化性，广泛应用于航空航天等领域，能够实现航空航天飞行器的大规模减重。与镍基合金及钛合金相比，TiAl 合金具有以下优点：首先，镍基合金及钛合金的密度分别为 $7.9\sim9.5\ g/cm^3$ 及 $4.5\ g/cm^3$，而 TiAl 合金的密度不高于 $4\ g/cm^3$；其次，TiAl 合金的弹性模量及高温抗氧化性能与镍基高温合金相近，远高于钛合金。目前，TiAl 合金的成型方法主要有铸造（金属

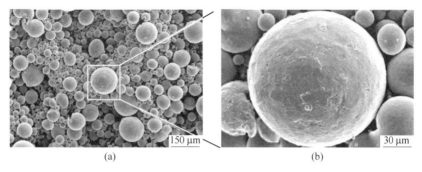

图 2-41　Inconel718 预合金粉末颗粒表面形貌[30]

（a）低倍组织；（b）高倍组织

型铸造与熔模精密铸造）、铸锭冶金（铸锭挤压、板材轧制、等温锻造及包套锻造等）和粉末冶金（热等静压、机械合金化、自蔓延高温合成、放电等离子烧结、反应烧结等）。粉末冶金法可以有效避免铸造缺陷，精确控制合金成分，但粉末流动性较差，难以制备复杂形状结构件，无法彻底消除孔隙，力学性能低于铸态合金。

图 2-42　EIGA、PREP 等工艺生产的超高纯净粉末形貌

选区电子束熔化（EBSM）技术具有真空环境无污染、能量密度大、扫描速率快（10^3 m/s）、成型效率高以及残余应力小等优点，同时 EBSM 技术可进行高达 1000 ℃ 以上的高温预热，非常适合室温塑性低、裂纹敏感性大的 TiAl 合金复杂结构件的快速制造。目前，EBSM 技术制备的 Ti-48A1-2Cr-2Nb 合金已用于 GE9X 发动机的低压涡轮叶片，使整个低压涡轮机的质量减少 20%。范紫钏等人[31]利用无坩埚电极感应气雾化（EIGA）法制备了成分为 Ti-48Al-2Cr-2Nb 与 Ti-47.5A1-6.8Nb-0.2W 的 TiAl 预合金粉末，并对粉末性能进行了对比研究。如图 2-43 和图 2-44 所示，两种粉末均具有良好的球形度，粒度分布符合正态分布，表面形貌为树枝晶状，粉末气体含量较低，氧元素含量一致。其中，Ti-47.5A1-6.8Nb-0.2W 合金粉末中氮、氢元素含量较高，主要为 α_2 相，而 Ti-48Al-2Cr-2Nb 合金粉末中主要形成 γ 相。

赵少阳等人[32]以 TiAl 合金块为原料，利用水冷铜坩埚真空感应熔炼气雾化技术制粉，通过对导流系统和雾化器的优化改进，制备出氧含量低、细粉收率高的球形 TiAl 合金粉末，如图 2-45 所示。结果表明，将导热性好的石墨导流基座和耐冲刷的 BN 材质陶瓷导流内芯配合使用，既可以保证导流管加热，也可以有效阻止金属熔液的冲刷；螺旋喷管雾化器使雾化点下移，回流区位置远离导流管出口，解决了液柱反流的问题。螺旋分布管能够有效约束雾化气体，动能损失小，能够显著提高细粉收率达 20% 以上。实验制备的球形 TiAl 合金粉末流动性为 27.7 s 每 50 g，球形度大于 90%，粉末氧增量小，适用于 3D 打印工艺用粉。

Liu 等人[33]采用电极感应熔化气体雾化（EIGA）法制备了成分（原子分数,%）为 Ti-48Al-2Cr-8Nb 的高 Nb-TiAl 合金粉末。如图 2-46 所示，粒径大于 100 μm 的粉末呈现蜂

图 2-43　预合金粉末组织形貌[31]

（a）Ti-48Al-2Cr-2Nb；（b）Ti-47.5Al-6.8Nb-0.2W

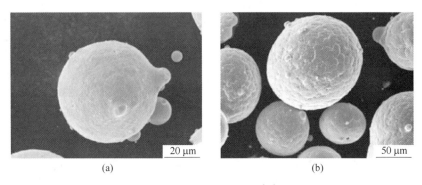

图 2-44　粉末颗粒形貌[31]

（a）Ti-48Al-2Cr-2Nb；（b）Ti-47.5Al-6.8Nb-0.2W

窝状结构，中等尺寸（45~75 μm）的粉末表现出具有明显的六边形或多边形的近等轴枝晶结构，细粉（<15 μm）表面光滑。TiAl 粉末的相组成在很大程度上取决于颗粒的大小，随着粉末粒度从大粒度（100~150 μm）减小到细粒度（<15 μm），表面形貌由细胞状结构转变为等轴枝晶，最后转变为光滑结构。在 600~770 ℃的温度范围内，由于气体雾化的快速凝固，粉末在亚稳 α_2 相结晶，并发生 α_2 到 γ 相变。

作者利用等离子旋转电极雾化制粉（PREP）技术制备了名义成分（原子分数,%）为 Ti-45Al-8Nb 和 Ti-43Al-6Nb 的钛铝合金球形粉末，两种粉末均具有良好的球形度，且未观察到空心粉、卫星粉，如图 2-47 和图 2-48 所示。Ti-45Al-8Nb 粉末主要由 α_2-Ti_3Al 相和 γ-TiAl 相构成，而 Ti-43Al-6Nb 粉末主要由 α_2-Ti_3Al 相和 B2 相构成，两种粉末的相差异可能是由于成分不同导致凝固路径出现了差异造成的。粒径对于钛铝粉末的相组成有很大的影响，如图 2-48（b）所示，B2 相主要出现在小粒径的 Ti-43Al-6Nb 粉末中，随着粒径的逐渐增大，B2 相的衍射峰逐渐降低直至消失，α_2-Ti_3Al 相逐渐占主导地位。根据 Ti-Al 相图，对于 Ti-43Al-6Nb 粉末而言，其凝固路径倾向于 β 凝固，在凝固过程中，无序的 β 相直接从液相中析出。对于小粒径粉末而言，没有足够的时间进行相转变，无序 β 相在加速凝固过程中有序化并且保留在了凝固组织中，因此在小粒径粉末中可以观察到 B2 相。随着粒径的增大，粉末的冷却速率逐渐减小，这使得钛铝粉末有了充足时间来完成相变，α_2-Ti_3Al 相逐渐从 β 相中析出并逐渐占主导地位，因此 B2 相衍射峰逐渐减小直至消失。此外，粒径

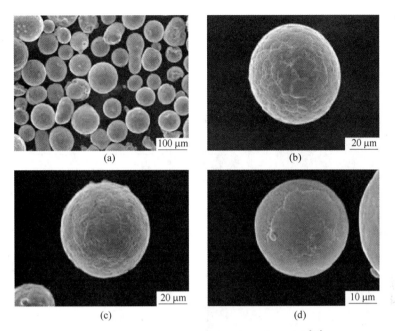

图 2-45 气雾化制备的 TiAl 合金粉末表面形貌[32]

（a）TiAl 合金粉末宏观形貌；（b）~（d）不同粒径 TiAl 合金粉末形貌

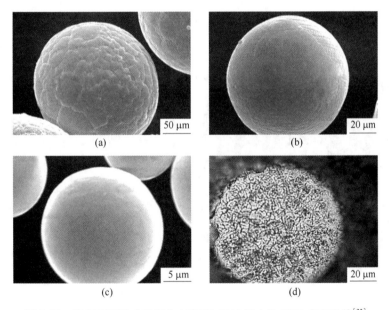

图 2-46 具有不同尺寸的雾化态高 Nb TiAl 粉末的 SEM 表面形貌[33]

（a）大尺寸（>100 μm）；（b）中等大小（45~75 μm）；（c）细粒度（<15 μm）；（d）介质粉末的横截面显微结构

对于钛铝粉末显微组织也有很大影响。

如图 2-49 所示，小粒径的钛铝粉末表面和横截面呈光滑特征，没有观察到明显的组织，中等粒径的钛铝粉末呈现树枝晶特征，而大粒径粉末往往呈现等轴晶，并且可以观察到清晰的晶界。显微组织的不同主要是由于粒径不同导致冷却速率的差异造成的，对于小

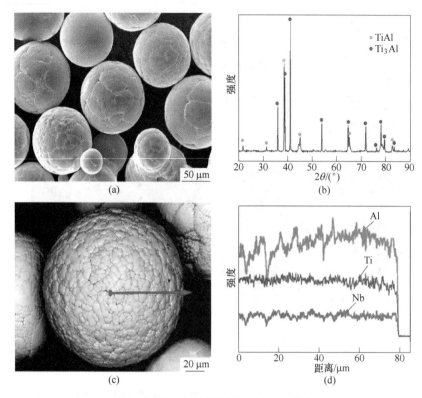

图 2-47 PREP 制备的 Ti-45Al-8Nb 粉末

（a）（c）SEM 图像；（b）XRD 谱图；（d）线扫描

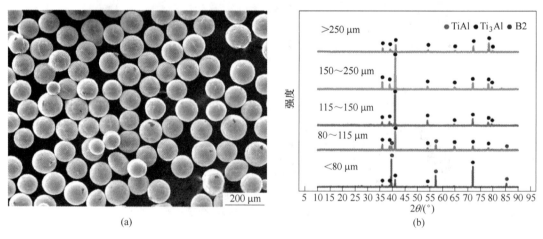

图 2-48 PREP 制备的 Ti-43Al-6Nb 粉末

（a）SEM 图像；（b）XRD 谱图

粒径粉末，高的冷却速率导致熔融液滴的界面生长速率高于元素扩散速率，组分偏析被明显抑制，高饱和度的固溶熔液形成，冷却后最终形成光滑无明显特征的显微结构。随着粉末粒径增大，固-液界面的温度梯度减小，合金元素在生长过程中的不同扩散速率导致元素的偏析和分布不均匀，造成熔融液滴的凝固沿树枝晶的生长而进行。当冷却速率降低到一定程度时，会出现明显的晶界，且晶粒内部会出现微弱的片层组织，这是由 $\alpha_2 \rightarrow \alpha_2 + \gamma$ 相转变造成的。

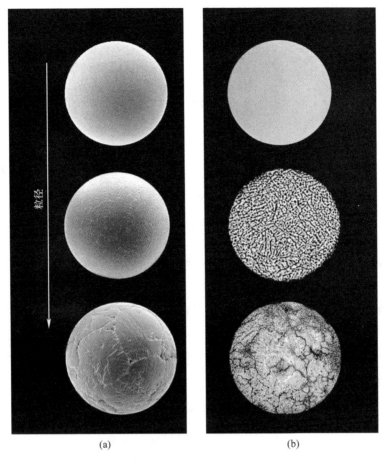

图 2-49   Ti-43Al-6Nb 粉末微观形貌

（a）表面形貌；（b）截面形貌

谭宇璐等人[34]研究了电子束选区熔化增材制造 Ti-48Al-2Cr-2Nb 合金的显微组织、高温硬度及其高温氧化行为。实验原材料（原子分数，%）为 Ti-48Al-2Cr-2Nb 金属间化合物粉末，由惰性气体雾化法制成。如图 2-50 所示，粉末球形度较高，流动性好，粉末粒径分布于 45~150 μm 之间，D_{10}、D_{50} 和 D_{90} 分别为 62.5 μm、87.4 μm 和 123 μm。结果表明，EBSM 成型 Ti-48Al-2Cr-2Nb 合金呈现出由等轴 γ 晶粒和双相区组成的独特层状组织；在 800 ℃下恒温氧化 100 h，表现出较低的氧化速率常数，形成的氧化膜主要由 TiO_2、Al_2O_3 及 TiO_2/Al_2O_3 混合交替层组成，抗氧化性能优于传统方法制备的 Ti-48Al-2Cr-2Nb 合金和其他 TiAl 合金。此外，900 ℃以下，该合金具有良好的高温硬度，显微硬度随温度的升高未发生明显的下降趋势。

综上所述，金属粉末材料的开发与制备直接影响了增材制造技术在各个领域的推广与应用，随着金属增材制造技术的发展，其对金属粉末材料的制备与性能提出了更高的要求。目前，适用于工业用 3D 打印制造的金属粉末材料种类繁多，但是能够满足工业生产

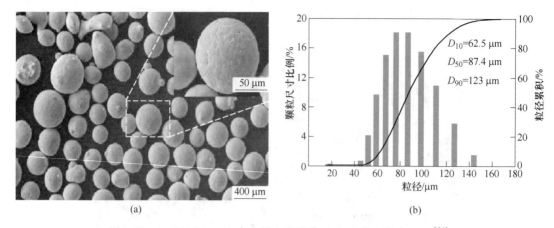

图 2-50　Ti-48Al-2Cr-2Nb 合金粉末的形貌（a）和粒径分布（b）[34]

要求且制备产品稳定的金属粉材有限。鉴于此，增材制造用金属粉末材料的研究及发展方向如下：

（1）在现有使用材料的基础上加强材料结构和属性之间的关系研究，根据材料的性质进一步优化工艺参数，提高打印速度，降低孔隙率和氧含量，改善表面质量；

（2）研发适用于 3D 打印的新材料，开发耐蚀、耐高温、综合力学性能优异的新材料；

（3）修订并完善 3D 打印粉末材料技术标准体系，实现金属材料打印技术标准的制度化和常态化。

2.2　增材制造用金属丝材

电弧熔丝增材制造技术（wire arc additive manufacturing，WAAM）成型零件由全焊缝构成，当前 WAAW 主要基于传统焊接电弧进行优化改造。按照热源及送丝方式的不同，该技术按照焊接工艺的不同一般可分为三类，即熔化极惰性气体保护焊接（gas metal arc welding，GMAW）、钨极惰性气体保护焊接（gas tungsten arc welding，GTAW）以及等离子体焊接（plasma arc welding，PAW）。此外，电子束熔丝沉积技术（EBWD）是将电子束焊接与增材制造技术相结合得到的新型增材制造方式，在计算机中提前预设好零件模型，利用送丝系统配以电子枪发射的电子束流，实现金属零件的近净成型，制造精度在 2~4 mm 之间，该技术沉积效率高，适合中、大型零件的制备。熔丝增材制造沉积层的性能决定于其组织结构，而其组织结构决定于金属丝材与电弧增材制造工艺及相关参数。因此，金属丝材是影响熔丝增材制造沉积层使用性能的关键因素。图 2-51 为电弧熔丝增材制造原理。

2.2.1　金属丝材分类

金属增材制造用丝材多为焊丝，其分类方法很多，按制造方法的不同可分为实芯焊丝和药芯焊丝；按适用焊接方法，可分为埋弧焊丝、电渣焊丝、气保护或自保护焊焊丝、堆

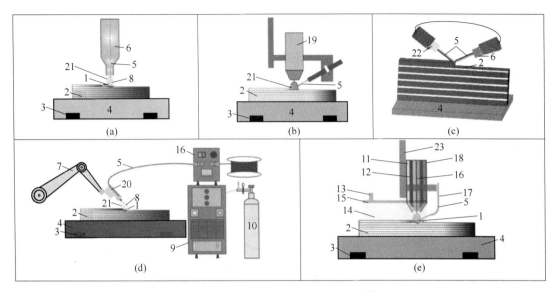

图 2-51 电弧熔丝增材制造原理图[35]

（a）MIG；（b）TIG；（c）TIG-MIG；（d）CMT；（e）PAW

1—熔池；2—沉积层；3—固定装置；4—基板；5—金属丝；6—MIG 熔接气柜；

7—机器人；8—熔滴；9—CMT 能量源；10—氩气；11—保护气；12—喷嘴；13—空气进口；

14—铝窗帘；15—尾盖；16—钨电板；17—送丝机构；18—PAW 熔接气柜；19—TIG 熔接气柜；

20—CMC 熔接气柜；21—电弧；22—TIG 熔接气柜；23—坐标控制器

焊焊丝、气焊焊丝等；按被焊接材料的不同，可以分为碳钢焊丝、低合金钢焊丝、不锈钢焊丝、有色金属焊丝等。

（1）实芯金属丝材　采用轧制、拉拔或其他工艺制备获得的商用金属丝材、焊丝，常用的金属有钛合金、铝合金、钢、铁、镍等，国内外机构均有提供。

（2）微渣高性能粉芯丝材　材料对零件的物理化学性能和力学性能等起着决定性作用，对于电弧增材制造金属基零件，其结合界面既要无缺陷又要有良好的结合性能，同时金属零件本身需要具有较高的力学性能。传统的金属丝材合金体系设计时未充分考虑多材料结合界面的冶金行为、界面的结合与结晶行为，以及堆积过程中的质点析出规律，导致丝材性能难以满足电弧增材制造的高性能要求。为此，科研人员建立了 Ti-N 高性能丝材合金化设计体系，基于 N 与 C 的共同性质，用 N 代替 C 进行合金化，克服高碳含量金属丝材在增材制造过程中易产生裂纹和 CO 气孔的难题。Ti-N 质点在堆积过程中会自动析出，阻碍热影响区晶粒长大，极大地提高了制件的性能。基于多材料的结合界面冶金反应规律与金属材料中第二相质点的析出行为，结合优化设计准则，科研人员设计出了系列电弧增材制造专用的微渣高性能粉芯丝材。微渣丝材采用气渣联合保护，克服了现有无渣丝材堆积金属时易发生高温氧化和多渣丝材效率低、抗潮湿性能差的难题，兼具气保护、渣保护丝材的优点，因此利用该粉芯丝材的电弧增材制造工艺性能好、制备的制件性能高。

（3）自韧化粉芯丝材　金属基丝材制备工艺对丝材质量和成型性能起到至关重要的作用，传统金属丝材普遍通过一体化轧拔法制备而成，存在易断丝、表面易起毛刺、成本高、效率低、丝材直径精度低等问题。为此，基于金属动态回复、再结晶的原理，自韧化高速制备粉芯丝材的方法得以开发，将粉芯丝材成型、加粉、合口工序与减径工序一体化，具体过程如图 2-52 所示。在拉拔润滑剂中加产热剂，调控丝材在拉拔过程中的温度，促使金属进行回复和再结晶，有效克服了传统金属丝材制备中拉拔速度低、易断丝、表面起毛刺引起电弧不稳定等问题。

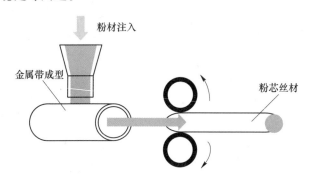

图 2-52　金属粉芯丝材制备过程

2.2.2　不锈钢

不锈钢凭借其良好的焊接性能、力学性能及耐腐蚀性能，广泛应用于核电、石油、化工等领域。齐胺等人[36]开发了一种用于多向钢节点电弧增材制造的金属粉芯型药芯丝材，研究了其在不同工艺规范与摆动条件下的工艺性能、显微组织与力学性能。基于多向钢节点对于显微组织与力学性能的要求，药芯丝材主要采用 V、Ti、Mo、Si 和 Mn 合金化。其中，Si、Mn 作为脱氧剂，Si 和 Mn 元素具有较强的脱氧能力，能有效控制液态金属内部氧含量，同时反应生成的 Mn·SiO_2 易于聚集长大为大颗粒质点，它的密度较小（为 3.6 g/cm^3），易浮到熔池表面，以避免堆积金属出现夹渣；Ti、V、Mo 进行微合金化，用于调控堆积金属的组织与性能，Ti、V 与 C 反应生成 TiC 和 VC，TiC 和 VC 可阻碍位错的运动，起到细化晶粒和沉淀强化的作用，保证药芯丝材堆积金属具有良好的强韧性。同时，药芯丝材中加入了少量的 Al-Mg 合金粉，Al 和 Mg 的电离电位较低，能够增加电弧中自由电子的数量，起到提高电弧稳定性的作用，药芯丝材堆积金属化学成分见表 2-3。

表 2-3　药芯丝材堆积金属化学成分[36]　　　　　　　（质量分数，%）

C	Si	Mn	V	Ti	Mo
0.110	0.190	0.980	0.030	0.007	0.096

如图 2-53 所示，研究开发的药芯丝材在不同工艺规范与摆动条件下堆积的金属两侧平直，表面平整，未出现裂纹、气孔等缺陷，具有良好的成型性；堆积过程中电流波动幅度不超过±3.5%(±7.5A)，电压波动幅度不超过±4.0%(±0.9 V)，波动较小，电弧稳定，飞溅率低于 2.5%，堆积金属的显微组织为铁素体和珠光体，其抗拉强度、伸长率和 20 ℃冲击功，沿堆积方向分别为 512 MPa、25% 和 127 J，沿垂直于堆积方向分别为 519 MPa、24% 和 134 J。利用开发的药芯丝材电弧增材制造六向钢节点，制造的构件尺寸偏差在±1.3 mm 以内，成型精度较高；其显微组织也为铁素体和珠光体，力学性能满足使用要求，因此，开发的药芯丝材可用于多向钢节点电弧增材制造。

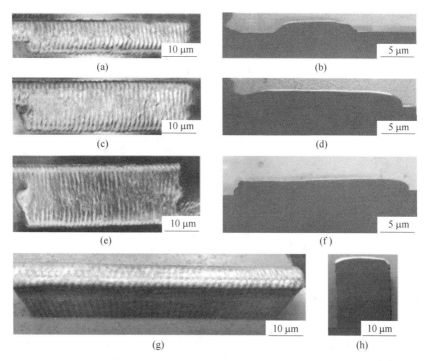

图 2-53 不同工艺规范工艺参数下单层堆积金属外观和横截面形貌[36]
（a）小规范参数外观形貌；（b）小规范参数横截面形貌；（c）中规范参数外观形貌；（d）中规范参数横截面形貌；
（e）大规范参数外观形貌；（f）大规范参数横截面形貌；（g）直壁外观形貌；（h）直壁横截面形貌

杨杰[37]以奥氏体不锈钢中应用最为广泛的 304 不锈钢为对象，较为系统地开展了粉芯丝材增材制造奥氏体不锈钢工艺、组织与性能的研究，研究了 304 不锈钢粉芯丝材的制备与其增材制造工艺。通过对粉芯丝材配材方案设计、不锈钢圆管软化退火处理、振动填粉、丝材减径等的研究，获得了 304 不锈钢粉芯丝材的制备工艺。粉芯丝材的制备工艺如图 2-54 所示，包括粉末的配置、不锈钢管的软化、填粉和拉丝等过程，制备的 304 不锈钢粉芯丝材如图 2-55 所示。为了保证制得的粉芯丝材具有较低的粉末孔隙率，使得粉芯丝材满足电弧增材制造的工艺要求，采用 NSC-M332/W6 型电火花线切割机对制得的粉芯丝材的中部进行切割，观察粉末的致密度如图 2-55（b）所示，白亮的圆状为管材的边缘，

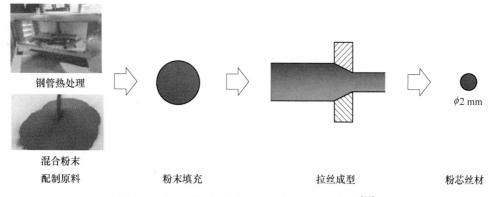

图 2-54 304 不锈钢粉芯丝材制备主要工艺过程[37]

含有少量细小光斑的内部区域为混合粉末，而粉芯丝材截面处的混合粉末区域无较大的闪亮斑点，即无明显的孔洞，其孔隙率较低，粉末致密度较高，满足使用要求。

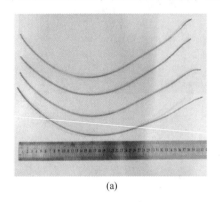 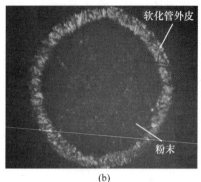

(a)   (b)

图 2-55   粉芯丝材成品和粉芯丝材截面[37]

（a）粉芯丝材成品；（b）粉芯丝材截面

陈绍兴[38]设计了多种 CMT 增材用高氮钢丝材成分，研究了其工艺性能以及 CMT 增材的组织与力学性能。基于氮含量与组成分计算验证以及微合金化试验结果，设计了四种高氮钢 HNS8、HNS6、HNS8T 和 HNS8T2，见表 2-4。通过熔炼—精炼合金化—棒材连铸—线材加工获得直径为 1 mm 的丝材，见表 2-5。

表 2-4   设计的高氮钢主要成分   （质量分数，%）

钢 种	Mn	Cr	Ni	Mo	Nb	N	Fe
HNS6	17	21	2	2	—	0.6	余量
HNS8	17	21	2	2	—	0.8	余量
HNS8T	17	21	2	2	0.2	0.8	余量
HNS8T2	17	21	2	2	0.4	0.8	余量

表 2-5   高氮钢丝材的实际主要成分[38]   （质量分数，%）

钢 种	C	Mn	Cr	Ni	Mo	Nb	N	Fe
HNS6	0.07	16.80	21.66	2.18	1.88	—	0.57	余量
HNS8	0.07	17.47	20.82	1.95	2.34	—	0.81	余量
HNS8T	0.07	17.00	21.48	2.26	1.99	0.18	0.78	余量
HNS8T2	0.07	16.95	21.60	2.32	2.17	0.37	0.78	余量

图 2-56 是 HNS8 和 HNS8T2 丝材（ϕ1 mm）的表面形貌，HNS8 丝材表面存在大量大尺寸纵向裂纹和缺陷，表面粗糙；HNS8T2 丝材表面纵向裂纹少、尺寸较小，表面仅有拉拔后痕迹，没有出现大量表面缺陷，丝材的表面粗糙度会影响增材时的送丝稳定性与电弧的稳定性，从而影响增材体的质量。

胡振兴[39]利用基于冷金属过渡焊电弧为热源的增材制造系统，开展 2205 双相不锈钢电弧熔丝增材制造试验，对增材成型件的组织、力学性能和耐腐蚀性能等进行研究。实验采用 Q235A 普通碳素结构钢作为底板，厚度为 10 mm，交货状态为热轧制状态；所用焊丝

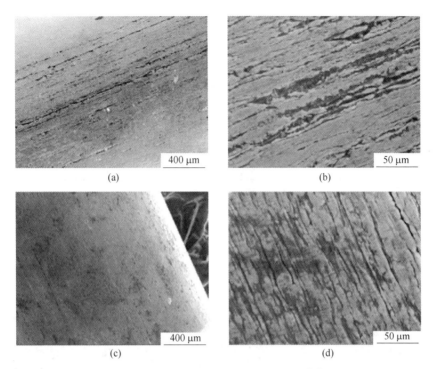

图 2-56 高氮钢丝材的表面 SEM 图像[38]
（a）（b）HNS8；（c）（d）HNS8T2

为瑞典 SANDVIK 公司提供的 ER2209 双相不锈钢焊丝，规格为 $\phi1.6$ mm，见表 2-6 和表 2-7。研究发现，单层单道试样的宽度、高度与送丝速度成正比，同扫描速度成反比，该规律对多层单道同样适用；随着热输入量的增加和散热条件的改变，多层单道试样成型质量逐渐变差。

表 2-6 底板及焊丝化学成分[39]　　　　　　　　　　　　　　　（质量分数，%）

材料	C	Si	Mn	P	S	Cr	Ni	Mo	N	Fe
Q235A	0.14~0.22	≤0.35	0.30~0.65	≤0.045	≤0.050					余量
ER2209	0.013	0.49	1.54	0.018	0.007	22.92	8.6	3.2	0.17	余量

表 2-7 底板及焊丝主要的物理及力学性能[39]

材料	密度 $\rho/g \cdot cm^{-3}$	弹性模量 E/GPa	线膨胀系数 $\alpha/℃^{-1}$	屈服强度 $R_{p0.2}/MPa$	抗拉强度 R_m/MPa	伸长率 $\delta/\%$
Q235A	7.85	200~210	$12×10^{-5}$	235	370~550	≥25
ER2209	7.98	190~210	$13.7×10^{-5}$	450	620	≥25

曲扬等人[40]采用 316L 不锈钢在 Q235A 基板上进行 TIG 填丝增材制造成型试验，研究不锈钢增材制造成型工艺。电弧增材制造装置由 TIG 焊机和 3 轴数控机床构建而成，试验采用直流正接进行增材制造，TIG 焊机为交直两用型的米勒 Dynasty350 焊机；送丝机为 WF-007A，送丝速度调节范围 0~600 cm/min；焊丝为 $\phi0.8$ mm 的 316L 不锈钢丝材，以

Q235A 为基板，尺寸为 200 mm×70 mm×10 mm，见表 2-8；增材制造过程中保护气体为纯度 99.99%的氩气，气体流量 8~10 L/min。通过调整焊接电流、打印速度、送丝速度等工艺参数，实现了不锈钢电弧增材制造成型，成型件具有致密度高、尺寸精度和表面质量较好等优点，其显微组织为柱状枝晶形态的奥氏体，顶部枝晶尺寸相对较小。

表 2-8   316L 不锈钢焊丝及 Q235A 基板的化学成分[40]   （质量分数,%）

材料	C	Si	Mn	P	S	Ni	Cr	Mo	Fe
316 L	<0.03	<1.00	<2.0	<0.045	<0.03	10~14	16~18	2~3	余量
Q235A	<0.22	<0.35	<1.4	<0.045	<0.05	—	—	—	余量

刘源等人[41]分别研究了电弧送丝技术（WAAM）、激光同轴送粉（DED）以及激光选区熔化（SLM）增材制造技术制备的 316L 不锈钢材料的组织与力学性能。对比发现，SLM 成型样品中相邻道次的熔池搭接良好，熔池宽度和高度分别约为 150 μm 和 80 μm，如图 2-57（i）和（j）所示。如图 2-57（j）~（l）所示，组织主要由垂直于熔池边界生长

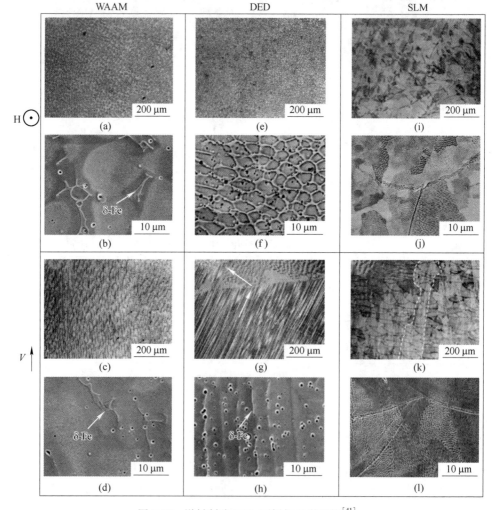

图 2-57   增材制造 316L 不锈钢显微组织[41]

（a）（b）WAAM-H；（c）（d）WAAM-*V*；（e）（f）DED-H；（g）（h）DED-*V*；（i）（j）SLM-H；（k）（l）SLM-*V*

的胞状晶组成；在熔池底部，往往存在穿过多个熔池连续生长的柱状晶粒，如图 2-57（k）所示；如图 2-57（l）所示，柱状晶粒内部存在大量胞晶结构，胞晶尺寸介于 $0.5\sim0.7\ \mu m$ 之间。

同时，WAAM、DED 和 SLM 成型试样的胞晶、枝晶尺寸依次减小，对应的冷却速率依次增大。在 WAAM 和 DED 成型样品的枝晶、胞晶间区域中发现骨状 δ 铁素体以及 Cr、Mo 的富集，但在 SLM 样品中未观察到该现象，主要是因为 SLM 的高冷却速率显著抑制了 δ 铁素体的形成和元素偏析。此外，WAAM、DED、SLM 样品的显微硬度依次增加，与凝固胞状结构尺寸密切相关。

2.2.3 钛合金

钛合金以其高强度、抗高温蠕变、低密度以及良好的生物相容性等性能特点，在航空航天、生物医学等领域得到广泛应用。传统机械加工和铸造工艺存在生产工艺复杂、材料利用率低、难以一次成型复杂结构等问题。WAAM 具有沉积效率高、原材料利用率高、设备成本低等特点，是增材制造工艺中研究最早且应用最成熟一种工艺方法。由于电弧增材制造过程中液态金属凝固速率大，其组织中易出现马氏体、针状 α 相、魏氏体相，将极大削弱其力学性能并造成力学性能的各向异性。此外，构件表面粗糙度高、残余应力大、尺寸精度低等缺点也是限制电弧增材制造广泛应用的重要因素。

魏志祥[42]通过成分设计和快速凝固制备不同种类的 TIG 增材用钛合金丝材，见表 2-9，丝材分别为 D1、D2、D3。基于不同成分钛合金的熔炼→锻造→轧制→丝材拉拔，获得直径为 1 mm 的钛合金丝材，并对其进行光亮化处理，最终得到 TIG 增材制造用钛合金丝材，其实际成分见表 2-10。

表 2-9　钛合金焊丝设计成分[42]　（质量分数，%）

编　号	Al	V	Fe	Ti
D1	6.0	4.0	0	余量
D2	6.0	4.0	0	余量
D3	6.0	4.0	0.2	余量

表 2-10　TIG 增材用丝材实际成分[42]　（质量分数，%）

编　号	Al	V	Fe	Si	N	O	Ti
D1	6.02	4.04	0.017	0.023	0.005	0.06	余量
D2	6.04	4.27	0.018	0.029	0.003	0.05	余量
D3	6.11	4.13	0.16	0.026	0.006	0.03	余量

基于焊接用钛与钛合金丝材标准（GB/T 30562—2014），TC4 钛合金（D1）焊丝化学成分较符合 STi6402 焊丝型号，Fe 元素含量略低于 STi6402。如图 2-58（a）所示，焊丝表面光滑、无毛刺、凹坑、划痕等宏观缺陷，没有其他不利于焊接操作或对焊接金属有不良影响的杂质；对三种焊丝的直径进行测量，焊丝直径对比如图 2-58（b）所示，D1 丝材直径为（0.914±0.008）mm、D2 丝材直径为（0.92867±0.00718）mm、D3 丝材直径为（0.91425±0.00585）mm，误差均小于 0.01 mm。另外，三种钛合金焊丝的显微硬度如

图 2-58（c）所示，D1 丝材显微硬度 $HV_{0.5}$ 为 320±6；D2 丝材显微硬度 $HV_{0.5}$ 为 327±8；D3 丝材显微硬度 $HV_{0.5}$ 为 317±10，制备的钛合金丝材均符合国家标准。丝材的成分会影响 TIG 成型钛合金材料的力学性能，由于 V 元素的增加，D2 试样的硬度有一定的提升；由于 Fe 元素的固溶及第二相析出，D3 试样的硬度略高于 D1 试样，抗拉强度有所下降，塑性有极大提高。

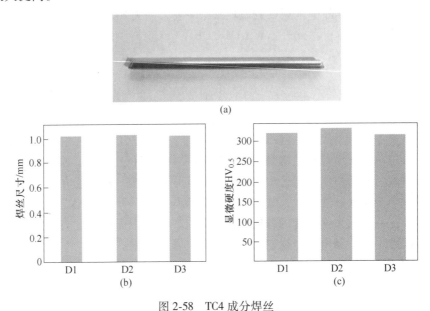

图 2-58 TC4 成分焊丝

（a）宏观形貌；（b）焊丝直径对比；（c）焊丝显微硬度对比[42]

张飞奇等人[43] 以 ϕ2 mm 的 Ti-6Al-4V 合金拉拔丝材为原料，以水冷铜基板为衬底，以电弧为热源将钛合金丝材进行熔融、逐层堆积，快速增材制造制备钛合金材料，并对合金的凝固过程、组织形貌和力学性能进行研究。其中，Ti-6Al-4V 合金拉拔丝材室温拉伸性能见表 2-11，电弧熔炼增材制造过程如图 2-59 所示。在丝材电弧增材制造过程中，开始堆积的 1~2 层为柱状晶，随后的堆积层则以等轴晶的方式生长，如图 2-60 所示。电弧输出热量高，每个堆积区-熔合区-堆积区冶金结合情况良好，没有明显的界面和钛马氏体，各区域的显微组织均为稳定的 α+β 片层组织，如图 2-61 所示，显微硬度值接近。与铸态 Ti-6Al-4V 合金相比，电弧增材制造的钛合金不仅初始 β 晶粒细小，而且 α+β 片层间距较小，抗拉强度提高 3.6%，伸长率提高 37%。

表 2-11 Ti-6Al-4V 丝材的室温拉伸性能[43]

极限抗拉强度/MPa	屈服强度/MPa	伸长率/%
897	835	9.5

潘子钦等人[44] 以等离子弧作为热源，ϕ1 mm 的 Ti-6Al-4V 钛合金丝材为原材料，增材制造尺寸为 140 mm×100 mm×20 mm 的钛合金材料，如图 2-62 所示，沉积方向为 Z 轴方向，扫描方向为 X 轴方向，沉积过程凝固端加轧制力 15 kN。钛合金中原 β 晶粒呈等轴状，晶内 α 片状组织与晶间 β 相形成网篮组织与束域组织，α 片层基体有少量位错及纳米

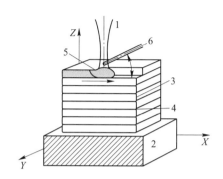

图 2-59 Ti-6Al-4V 丝材电弧增材制造过程示意图[43]

1—电弧；2—基体；3—沉积区；4—熔合线；5—熔池；6—金属丝

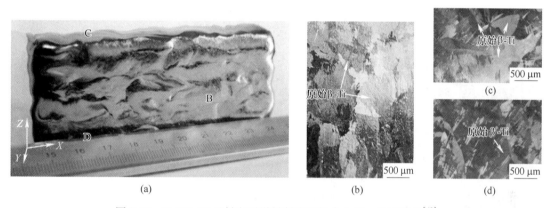

图 2-60 Ti-6Al-4V 丝材电弧增材制造的钛合金宏、微观照片[43]

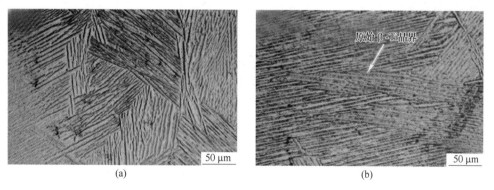

图 2-61 Ti-6Al-4V 丝材增材制造成型显微组织[43]

（a）熔合区；（b）堆积区

尺寸 β 相；屈服强度为 845.08 MPa，抗拉强度为 943.19 MPa，伸长率为 14.4%，循环应力比为 0.1，频率为 25 Hz。由于孔洞等缺陷的存在，疲劳寿命出现较大的弥散性，疲劳裂纹萌生于合金内部气孔与未熔合区，疲劳裂纹扩展区有二次裂纹与疲劳辉纹，瞬断区呈韧性断裂特征，如图 2-63 所示。

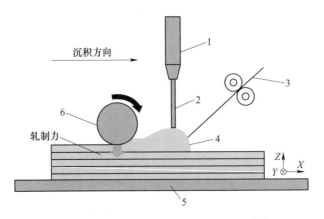

图 2-62　等离子弧沉积试样原理示意图[44]

1—焊枪；2—等离子弧；3—金属丝；4—熔池；5—基板；6—滚筒

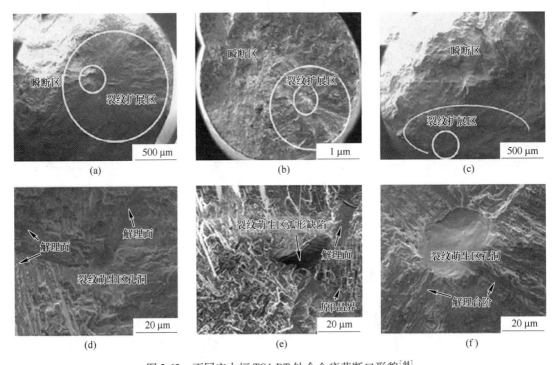

图 2-63　不同应力幅 TC4-DT 钛合金疲劳断口形貌[44]

（a）σ_a=270 MPa，N=2940362，低倍组织；（b）σ_a=315 MPa，N=357581，低倍组织；

（c）σ_a=360 MPa，N=50101，低倍组织；（d）σ_a=270 MPa，N=2940362，高倍组织；

（e）σ_a=315 MPa；（f）σ_a=360 MPa

　　李长富等人[45]采用冷金属过渡（CMT）电弧增材制造技术制备了 TC4 钛合金，研究了沉积态试样的拉伸性能、冲击性能和疲劳性能。CMT 电弧增材制造 TC4 钛合金实验试样由沈阳航空航天大学的电弧增材制造系统完成，钛合金丝材选用标准 TC4 丝材。经历 CMT 工艺条件下的快速熔凝过程，钛合金成型件内宏观组织由外延生长的粗大 β 柱状晶组成，显微组织为细长 α 片层和网篮组织，如图 2-64 所示。成型件抗拉强度较高，达到锻件抗拉强度水平，但是塑性较低，略低于锻件塑性，存在一定的各向异性，断裂方式为半解理与半韧性断裂特征。沉积态钛合金成型件具有良好的冲击性能，且冲击性能各向异性并不显著。钛合金成型件的高周疲劳极限为 460 MPa，疲劳源均形核于条状未熔合缺陷及气孔缺陷处。

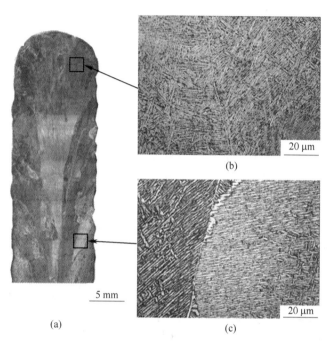

图 2-64　CMT 电弧增材制造 TC4 钛合金组织结构[45]
（a）宏观组织；（b）上部微观组织；（c）下部微观组织

克兰菲尔德大学采用电弧实现了大尺寸钛合金结构件成型，成型尺寸达到 1.2 m×0.3 m×0.2 m，降低制造成本约 50%，如图 2-65 所示。挪威钛业公司制备的电弧增材制造钛合金结构件尺寸为 0.6 m×0.3 m×0.3 m，如图 2-66 所示。

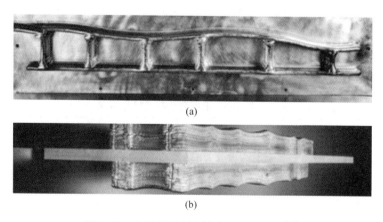

图 2-65　电弧增材制造钛合金翼梁结构[46]
（a）正视图；（b）侧视图

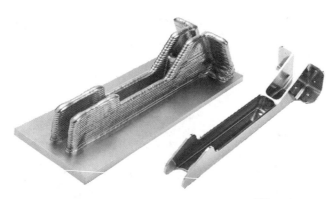

图 2-66 电弧增材制造钛合金结构件[47]

2.2.4 铝合金

铝合金因其具有较高的比强度、比模量和良好的耐腐蚀、抗疲劳等性能，是航空航天领域如工字大梁、机翼大梁、整体带筋壁板等结构极为重要的轻金属材料。随着航空航天、国防军工高精尖技术的不断革新以及结构件研制周期的进一步缩短，尺寸高精化、形状复杂化成为了铝合金结构件发展的方向，这对复杂精密铝合金构件的制造技术提出了新的要求，要求制造技术能保障研发构件结构的可靠性。电弧增材制造技术成型的零件化学成分均匀且致密度高，具有效率高、成本低等优点，尤其适用于铝合金的增材制造，针对铝合金的电弧增材制造工艺方法主要有钨极惰性气体保护焊接（TIG）、熔化极惰性气体保护焊接（MIG）以及冷金属过渡技术（CMT）等。

唐论等人[48]基于 Al 和 NiO 的冶金反应设计了圆柱面点阵电弧增材制造用自生 Al_2O_3 铝合金粉芯丝材，制备了直径为 1.2 mm 的自生 Al_2O_3 铝合金粉芯丝材，研究了其工艺性能以及单元杆的热导率和强度。Al 和 NiO 冶金反应的最大反应速率温度为 1038.9 ℃，能够在电弧增材制造条件下可靠进行；当粉芯中 NiO 含量为 1.5% 时，铝合金粉芯丝材在电弧增材制造中电弧稳定，熔滴呈均匀小颗粒过渡，过程平稳，飞溅率小于 0.74%。铝合金粉芯丝材的粉芯组分配比见表 2-12，其中，原材料粉末分别为铝粉、铜粉、锰粉、钛铁粉、钒铁粉、锆粉、一氧化镍粉和氟化铈粉，包覆粉末使用的铝带为 1060 工业纯铝。粉料按成分配比后，经过均匀混料、120 ℃烘干 4 h 后加入到轧制成具有 U 形槽的铝带中，铝带包覆粉末形成直径 3.8 mm 的初始丝材，经 13 次减径得到直径 1.2 mm 的丝材，经过除油剂清洗和烘干，最终得到增材制造用成品粉芯丝材。

表 2-12 自生 Al_2O_3 铝合金粉芯丝材化学成分[48]　　　　　　　　　（%）

Cu	Mn	Ti	V	Zr	NiO	CeFe_3	Al
5.7~6.4	0.2~0.4	0.1~0.15	0.1~0.15	0.05~0.10	1.5	0.1~0.3	余量

李承德等人[49]对比了直径分别为 1.2 mm 和 1.6 mm 的 ZL114A 铝合金丝材电弧增材制造成型合金的组织与性能。实验选用抚顺东工冶金材料技术有限公司生产的 ZL114A 铝合金焊丝为原材料，基板材质为 6061-0 铝合金板材，保护气体为 99.999% 的高纯氩气，见表 2-13。图 2-67 所示为直径 1.2 mm 和 1.6 mm 的 ZL114A 铝合金焊丝横截面的金相组织

图像，可以看出细小的共晶硅颗粒均匀分布于 α-Al 基体中。

表 2-13 原材料及基板化学成分[49]

材　料	规　格	质量分数/%			
		Si	Mg	Ti	Fe
ZL114A 铝合金焊丝	ϕ1.2mm	6.99	0.67	0.118	0.108
金焊丝	ϕ1.6mm	7.02	0.65	0.110	0.113
6061-0	300 mm×150 mm×10 mm	0.62	1.03	—	0.132

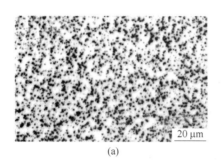 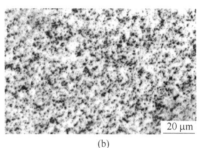

图 2-67 丝材横截面金相组织图像[49]
(a) ϕ1.2 mm; (b) ϕ1.6 mm

　　焊丝表面的图像如图 2-68 所示，观察到两种焊丝表面均有不同程度的划伤，划伤的表面易吸附水分及有机物，是电弧增材制造成型合金中气孔缺陷的来源之一。丝材的比表面积与丝材的线径成反比，丝材表面积越大，产生划伤的概率越大，理论上选用大线径丝材为原材料有利于降低 WAAM 成型合金形成气孔缺陷的概率，如图 2-69 所示。选用直径 1.6 mm 丝材为原材料，能够提高电弧增材制造 ZL114A 合金的成型效率，直接沉积态合金的微观组织具有较大二次枝晶臂间距。

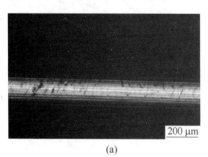 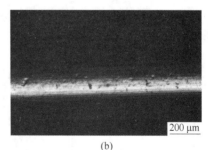

图 2-68 焊丝表面图像[49]
(a) ϕ1.2 mm; (b) ϕ1.6 mm

　　黄丹等人[50]选用 ϕ1.2 mm 的 5A06 铝焊丝为成型材料（见表 2-14），研究 TIG 丝材电弧增材制造工艺。以 TIG 焊机为电源（交流模式），以四轴联动数控机床为运动机构，研究单层和多层成型时预热温度和电流对成型形貌的影响，观察成型件微观组织，并测试其力学性能。建立了单层单道基板预热温度和电弧峰值电流工艺规范带判据，以保证良好成

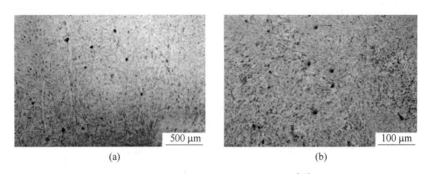

图 2-69　WAAM 成型合金气孔缺陷[49]

（a）高倍组织；（b）低倍组织

型。如图 2-70 所示，成型件的高度从第一层的 3.4 mm 急剧下降，直到第 8 层后高度稳定在 1.7 mm。层间组织为细小的树枝晶和等轴晶；层间结合处组织最粗大，为柱状树枝晶；顶部组织最细小，由细小的树枝晶转变为等轴晶。成型件的力学性能各向同性，抗拉强度为 295 MPa，伸长率为 36%。

表 2-14　5A06 焊丝和 AA6061 基板的名义化学成分[50]　　　（质量分数,%）

材料	Cu	Mg	Mn	Si	Fe	Ti	Zn	Cr	Al
5A06	0.10	6.30	0.65	0.40	0.40	0.06	0.20	0.00	余量
AA6061	0.40	1.00	0.15	0.40	0.70	0.15	0.25	0.20	余量

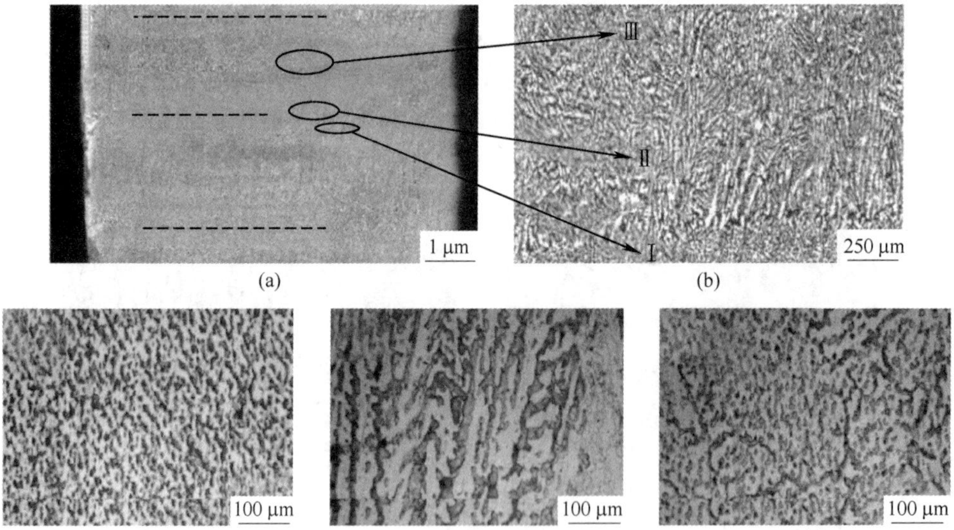

图 2-70　5A06 铝合金成型件不同位置的组织形貌[50]

（a）层与层之间；（b）层间及结合处；（c）~（e）Ⅰ、Ⅱ、Ⅲ区域放大组织

2.2.5　高温合金

目前，对于高温合金的增材制造的研究和探索相对较多，多采用激光增材制造与电弧

增材制造，在实际应用中激光增材设备相对成熟，诸多公司如 GE、中国航发等已经实现在航空发动机零部件用增材制造方法来得到高温合金零件，这极大地减少了产品的周期性，降低了生产成本。电弧增材制造高温合金具有以下优点：（1）高温性能优异，电弧增材制造可以通过高能电子束或激光束的熔化和凝固过程，有效地制造出具有出色的耐热性、耐腐蚀性和高强度的高温合金零件；（2）设计自由度高，电弧增材制造技术允许实现复杂形状和内部结构的零件制造，可以制造出更轻量化、更高效的零件，减少材料浪费；（3）大大缩短零件的制造周期，快速响应设计变更或紧急需求。

毛展召[51]针对航空飞机发动机高温合金盘模具的结构特点，设计出打底层、过渡层及硬面层的三层梯度结构，并开发出打底层、过渡层及硬面层三种金属型药芯丝材。在三种金属型药芯丝材中均加入了 1% 的 NaF，提高电弧的稳定性，改善工艺性能。研制的三种金属型药芯丝材成型性良好，在不同工艺参数下飞溅率在 2.5% 以下，高速摄像观察电弧增材制造过程中电弧稳定，工艺性良好。采用冷轧钢带法制备金属型药芯丝材，该方法是由钢带包裹配制好的合金粉末，通过不同轧辊进行拉制，制作过程如图 2-71 所示。金属型药芯丝材与实心丝材相比，生产工艺简单，堆积效率高，可以根据所需堆积构件的性能要求，通过调整合金粉的不同种类及比例来制备出不同性能的丝材。金属型药芯丝材制备过程中主要使用的试验材料包括合金粉及钢带，合金粉主要为：高碳铬铁（含 Cr 70%，C 8.6%）、硅铁（含 Si 75%）、锰粉（含 Mn 99.5%）、钼铁粉（含 Mo 60.1%）、镍粉（含 Ni 95.5%）、钨铁粉（含 W 70.2%）、铌铁粉（含 Nb 50.1%）以及钒铁粉（含 V 50%）等，粒度为 150~200 μm，钢带为 10 mm×0.5 mm 的 SPCC 冷轧钢带，增材制造试验过程中所使用的为富氩气体（即 80% 氩气与 20% 二氧化碳的混合气体）。

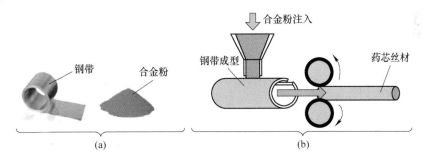

图 2-71　冷轧钢带法制备金属型药芯丝材流程[51]

（a）原材料；（b）拉拔成型

李帛洋等人[52]选用直径为 1.2 mm 的 Inconel718 焊丝作为沉积材料，尺寸为 300 mm×300 mm×20 mm 的 Q235 不锈钢作为基板，焊丝和基板化学成分见表 2-15 和表 2-16，在较大的送丝速度下获得了成型质量较好的电弧增材 Inconel718 高温合金。

表 2-15　Inconel718 焊丝化学成分[52]　　　　　　　　　　　（质量分数,%）

C	Si	Al	Ti	Mn	P	Ni	Mo	Nb	Cr	Fe
<0.08	<0.3	0.20	0.65	<0.3	<0.015	50.0	2.80	4.75	17.0	余量

表 2-16　Q235 钢板化学成分[52]　　　　（质量分数,%）

C	Si	Mn	p	S	Cr	Ni	Cu	Fe
0.14~0.22	≤0.30	0.30~0.65	≤0.045	≤0.050	≤0.030	≤0.30	0.30	余量

杜俊杰等人[53]采用钢铁研究总院研制的直径为 1.2 mm 的 GH4099 丝材为电弧增材制造填充材料制备高温合金材料,GH4099 丝材成分见表 2-17。He 气气氛保护条件下,增材制造熔融 GH4099 合金获得较好的流动性能,沉积层表面质量较好,如图 2-72 所示。

表 2-17　GH4099 高温合金化学成分[52]　　　　（质量分数,%）

C	Fe	Mn	Si	Cr	W
≤0.08	≤2	≤0.4	≤0.5	17~20	5~7
Mo	Nb	Al	Ti	Ni	
3.5~4.5	5~8	1.7~2.4	1.0~1.5	余量	

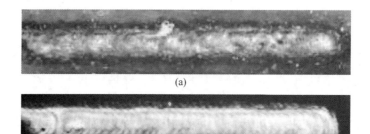

(a)

(b)

图 2-72　不同保护气体下 GH4099 电弧增材单道成型外观[53]
（a）Ar 气；（b）He 气

电弧增材制造 GH4099 高温合金组织呈现出较为明显的各向异性,其中,垂直于增材方向呈现出连续的列状枝晶,而平行于增材方向则呈现出等轴晶组织,在等轴晶内部存在着树枝晶亚结构,大量 γ′强化相及 MC 碳化物弥散分布在等轴晶晶界和晶粒内部,如图 2-73 所示；常温与 900 ℃高温力学测试结果表明,GH4099 高温合金电弧增材制造材料抗拉强度和常温断后伸长率均满足 GB/T 14996—2010《高温合金冷轧板》标准要求。

曾立等人[54]以直径 1.2 mm 的 GH4169D 镍基高温合金丝材,基板材料为同种成分的 GH4169D 板材为实验材料。采用电弧微铸锻复合增材制造（hybrid arc and micro-rolling additive manufacturing, HARAM）技术成型 GH4169D 高温合金,HARAM 技术中同步轧制的"微锻"作用能有效地使合金原本粗大的柱状晶发生"破碎",如图 2-74 所示。

与 WAAM 方法相比,如图 2-75 所示,HARAM 技术成型的合金室温抗拉强度更高（X 向提高 48 MPa,Z 向提高 90 MPa）,力学性能各向异性得到有效抑制。其中,电子束熔丝增材制造技术在高温合金制备方面具有更为明显的优点,如生产制造过程几乎在真空条件下进行,可以有效隔绝空气中的有害元素,特别是能够制造高精度、高精密的零件,对于航空航天用结构件制备至关重要。

谭和[55]以直径为 0.8 mm 的 GH4169 高温合金丝材为电子束熔丝和尺寸为 100 mm×

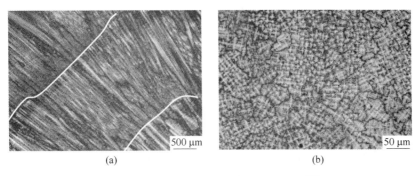

图 2-73 GH4099 电弧增材制造微观组织[53]

（a）平行于增材方向；（b）垂直于增材方向

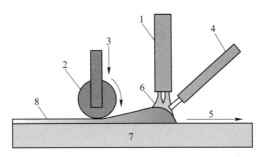

图 2-74 电弧微铸锻复合增材制造（HARAM）技术示意图[54]

1—焊接炬；2—微型滚筒；3—轧制方向；4—送丝机构；5—扫描方向；6—电弧；7—基底；8—焊缝

图 2-75 不同工艺成型 GH4169D 合金经 HSA 热处理后微观组织的 OM 图像[54]

（a）WAAM；（b）HARAM

50 mm×30 mm 的 Q235 不锈钢为基材，电子束熔丝增材制造 GH4169 高温合金材料。Q235 不锈钢为基材和 GH4169 高温合金丝材的化学成分见表 2-18 和表 2-19。

表 2-18 Q235 不锈钢基材化学成分[55]　　　　　　　　　　　（质量分数，%）

C	Si	Mn	Cr	Ni	P	Fe
≤0.0	≤0.8	≤2.0	17~19	8~11	≤0.0	余量

表 2-19　GH4169 丝材化学成分[55]　　　　　　　　（质量分数,%）

C	Mn	P	S	Si	Ni	Cr	B
0. 0464	0. 0414	0. 001	0. 0042	0. 131	53. 4	17/88	0. 0029
Cu	Al	Fe	Mo	Co	Ti	Nb	W
0. 0214	0. 377	18. 47	0. 616	0. 616	1. 04	5. 32	0. 899

　　不同电子束流下单道熔覆层沉积形貌如图 2-76 所示,从不同热输入与不同成型面上来看,依旧保持着沉积态组织的明显特征,组织上的各向异性依旧存在。多道多层试样直接进行双时效处理后,组织结构仍旧是柱状晶,层带结构依稀可见,枝晶间 Laves 相有所减少,同时 EDS 能谱检测到 γ+γ″组织团聚物。直接时效处理后试样的力学性能有极大的提升。显微硬度整体水平相较于沉积态硬度提升 30% 以上,不同成型面上硬度波动范围相比沉积态有所减少,各向异性减弱;拉伸性能也得到了明显提升（10% 左右）,伸长率略有下降。在不同热输入、不同成型面上来看虽然依旧保持沉积态的变化规律,YOZ 面拉伸性能提升较大,几乎与其他成型面相当,各向异性略有减弱。图 2-77 为不同成型面的SEM 图像。

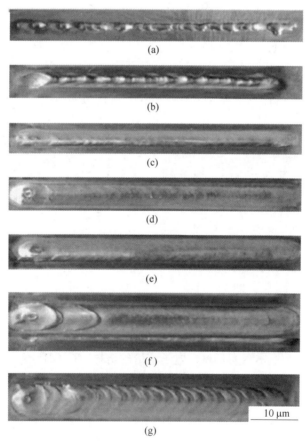

(a)

(b)

(c)

(d)

(e)

(f)

10 μm

(g)

图 2-76　不同电子束流下单道熔覆层沉积形貌[55]

(a) 10 mA；(b) 15 mA；(c) 20 mA；(d) 25 mA；(e) 30 mA；(f) 35 mA；(g) 40 mA

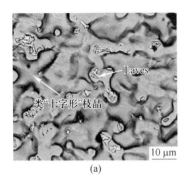 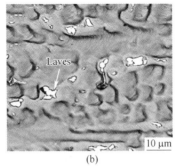 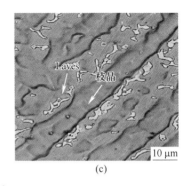

(a)　　　　　　　　　　　　　　(b)　　　　　　　　　　　　　　(c)

图 2-77　不同成型面的 SEM 图像[55]

(a) *XOY* 成型面；(b) *XOZ* 成型面；(c) *YOZ* 成型面

思 考 题

2-1　金属增材制造中，如何选择适合的激光功率和扫描速度？

2-2　金属增材制造中，如何控制构件的表面质量和精度？

2-3　金属增材制造中，如何选择合适的金属材料和工艺参数以实现特定的性能要求？

2-4　金属增材制造中，如何实现多材料和梯度材料的制造？

2-5　金属增材制造中，未来的发展趋势和应用前景是什么？

参 考 文 献

［1］谢波 . EIGA 雾化法制备激光 3D 打印用 TC4 合金粉末工艺研究［J］. 钢铁钒钛，2019，40（3）：6.

［2］杨星波，朱纪磊，陈斌科，等 . 等离子旋转电极雾化技术及粉末粒度控制研究现状［J］. 粉末冶金工业，2022，32（2）：90-95.

［3］史玉生，闫春泽，周燕，等 . 3D 打印材料［M］. 武汉：华中科技大学出版社，2019.

［4］付立定 . 不锈钢粉末选择性激光熔化直接制造金属零件研究［D］. 武汉：华中科技大学，2008.

［5］KEMPEN K，THIJS L，HUMBEECK J V，et al. Mechanical properties of AlSi10Mg produced by selective laser melting［J］. Physics Procedia，2012，39：439-446.

［6］赵曙明，沈显峰，杨家林，等 . 水雾化 316L 不锈钢选区激光熔化致密度与组织性能研究［J］. 应用激光，2017，37（3）：319-326.

［7］李胜峰，杜开平，沈婕 . 选区激光熔化工艺参数对气雾化 316L 不锈钢粉末成型制品性能的影响［J］. 热喷涂技术，2019，11（2）：10.

［8］LI R，SHI Y，WANG Z，et al. Densification behavior of gas and water atomized 316L stainless steel powder during selective laser melting［J］. Applied Surface Science，2010，256（13）：4350-4356.

［9］李伟 . SLM 增材制造 TC4 合金微观组织与力学性能研究［D］. 北京：北京工业大学，2021.

［10］田操，陈卓，刘邦涛，等 . 增材制造用 TC4 钛合金粉末制备工艺的优化［J］. 黑龙江科技大学学报，2020，30（2）：214-218.

［11］CHEN L Y，HUANG J C，LIN C H，et al. Anisotropic response of Ti-6Al-4V alloy fabricated by 3D printing selective laser melting［J］. Materials Science & Engineering A，2016，682（13）：389-395.

［12］赵少阳，陈刚，谈萍，等 . 球形 TC4 粉末的气雾化制备、表征及间隙元素控制［J］. 中国有色金属学报 2016，26（5）：981-987.

［13］邝泉波，邹黎明，蔡一湘，等．等离子旋转电极雾化法制备高品质 Ti-6.5Al-1.4Si-2Zr-0.5Mo-2Sn 合金粉末［J］．材料工程，2017，45（10）：8.

［14］董欢欢，陈岁元，郭快快，等．EIGA 法制备 TC4 合金粉末的激光 3D 打印性能研究［J］．有色矿冶，2016，32（6）：7.

［15］冯凯，李丹明，张凯锋，等．球形 TC4 合金粉末的制备、表征及雾化机理［J］．中国有色金属学报，2020，30（7）：8.

［16］LIU J，SUN Q，ZHOU C A，et al. Achieving Ti6Al4V alloys with both high strength and ductility via selective laser melting［J］．Materials Science and Engineering：A，2019，766：138139.

［17］王小军，王修春，伊希斌，等．粉体特征对选区激光熔化 Al-Si 合金成型性能的影响［J］．山东科学，2016，29（2）：30-35.

［18］耿遥祥，唐浩，罗金杰，等．高 Mg 含量 Al-Mg-Sc-Zr 合金选区激光熔化成型性及力学性能［J］．稀有金属材料与工程，2021，3：939-947.

［19］YANG F，WANG J，WEN T，et al. Developing a novel high-strength Al-Mg-Zn-Si alloy for laser powder bed fusion［J］．Materials Science and Engineering：A，2022，851：143636.

［20］ZHAO X，MENG J，ZHANG C，et al. A novel method for improving the microstructure and the properties of Al-Si-Cu alloys prepared using rapid solidification/powder metallurgy［J］．Materials Today Communications，2023，35：105802.

［21］朱溪，袁铁锤，王敏卜，等．选区激光熔化增材制造高强度 Al-Mg-Sc-Zr 合金的微观组织与力学性能［J］．粉末冶金材料科学与工程，2022，2：205-214.

［22］谢春林．选区激光熔融成型用 316L 不锈钢合金粉体制备与应用［J］．港口经济，2020，16：100-104.

［23］张亚民，吴姚莎，杨均宝，等．粉末形貌对选区激光熔化 316L 不锈钢力学性能的影响［J］．金属热处理，2021，46（2）：173-177.

［24］路超，肖梦智，屈岳波，等．激光选区熔化成型 SS316L 不锈钢粉末演变机理［J］．电焊机，2020，50（7）：9.

［25］赵新明，徐骏，朱学新，等．超音速气雾化制备 316L 不锈钢粉末的表征［J］．工程科学学报，2009，31（10）：1270-1276.

［26］杨浩，李尧，郝建民．激光增材制造 Inconel718 高温合金的研究进展［J］．材料导报，2022，36（6）：10.

［27］王庆相，朱振，李鑫，等．制粉方法对 Inconel718 合金粉末组织和性能的影响［J］．粉末冶金工业，2023，33（1）：8.

［28］许阳，张荣，肖志瑜．Inconel718 合金粉末粒形定量表征及其 SLM 成型工艺优化［J］．粉末冶金材料科学与工程，2020，25（6）：465-474.

［29］王华，白瑞敏，周晓明，等．PREP 法和 AA 法制取 Inconel718 粉末对比分析［J］．中国新技术新产品，2019，19：4.

［30］徐磊，田晓生，吴杰，等．Inconel718 粉末合金的热等静压成型和组织性能［J］．金属学报，2023.

［31］范紫钏，李金山，陈玮，等．电子束增材制造用 TiAl 预合金粉末表征［J］．铸造技术，2022，43（11）：5.

［32］赵少阳，谈萍，李增峰，等．增材制造用球形 TiAl 合金粉末制备工艺研究［J］．粉末冶金技术，2022，40（6）：7.

［33］LIU B，WANG M，DU Y，et al. Size-dependent structural properties of a high-Nb TiAl alloy powder［J］．Materials，2020，13（1）：161.

［34］谭宇璐，张艳梅，卢冰文，等．电子束选区熔化增材制造 TiAl 合金的高温硬度及氧化行为研究

［J］. 稀有金属材料与工程，2023，52（1）：8.

［35］韩启飞，符瑞，胡锦龙，等. 电弧熔丝增材制造铝合金研究进展［J］. 材料工程，2022，50（4）：62-73.

［36］齐膑，余圣甫，王杰，等. 多向钢节点电弧增材制造药芯丝材开发及应用［J］. 现代制造工程，2021，8：26-31，39.

［37］杨杰. 粉芯丝材增材制造奥氏体不锈钢工艺、组织与性能研究［D］. 江苏：江苏大学，2022.

［38］陈绍兴. 高氮不锈钢丝材及其 CMT 电弧增材研究［D］. 南京：南京理工大学，2019.

［39］胡振兴. CMT 电弧熔丝增材制造 2205 双相不锈钢的组织分布及性能分析［D］. 江苏：江苏科技大学，2021.

［40］曲扬，杨可，郭博静，等. 不锈钢电弧增材制造成型［J］. 电焊机，2018，48（1）：5.

［41］刘源，寇浩南，何怡清，等. 增材制造 316L 不锈钢组织结构特征与硬化机理研究［J］. 材料导报，2023.

［42］魏志祥. 电弧增材用 TC4 钛合金丝材研究［D］. 南京：南京理工大学，2021.

［43］张飞奇，陈文革，田美娇. Ti-6Al-4V 丝材电弧增材制造钛合金的组织与性能［J］. 稀有金属材料与工程，2018，47（6）：6.

［44］潘子钦，张海鸥，王桂兰，等. 等离子弧熔丝增材制造 TC4-DT 钛合金组织与疲劳断裂行为［J］. 特种铸造及有色合金，2022，42（9）：6.

［45］李长富，郑鉴深，周思雨，等. CMT 电弧增材制造 TC4 钛合金的显微组织与力学性能［J］. 中国有色金属学报，2022，32（9）：2609-2619.

［46］OUELLET T，LAROCHE B，GIGUERE N. WIRE ARC ADDITIVE MANUFACTURING［J］. Weld：Canadian Welding & Lifestyle Magazine，2021，13：4.

［47］The future of manufacturing is rapid plasma deposition［EB/OL］. https：//www. norsktitanium. com.

［48］唐论，郑博. 圆柱面点阵自生 Al_2O_3 铝合金粉芯丝材开发及应用［J］. 航空学报，2023，44（9）：68-79.

［49］李承德，王帅，任玲玲，等. 丝材直径对电弧增材制造 ZL114A 铝合金组织与性能的影响［J］. 焊接技术，2022，51（3）：8-11.

［50］黄丹，耿海滨，熊江涛，等. 5A06 铝合金 TIG 丝材-电弧增材制造工艺［J］. 材料工程，2017，45（3）：7.

［51］毛展召. 发动机高温合金盘梯度热锻模药芯丝材与电弧增材制造研究［D］. 武汉：华中科技大学，2019.

［52］李帛洋，齐涵宇，武晓康，等. CMT 电弧增材制造 Inconel718 高温合金成型工艺研究［J］. 焊接技术，2022，3（51）：1-7.

［53］杜俊杰，蒋海涛，步贤政，等. GH4099 高温合金电弧增材制造工艺研究［J］. 新技术新工艺，2020（8）：18-22.

［54］曾立，王桂兰，张海鸥，等. 电弧微铸锻复合增材制造 GH4169D 高温合金的显微组织与力学性能［J］. 金属学报，2023.

［55］谭和. 电子束熔丝增材制造 GH4169 组织与力学性能各向异性研究［D］. 江西：南昌航空大学，2021.

3 选区激光烧结增材制造技术

本章要点：选区激光烧结技术的原理、工艺方法、特点、设备、应用以及科学研究。

选区激光烧结（selective laser sintering，SLS）技术借助于计算机辅助设计与制造，采用分层制造叠加原理，通过激光烧结粉末材料直接成型三维实体零件。SLS 技术属于 3D 打印技术中的一种，是由美国得克萨斯大学 Carl Robert Deckard 于 1986 年发明的。美国得克萨斯大学于 1988 年成功研制出第一台 SLS 样机，并获得这一技术的发明专利，于 1992 年授权美国 DTM 公司（现已并入美国 3D Systems 公司）将 SLS 系统商业化。该类成型方法制造工艺简单、柔性度高、材料选择范围广、材料价格便宜、成本低、材料利用率高以及成型速度快等，主要应用于铸造业，可以用来直接制作快速模具。

3.1 选区激光烧结的原理

选区激光烧结（SLS）技术的原理是预先在工作台上铺一层粉末材料（金属粉末或非金属粉末），在计算机控制下，按照界面轮廓信息，利用大功率激光对处于相应实体部分的粉末进行扫描烧结，然后不断循环，层层堆积成型，直至模型完成。

3.1.1 SLS 的成型原理

选区激光烧结增材制造技术采用 $50 \sim 200W$ 的 CO_2 激光器（或 $Nd：YAG$ 激光器，波长一般为 $1.06\ \mu m$，即 $1060\ nm$，处于近红外波段）为热源，粒径为 $50 \sim 125\ \mu m$ 的粉末状材料（如尼龙粉、聚碳酸酯粉、丙烯酸类聚合物粉、聚氯乙烯粉、混有 50% 玻璃珠的尼龙粉、弹性体聚合物粉、热硬化树脂与砂的混合粉、陶瓷或金属与黏结剂的混合粉，以及金属粉等）为原材料。

SLS 的成型原理如图 3-1 所示，在开始扫描前，先在工作台上铺一层加热至略低于熔化温度的粉末材料，然后，激光束在计算机的控制下，按照截面轮廓的信息对实心部分所在粉末进行扫描，使粉末的温度升高至熔点，导致粉末颗粒交界处熔化，粉末相互黏结，逐步得到本层轮廓。当完成第一层烧结后，工作台再下降一个层厚，供粉缸上升一个高度，铺粉辊子进行铺粉，激光进行第二层扫描，如此循环，直至整个三维原型烧结完成。当零件烧结完成后，升起成型缸取出零件，清理表面的残余粉末。一般通过激光烧结后的零件强度较低，疏松多孔，根据不同需要可以进行不同的后处理得到接近使用性能的工件。

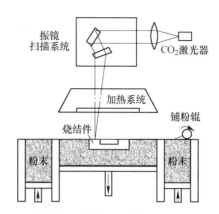

图 3-1　SLS 系统的基本结构和工作原理（CO_2 激光器）[1]

3.1.2　SLS 的烧结机理

SLS 增材制造的烧结机理可以分为四大类：固相烧结、化学烧结、液相烧结和部分熔化以及完全熔化，一般情况下，SLS 烧结过程中会伴随着多种烧结同时进行。

（1）固相烧结。固相烧结的温度范围为粉末材料的 1/2 熔点和熔点之间，在这个过程中伴随着各种物理和化学反应，最重要的是形成扩散。扩散发生在相邻的粉末之间，这种驱动力会使较低自由能的粉末之间通过颈连接起来，这种烧结机理适用于陶瓷粉末和部分金属粉末的烧结。

（2）化学烧结。化学烧结在现有的激光粉末烧结中较少出现，但事实证明它对于聚合物、金属及陶瓷材料都是可行的。例如，在氮气气氛中进行铝粉的烧结，氮气和铝粉发生反应生成氮化铝来连接铝粉，促使烧结过程持续进行。

（3）液相烧结和部分熔化。液相烧结和部分熔化包含一部分黏结剂机制，即一些粉末材料被熔化而其他部分仍保持固态。熔化的材料在强烈的毛细作用力下，在固态粉末颗粒之间迅速扩展并将它们连接在一起。

（4）完全熔化。完全熔化机理适用于高能量激光作用在金属粉末上面，促使其完全熔化，最终得到致密的烧结实体零件，通过此方法获得的金属零件的致密度可以达到 99.9%。

3.2　选区激光烧结的工艺方法

3.2.1　SLS 的成型过程

SLS 成型过程一般可以分三个阶段：前处理、粉层激光烧结叠加和后处理。

（1）前处理。前处理阶段中，主要完成模型的三维 CAD 造型建模。将绘制好的三维模型文件导入特定的切片软件进行切片，然后将切片数据输入到烧结系统。

（2）粉层激光烧结叠加。激光烧结的过程原理如图 3-2 所示。

加热前对成型空间进行预热，然后将一层薄薄的热可熔粉末涂抹在零件建造室。在这

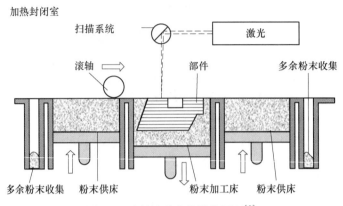

图 3-2　选择性激光烧结的原理[2]

一层粉末上用 CO_2 激光束选择性地扫描 CAD 零件最底层的横截面。激光束作用在粉末上，使粉末温度达到熔点，粉末颗粒熔化再冷凝形成固体。激光束仅熔化 CAD 零件截面几何图形划定的区域，粉末仍保持松散的粉状，成型过程中，未经烧结的粉末对模型的空腔和悬臂部分起支撑作用，无须另加支撑结构。当横截面被完全扫描后，通过滚轴机将新一层粉末涂抹到前一层之上，这一过程为下一层的扫描做准备，重复操作，每一层都与上一层融合，每层粉末依次被堆积，直至成型完毕。

（3）后处理。激光烧结后的原型件，由于本身的力学性能较低、致密度不足、表面粗糙度较高，既不能满足作为功能件的要求，又不能满足精密铸造模具的要求，因此需要进行后处理，有时需进行多次后处理来达到零部件工艺所需要求。基于 SLS 工艺的金属零件直接制造过程如图 3-3 所示，其间接制造过程如图 3-4 所示。

图 3-3　基于 SLS 工艺的金属零件直接制造过程[2]

根据坯体材料的不同，以及对制造件性能要求的不同，可以对烧结件采用不同的后处理方法，如高温烧结、热等静压烧结、熔浸和浸渍等。

1）高温烧结。高温烧结阶段形成大量闭孔，并持续缩小，使孔隙尺寸和孔隙总数有所减少，烧结体密度明显增加。在高温烧结后处理中，升高温度有助于界面反应，延长保温时间有助于通过界面反应建立平衡，可以改善部件的密度、强度和均匀性等。高温烧结后，坯体密度和强度增加，性能也得到改善。

2）热等静压烧结。热等静压烧结工艺是将制品放置到密闭的容器中，使用流体介质，向制品施加各向同等的压力，同时施以高温，在高温高压的作用下，制品的组织结构致密化，其中的温度要求均匀、准确、波动小。热等静压烧结包括三个阶段：升温、保温和冷却。热等静压烧结是高性能材料生产和新材料开发不可或缺的手段。热等静压烧结处理后，制品可以达到 100% 的致密化，制品整体力学性能得到显著提高，这是很难通过其他后处理方法获得的。

3）熔浸。熔浸是将金属或陶瓷制件与另一个低熔点的金属接触或浸埋在液态金属内，让液态金属填充制件的孔隙，冷却后得到致密零件。在熔浸处理过程中，制件的致密化过程不是靠制件本身的收缩，而主要是靠液相从外部填满空隙。因此，经过熔浸后处理的制件致密度高，强度大，基本不产生收缩，尺寸变化小。

4）浸渍。浸渍工艺类似于熔浸，不同之处在于浸渍是将液体非金属材料浸渍到多孔的选择性激光烧结坯体的孔隙内，同时，浸渍处理后的制件尺寸变化更小。

3.2.2 SLS 的工艺参数

SLS 增材制造的工艺参数主要包括铺粉层厚、预热温度、激光功率、光斑直径、扫描速度、扫描方向等。对于后处理的过程，工艺参数还包括后处理的温度和时间，其成型质量主要由零件的强度、密度和精度来衡量。在激光烧结过程中，热塑性粉末材料受激光加热作用，要由固态变为熔融态或半熔融态，然后冷却凝结为固态，这个过程中会产生体积收缩，成型工件

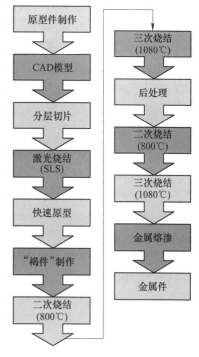

图 3-4　基于 SLS 工艺的金属零件
间接制造过程[2]

尺寸发生变化，因收缩还会在工件内产生内应力，再加上相邻层间的不规则约束，以致工件产生翘曲变形，严重影响成型精度。

（1）激光能量与扫描速度。激光的能量与扫描速度对 SLS 增材制造成型零件的力学性能有着重要的影响。成型零件的致密度和强度随着激光输出能量的加大而增高，随着扫描速度的增大而变小。低的扫描速度和高的激光能量能达到较好的烧结结果，是因为瞬间高的能量密度使粉末材料的温度升高、熔化，导致大量液相形成；同时高温促使熔化液相的黏度降低，流动性增强，能更好地浸润固相颗粒，更有利于烧结成型，提高成型零件的性能。但过高的激光能量密度也会导致成型零件内部产生大的应力，表面粗糙度升高，表面质量和尺寸精度下降。

（2）预热温度与铺粉层厚。无论烧结成型金属、陶瓷以及聚合物等任何材料，粉末的预热都能明显地改善成型制品的性能和质量。但是，预热温度最高不能超过粉末材料的最低熔点或塑变温度。薄的铺粉层能提高烧结的质量，改善制品的致密度。铺粉层厚是由模型切片的厚度参数控制的，最小的层厚是由粉末材料的颗粒尺寸大小决定的。但薄的铺粉层会使激光能量对先前烧结层产生大的影响，进而影响成型制品的质量和性能。

（3）填充间距对制件强度的影响。随着填充间距的增大，制件的强度会降低，精度会提高；但当填充间距较大时，就会由于轮廓处偏移量或多或少而造成误差产生，导致尺寸精度和成型质量下降。

（4）分层厚度对制件强度的影响。随着分层厚度的增大，制件的强度逐渐降低，其精度有所提高（不包括阶梯效应产生的误差）。一般为了获得比较好的制件效果和表面质量，

通过选择小的层厚来降低由阶梯效应产生的误差。

　　直接烧结成型出高性能的金属、陶瓷零件是 SLS 增材制造的最终目标。目前，SLS 增材制造直接成型陶瓷、金属零件还处于研究阶段，应用于实践还有一定的距离。现阶段大多采用金属、陶瓷粉末与黏结剂混合的 SLS 增材方法成型材料，因此，对后处理工艺有着很高的要求，零件的实用性也待进一步突破。此外，采用低熔点材料与高熔点材料混合液相烧结的方法，也能提高成型制品的质量。

3.3　选区激光烧结的特点

　　SLS 增材制造技术的特点归纳起来主要有以下几点：

　　（1）材料范围广。从理论上讲，任何受热黏结的粉末都有可能被用作 SLS 成型材料，通过材料或各类具有黏结剂涂层的颗粒能够制造出适应不同需要的制品，并且材料的开发前景广阔。

　　（2）可直接成型零件。在制造过程中无须增加支撑结构，在叠层过程中出现的悬空层面可直接由未烧结的粉末来实现支撑。由于可用多种材料，按采用的原料不同可以直接生产复杂形状的原型、型腔模三维构件或部件及工具，特别是对于具有复杂内部结构的零部件的制造尤为有效。

　　（3）精度高，材料利用率高。根据所用材料的种类和粒径、工件的几何形状和复杂度，能够在工件整体范围内实现±（0.05～2.5）mm 的公差。对于复杂程度不太高的产品，粉末的粒径为 0.1 mm 或更小时，所成型的工件精度可达到±0.01 mm。同时，粉末材料可循环使用，利用率接近 100%。

　　（4）材料价格便宜，成本低。一般 SLS 增材制造材料的价格为 60～800 元/kg，价格相对便宜，生产成本较低。

　　（5）应用面广，生产周期短。成型材料多样，适合于多种应用领域。例如，用陶瓷基粉末制作铸造型壳、型芯和陶瓷件，用蜡制作精密铸造蜡模，用金属基粉末制作金属零件等，且成型过程中高新技术集成，生产周期短。

　　除了上述优点，SLS 增材制造也存在一定的缺点，如后处理复杂、能量消耗高、对某些特定材料还需要单独处理等。

3.4　选区激光烧结的设备

　　1986 年，第一台 SLS 样机问世；1992 年，DTM 公司推出了商业化生产设备 Sinter Station，开启了 SLS 设备的商业化，随后 Sinter Station2000、Sinter Station2500 等型号相继问世，如图 3-5 所示。2014 年，3D 打印机生产厂商 Sintratec 正式推出桌面级 SLS 3D 打印机，这款保险箱式的 3D 打印机构建尺寸为 130 mm×130 mm×130 mm，体积小、外观简约，可打印较小体积物体，适合小企业使用或者家用，作为首款桌面级 SLS 工艺 3D 打印机，具备一定的里程碑意义。在国内，华中科技大学、南京航空航天大学、西北工业大学、中北大学和北京隆源自动成型系统有限公司等企事业单位及研究机构也一直在进行 SLS 设备的相关研究工作。主流的选择性激光烧结快速成型设备相关参数见表 3-1，目前，国内外先进的工业级和桌面级 SLS 设备见表 3-2。

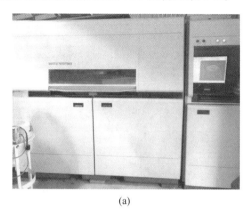
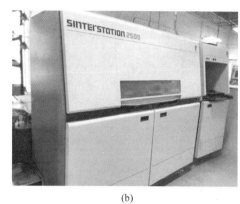

(a)   (b)

图 3-5   DTM 公司商业化 SLS 设备

（a）Sinter Station2000；（b）Sinter Station2500

表 3-1   主流的选择性激光烧结快速成型设备的参数[2]

型号	研制单位	加工尺寸/mm×mm×mm	层厚/mm	激光光源	激光扫描速度/m·s⁻¹	控制软件
Vanguard si2 SLS	3D System（美国）	370×320×445	—	25 或 100WCO$_2$	7.5（标准）10（快速）	VanguandH Ssi2™SLS® system
Sinterstation 2500 plus	DTM（美国）	368×38×445	0.1014	500WCO$_2$	—	—
Sinterstation 2000		ϕ304.8×381	0.0762~0.508	500WCO$_2$	—	—
Sinterstation 2500		350×250×500	0.07~0.12	500WCO$_2$	—	—
Eosint S750	EOS（德国）	720×380×80	0.2	2×100WCO$_2$	3	EosRPtools MagicsRP Expert series
Eosint M250		250×250×200	0.02~0.1	200WCO$_2$	3	
3EosintP360		340×340×620	0.15	50WCO$_2$	3	
5EosintP700		700×380×580	0.15	50WCO$_2$	5	
SINTRATEC KIT	Sintratec	130×130×130	—	2.3WCO$_2$	0.07	
AFS-320MZ	北京隆源自动成型系统有限公司	320×320×435	0.08~0.3	50WCO$_2$	4	AFS Control2.0
HRPS-Ⅲ	华中科技大学	400×400×500	—	50WCO$_2$	4	HPRS2002

表 3-2   国内外桌面级和工业级 SLS 设备及参数

制造商	机型	激光类型及能量	成型尺寸/mm×mm×mm
Formlabs（美国）	Fuse1+30W	30W 镱光纤	165×165×300
Sinterit（波兰）	Lisa Pro	5W 二极管红外激光	690×500×880
Sintratec（瑞士）	Sintratec S2	10W 光纤激光	1490×990×600
	Sintratec S3	30W 光纤激光	1490×990×600
Sharebot（美国）	SnowWhite2	14W CO$_2$ 激光	1500×600×520
EOS（德国）	EOS P810	70W CO$_2$ 激光	700×380×380

续表 3-2

制 造 商	机 型	激光类型及能量	成型尺寸/mm×mm×mm
PRODWAYS（法国）	ProMaker P1000 S	30W CO_2 激光	300×300×360
Nexa3D（美国）	QLS820	4×100W CO_2 激光	350×350×400
Sindoh（日本）	S100	2×100W CO_2 激光	510×510×500
3DSystems（美国）	SPro 230	70W CO_2 激光	550×550×750
盈普	TPM3D P360	60W CO_2 激光	350×350×590
Eplus3D	EP-P3850	55W CO_2 激光	380×380×500
隆源成型	LaserCore-5300	CO_2 射频 55W 或 120W	700×700×500
隆源成型	LaserCore-6000	CO_2 射频 120W	1050×1050×650
	AFS-500	CO_2 射频 55W 或 120W	500×500×500

选区激光选区烧结系统一般由计算机控制系统、主机系统、冷却系统三部分组成：

（1）计算机控制系统。计算机控制系统由高可靠性计算机、性能可靠的各种控制模块、电动机驱动单元和各种传感器组成，再配上软件系统，软件系统用于三维图形数据处理、加工过程的实时控制及模拟。

（2）主机系统。主机系统由六个基本单元组成：工作缸、送粉缸、铺粉系统、振镜式激光扫描系统、温度控制系统、机身与机壳。

（3）冷却系统。冷却系统由可调恒温水冷却器及外管路组成，用于冷却激光器，提高激光能量稳定性，保护激光器，延长激光器寿命；同时冷却振镜扫描系统，保证其稳定运行。

下面将针对主机系统中的温度控制系统、振镜系统及其工作原理进行详细介绍。

3.4.1　温度控制系统

在 SLS 成型过程中，预热温度是重要的工艺参数之一。粉末的预热温度直接决定了烧结深度、密度以及成型件的翘曲变形程度。如果预热温度太低，由于粉层冷却太快，熔化颗粒之间来不及充分润湿和互相扩散、流动，烧结体内会留下大量空隙，导致烧结深度和密度大幅度下降，成型件质量将受到很大的影响。随着预热温度的提高，粉末材料导热性能变好，同时低熔点有机成分液相增加，有利于其流动扩散和润湿，可以得到更好的层内烧结和层间烧结，使烧结深度和密度增加，提高成型质量。但是，若预热温度太高，会导致部分低熔点有机物碳化和烧损，也不能保证所需的烧结深度和密度，将影响成型件的质量。可见，温度控制是 SLS 系统的重要组成部分，选择适当的算法，把温度控制在预定的范围内具有极其重要的意义。

3.4.1.1　温控系统组成

SLS 系统的温度控制系统主要由温度检测与温度控制两个功能性模块构成，两者组成闭环控制系统。其中，温度检测模块利用热电偶或者红外测温仪采集微弱信号，信号经温度数字仪放大后传入 A/D 转换板，然后输入计算机进行数据处理及温度显示。温度控制模块则对采集的数据进行分析，按一定的控制算法计算后得出控制量，由 D/A 转换板输出，通过控制可控硅的触发电压而控制加热管的输出功率，最终实现加热能量的控制。

3.4.1.2 温控算法

A 温度控制算法的发展

近年来温度控制的方法发展迅速，开关控制、PID控制、模糊控制、神经网络以及遗传算法在温度控制上都有应用。温度控制越来越智能化，越来越符合工艺要求。过去采用开关控制，即根据温度偏差的大小，由PWM算法得出固态继电器的通断时间来控制温度。但是，由于加热器不像机械传动那样具有大惯性，加热管忽明忽灭，给操作人员带来很多不便，为此，需要选择一种根据温差能够平滑过渡的控制方法。

PID控制即利用比例、积分、微分控制，自20世纪30年代以来广泛应用于工业生产中。控制系统将实时采集的温度值与设定值比较，差值作为PID功能模块的输入。PID算法根据比例、积分、微分系数算出合适的输出控制参数，利用修改控制变量误差的方法实现闭环控制，使控制过程连续。其缺点是现场PID控制参数确定麻烦，被控对象模型参数难以确定，外界干扰会使控制偏离最佳状态。

人工神经网络是当前主要的，也是重要的一种人工智能技术，是一种采用数理模型的方法模拟生物神经细胞结构及对信息的记忆和处理的信息处理方法。人工神经网络以其高度的非线性映射、自组织、自学习和联想记忆等功能，可对复杂的非线性系统建模。该方法响应速度快，抗干扰能力强。在温控系统中，将温度的影响因素如散热、对流、被加热物体的物理性质和温度等作为网络的输入，以实验数据作为样本，在计算机上反复迭代，随着实验与研究的进行和深入，不断自我完善与修正，得到网络权值。在学习动态非线性系统时，不需要知道系统实际结构，但是当系统滞后比较大时将造成网络庞大难以训练。

模糊控制是基于模糊逻辑描述一个过程的控制方法。它主要嵌入操作人员的经验和直觉知识，适用于数学模型不确定或经常变化的对象。

B 基于切片信息的预热温度自适应控制算法

为使预热温度随着零件截面几何信息不同而实现自动调节，首先要获取零件的截面信息，并对信息进行判断。把对零件每一层截面几何信息的获取过程称为切片。当前3D打印领域，普遍是通过对STL文件的处理来获得切片信息，STL是美国3D Systems公司提出的一种数据交换格式，因其格式简单并对三维模型建模方法无特定要求而得到广泛应用，成为快速成型系统中事实上的标准文件输入格式。

预热温度自适应控制系统中，在烧结过程中的每一层对零件进行实时切片，并把切片信息存储在一个数据结构slice中。因为需要捕捉切片的变化，所以至少应记录两层切片信息，即当前加工的H_1层（对应高度记为H_1）和预备切片的H_2层（对应高度记为H_2），切片信息分别保存在slice1、slice2中。设每层高度为h，则有

$$H_2 = H_1 + h \times n \tag{3-1}$$

式中，n为H_1到H_2间的层数，取$n=1$。

针对切片信息变化问题，一种基于切片轮廓信息的突变判别自适应算法被提出，即利用STL文件具有的轮廓环信息，把H_1、H_2两层切片的轮廓环进行一一配对，然后依照要求，把一个轮廓环进行放大和缩小后形成偏差允许范围，再考察相对应的轮廓环是否在偏差允许范围之内，最后对所有一一配对的轮廓环进行分析，得到类似结果。为说明问题，先给出几个定义。

定义 3-1　切片：本书把对零件每一层截面几何信息的获取称为切片。

定义 3-2　环、内环、外环：将一个封闭的首尾相接的几何图形称为环。环是 STL 文件信息的基本单元，每一切片都由一个或者若干个环组成。环分内环、外环两种：按顺时针方向沿着环边沿前进，如果靠近环的实体部分都在人的右手侧，则此环为外环，反之为内环。

定义 3-3　轮廓环的突变：如果两个关联层（如 H_1 层和 H_2 层，主要考虑相邻层）的切片信息之间差别太大，则认为两个层面之间发生了突变。

定义 3-4　轮廓环的一一对应关系：当两个关联高度的切片信息间没有发生突变时，H_1 上的某个轮廓环上的所有点沿着实体的表面移动到达 H_2 位置，所有的点都落在这个层面上的某个轮廓环上，则称这两个轮廓环为对应的两个环。图 3-6 中标识了两组轮廓环的一一对应关系。一般在两层面间没有发生突变时，它们间的轮廓环总是一一对应的，而且相对应的两个环在形状上是相近似的。

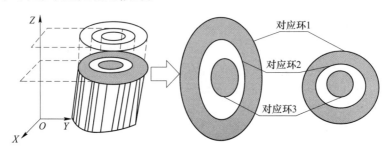

图 3-6　轮廓环的一一对应关系[1]

定义 3-5　平面偏差标准：在 X-Y 平面上判断两个高度切片信息是否发生突变的依据。当比较两个高度对应轮廓环上的点时，如果两个点的距离大于平面偏差标准，就认为两层面发生了突变。本书约定 σ 为平面偏差标准。

定义 3-6　特殊截面：当被比较的 H_1、H_2 层切片信息发生突变时，需要在对 H_2 层烧结前对粉末预热温度进行急速提升以满足加工工艺要求。为方便计算，本书称 H_2 层截面为特殊截面。下面介绍算法计算步骤。

a　比较轮廓环的数量

以高度为 H_1 处层面的轮廓环为基准，高度为 H_2 处层面切片与之相比较，由生产实际的工艺要求可知，这里只需要考虑外环。由上述定义 3-2，只需对各层外环数目计数。当 H_1、H_2 两层轮廓外环的数量不相等且 H_2 层外环数大于 H_1 层外环数时，表示两层面之间发生了突变，此时无须进行下一层比较即可以断定 H_2 层为特殊截面；当轮廓环的数量相等时进行下一步的比较。

b　确定轮廓环的一一对应关系

在不能确定两层切片间是否发生突变时，不妨先假设它们是没有突变的，再将两层的轮廓环一一对应进行配对，然后只需对相对应的两个轮廓环进行比较，判断是否发生突变，这样可以极大地减少重复计算。现在可以按照下面的方法来确定轮廓环的一一对应关系。首先找出各轮廓环的 X、Y 坐标的最小值，将一组轮廓环中的环按照各自 X 坐标的最小值的大小排序，当某几个环的 X 坐标最小值之差小于 σ 时，再按照 Y 坐标的最小值的大小依次从小到大排序，这样两组轮廓环就按照排列的顺序一一对应了。之所以当某些轮廓环的 X 坐标最小值之差小于 σ 时要再以 Y 坐标的最小值的大小排序，是为了排除如图 3-7 所示的歧义情况，图中 Ring0 层的两个轮廓环 R_{00} 和 R_{01} 的 X、Y 坐标最小值分别为 $X_{\min}R_{00}$、$Y_{\min0}$ 和 $X_{\min}R_{01}$、$Y_{\min1}$，Ring1 层的两个轮廓环 R_{10} 和 R_{11} 的 X、Y 坐标最小值分别为 $X_{\min}R_{10}$、$Y_{\min0}$ 和 $X_{\min}R_{11}$、$Y_{\min1}$，其中四个轮廓环的 X、Y 坐标最小值满足以下关系：

$$X_{\min}R_{00} < X_{\min}R_{01}, \; X_{\min}R_{11} < X_{\min}R_{10}$$
$$X_{\min}R_{01} - X_{\min}R_{00} < \sigma, \; X_{\min}R_{10} - X_{\min}R_{11} < \sigma$$

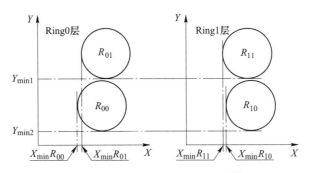

图 3-7 X、Y 最小值排序轮廓环[1]

如果仅仅按照 X 坐标的最小值的大小进行排序，因为 $X_{\min}R_{00}<X_{\min}R_{01}$，所以 Ring0 层在进行轮廓环排序时环 R_{00} 的序号会排在环 R_{01} 前面，而又因为 $X_{\min}R_{10}>X_{\min}R_{11}$，所以 Ringl 层在进行轮廓环排序时环 R_{11} 的序号会排在环 R_{10} 前面。当 Ring0 和 Ring1 层的轮廓环按照一一对应关系进行配对时，就会将环 R_{01} 与 R_{10}、R_{00} 与 R_{11} 分别作为相对应的轮廓环，而实际情况应该是环 R_{00} 与 R_{10}、R_{01} 与 R_{11} 为相对应的轮廓环。当然，当某些轮廓环的 X 坐标最小值之差大于 σ 时，它们之间已经被认为发生了突变，就无须再按照一一对应关系进行配对比较了。

c 对应轮廓环中一个轮廓环的放大与缩小

将两个对应轮廓环中的一个沿径向分别向内减小 σ 和向外增大 α，就是对环进行缩放。为了得到放大的轮廓环，首先把轮廓环上的点按照一定的方向（在本书中为顺时针方向）排序。下面以轮廓环中 A、B 和 C 三个点为例来说明放大环的方法，而缩小轮廓环只需要将轮廓环反序排列后用同样的方法即可以实现。图 3-8 中标识了轮廓环上相邻的三个点 A、B、C 及其排列方向，线段 AB、BC 平移 σ 距离到达 $A'B'$、BC' 位置，经过 B 点垂直于 AB、BC 的直线与 $A'B'$、$B'C'$ 的交点分别为 D、E，只需要求得点 B' 的 X、Y 坐标，依次循环求得平移以后的各交点坐标就得到了整个放大的轮廓环。设 A、B、C 三点的 X、Y 坐标分别为 (X_A, Y_A)、(X_B, Y_B)、(X_C, Y_C)，则射线 AB、BC 的方向矢量分别为 (X_B-X_A, Y_B-Y_A)、(X_C-X_B, Y_C-Y_B)，两矢量逆时针旋转 90° 得射线 AB、BC 的径向外法向量，AB 的径向外法向量为：

$$\begin{bmatrix} X_B - X_A & Y_B - Y_A \end{bmatrix} \begin{bmatrix} \cos(-90°) & \sin(-90°) \\ -\sin(-90°) & \cos(-90°) \end{bmatrix} = \begin{bmatrix} (Y_B - Y_A) & -(X_B - X_A) \end{bmatrix}$$

BC 的径向外法向量为：

$$\begin{bmatrix} X_C - X_B & Y_C - Y_B \end{bmatrix} \begin{bmatrix} \cos(-90°) & \sin(-90°) \\ -\sin(-90°) & \cos(-90°) \end{bmatrix} = \begin{bmatrix} (Y_C - Y_B) & -(X_C - X_B) \end{bmatrix}$$

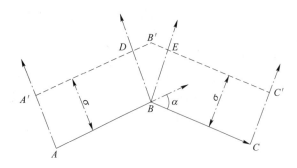

图 3-8　轮廓环放大[1]

设 D 点的 X、Y 坐标为 X_D、Y_D，则

$$(Y_D - Y_B)/(X_D - X_B) = (X_A - X_B)/(Y_B - Y_A) \tag{3-2}$$

另外，由于线段 BD 的长度为 σ，因此

$$\sigma^2 = (Y_D - Y_B)^2 + (X_D - X_B)^2 \tag{3-3}$$

设 $(Y_B - Y_A)/(X_A - X_B) = k$，由式（3-2）和式（3-3）得到以下两组解：

$$\begin{cases} X_D - X_B = \dfrac{\pm k\sigma}{\sqrt{k^2 + 1}} \\[2mm] Y_D - Y_B = \dfrac{\pm k\sigma}{\sqrt{k^2 + 1}} \end{cases} \tag{3-4}$$

由于向量 $(X_D - X_B, Y_D - Y_B)$ 就代表直线 BD 的方向，由几何关系知道，当 $X_B \geqslant X_A$、$Y_B \geqslant Y_A$ 时，$X_D \leqslant X_B$、$Y_D \geqslant Y_B$；当 $X_B \leqslant X_A$、$Y_B \geqslant Y_A$ 时，$X_D \leqslant X_B$、$Y_D \leqslant Y_B$；当 $X_B \leqslant X_A$、$Y_B \leqslant Y_A$ 时，$X_D \geqslant X_B$、$Y_D \leqslant Y_B$；当 $X_B \geqslant X_A$、$Y_B \leqslant Y_A$ 时，$X_D \geqslant X_B$、$Y_D \geqslant Y_B$，上面两组解的正负号就确定了。这样就求得了 D 点的 X、Y 坐标值，同理可求得 E 点的坐标值，假设为 X_E、Y_E。由解析几何的方法知道，通过一点和直线的矢量方向可以确定直线的方程，于是得到直线 $A'B'$、$B'C'$ 的方程分别为 $y - Y_D = (Y_B - Y_A)/(X_B - X_A)(x - X_D)$ 和 $y - Y_E = (Y_C - Y_B)/(X_C - X_B)(x - X_E)$。

由解析几何的方法知道，在两直线不平行的情况下，如果已知两直线方程 $A_1 x + B_1 y + C_1 = 0$ 和 $A_2 x + B_2 y + C_2 = 0$，则它们的交点坐标为：

$$x_0 = (B_1 \times C_2 - C_1 \times B_2)/(A_1 \times B_2 - B_1 \times A_2) \tag{3-5}$$

$$y_0 = (C_1 \times A_2 - A_1 \times C_2)/(A_1 \times B_2 - B_1 \times A_2) \tag{3-6}$$

设 B' 点的坐标为 X'_B、Y'_B，从式（3-5）和式（3-6）知道，当 $X'_B = x_0$、$Y'_B = y_0$ 时，A_1、B_1、C_1、A_2、B_2、C_2 满足以下条件：

$$\begin{cases} A_1 = (Y_B - Y_A)/(X_B - X_A) \\ B_1 = -1 \\ C_1 = Y_D - X_D \times (Y_B - Y_A)/(X_B - X_A) \\ A_2 = (Y_C - Y_B)/(X_C - X_B) \\ B_2 = -1 \\ C_2 = Y_E - X_E \times (Y_C - Y_B)/(X_C - X_B) \end{cases} \tag{3-7}$$

需要说明的是，对轮廓环进行放大和缩小可能产生轮廓环的自相交，需要对轮廓环进行修整，去掉局部的细微凹凸轮廓，在此不加详细说明。

d 判断对应轮廓环是否发生突变

在得到对应轮廓环的一个环的径向放大和缩小的两个轮廓环后，判断另外一个轮廓环上的所有点是否都在放大的轮廓环所包围的区域以内同时又在缩小的轮廓环所包围的区域以外。如图 3-9 所示的阴影部分，若在，则这个轮廓环在放大、缩小轮廓环所包围的区域，对应的轮廓环没有发生突变。判断点是否在轮廓环所包围的区域内采用交点计数检验法。在判断一组对应轮廓环的相互关系以后，如果没有发生突变，再按照上述的方法依次循环比较所有轮廓环。若任意一组对应轮廓环发生了突变，则认为当前分析层发生了突变，可把它标志为特殊截面。

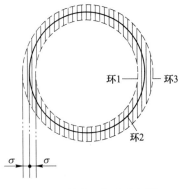

图 3-9 轮廓环偏差范围[1]

e 基于零件切片的温度控制算法

相邻层切片的信息变化类型，大致可以分为两种。

（1）渐变型：相邻层变化平缓，没有突然增加的部分或突起等，如图 3-10 所示。

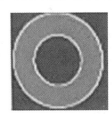

图 3-10 渐变型截面[1]

（2）突变型：有减少型和增长型两种，两者相反。从成型材料粉末变形特性考虑，当遇到减少型截面时，在工程实际中不需要考虑粉末预热温度的变化。对于增长型截面，某些情况下预热温度需要急速提升而实行特殊控制，即上文提及的特殊截面。涉及的增长型大致有如下三种。

1）外轮廓突增，即截面总体轮廓形状类似但轮廓范围突增，为特殊截面，如图 3-11 所示；

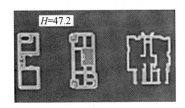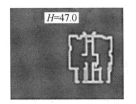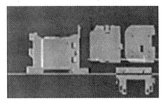

图 3-11 截面外轮廓突增[1]

2）实体面积即激光烧结面积突增，为特殊截面，如图 3-12 所示；

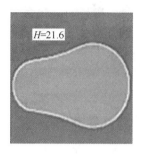

图 3-12　凸轮轴实体面积突增[1]

3）外环数目增加，这种情况复杂而多变，简述如下。

依照前面所述法则判断，图 3-10 所示的圆环体，内部圆环为内环，而外围则组成一个外环。在实际中经常遇到下述情况。如图 3-13（a）所示，第一种情况是下一层切片的环所属区域全部落在上一层原有区域内，虽外环数目增加到两个，但在实际生产中，这种截面不属于特殊截面；第二种情况是下一层切片有一个外环（或一个中的某部分）在原有截面区域之外，属于特殊截面。如图 3-13（b）所示，增加一个外环，且环范围超出上一层切片所属区域，属于特殊截面。根据外环增加情况对特殊截面的判断，需结合实际，充分考虑各种情况，以上述原则为依据，轮廓环偏差超出 σ 的则认为切片间发生了突变。

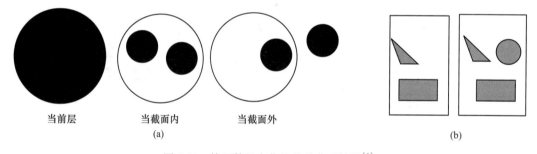

当前层　　　　当截面内　　　　当截面外
（a）　　　　　　　　　　　　　　（b）

图 3-13　外环数目变化的几种典型情况[1]

（a）外环在原截面区域内、外；（b）外环绝对数目增加

依照上述思想，下面给出基于切片的 SLS 预热温度自动控制调节法则。对于非特殊截面，预热温度采用常规模糊控制；当遇到特殊截面时，给控制系统输入一个调节量 T_a，即通过改变控制系统的输入量实现基于切片的预热温度自动控制。

获取切片信息后开始进行预热温度控制，工程实际中，对于非特殊截面采用常规控制量进行温度控制。遇到特殊截面，根据截面信息，给出一个调节量 T_a（T_a 的计算将在后面给出）作为控制系统输入的增量来实现预热温度自动调节。控制系统采用模糊算法，模糊控制过程如图 3-14 所示，以目标温度值和当前检测温度为系统输入。

当进行控制活动时不仅要对系统的输出偏差进行判断，以决定采取何种措施，还要对偏差变化率进行判断。也就是说，需根据偏差和偏差变化率综合权衡和判断，从而保证系统控制的稳定性，减少超调量及振荡现象。所以，当进行温度控制时，涉及的模糊概念的论域有三个：温度偏差 ΔT、偏差变化率 T_e、控制量输出 U。温度偏差：$\Delta T = T - R$，式中 T 为被控温度测量值，R 为温度给定值。温度偏差变化：$T_e = (\Delta T_1 - \Delta T_2)/t$，式中，$\Delta T_1$ 为

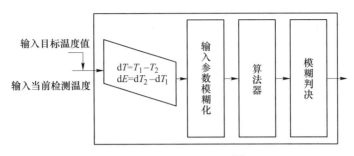

图 3-14 模糊控制过程[1]

前一次温度偏差，ΔT_2 为本次温度偏差，t 为采样周期。

ΔT、T_e、输出 U 均有各自的论域、模糊隶属函数，见表 3-3~表 3-5。

表 3-3 温度偏差隶属度[1]

参数	U	论 域													
		−6	−5	−4	−3	−2	−1	−0	0	1	2	3	4	5	6
隶属度	PL											0.1	0.4	0.8	1
	PM										0.2	0.7	1	0.7	0.2
	PS								0.3	0.8	1	0.5	0.1		
	PO								1	0.6	0.5				
	NO					0.1	0.6	1							
	NS			0.1	0.5	1	0.8	0.3							
	NM	0.2	0.7	1	0.7	0.2									
	NL	1	0.8	0.4	0.1										

表 3-4 温度偏差变化率隶属度[1]

参数	U	论 域													
		−6	−5	−4	−3	−2	−1	0	1	2	3	4	5	6
隶属度	PL										0.1	0.4	0.8	0.1
	PM									0.2	0.7	0.1	0.7	0.2
	PS								0.9	1	0.7	0.2		
	PO						0.5	1	0.5					
	NO			0.2	0.7	1	0.9	0.2						
	NS	0.2	0.7	1	0.7	0.2								
	NM	1	0.8	0.4	0.1									

表 3-5　输出 U 隶属度[1]

参数	U	论　域														
		-7	-6	-5	-4	-3	-2	-1	0	1	2	3	4	5	6	7
隶属度	PL												0.1	0.4	0.8	1
	PM										0.2	0.7	1	0.7	0.2	
	PS							0.4	1	0.8	0.5	0.1				
	PO							0.5	1	0.5						
	NS				0.1	0.4	0.8	1	0.4							
	NM		0.2	0.7	1	0.7	0.2									
	NL	1	0.8	0.4	0.1											

对于本系统的模糊控制器，输入是二维的（温差和温差变化率），输出是一维的（输出控制量），模糊规则可用语言表示如下：

"若 ΔT 且 T_e 则 U"，可以写为

"if$\Delta T = \Delta T_i$ and $T_e = T_{ej}$ then $U = U_{ij}$"

式中，$i = 1, 2, \cdots, m$；$j = 1, 2, \cdots, n$；ΔT_i、T_{ej}、U_{ij} 是分别定义的模糊子集。

由此列出控制规则，见表 3-6。利用加权平均判决法，控制量 u 由式（3-8）决定。

$$u = \frac{\sum_{i=1}^{n} u(u_i) \cdot u_i}{\sum_{i=1}^{n} u(u_i)} \tag{3-8}$$

式中，u 为控制量；u_i 为论域；$u(u_i)$ 为隶属度。

根据输出模糊集，可以计算出控制量，经过大量计算便可以得到控制规则表。

表 3-6　控制规则表[1]

参数	UT_e						
ΔT	NL	NM	NS	O	PS	PM	PL
ML	PL				PM	O	
NM							
NS	PM		PM		O	NS	
NO			PS		O	NS	NM
PO							
PS	PS		O		NM		
PM	O		NM		NL		

C　算法的具体实现

以上述数学模型为基础，基于零件切片的预热温度自动控制系统流程图如图 3-15 所示。

从系统运行的稳定性、可靠性考虑，本系统采用两个并行进程：制造主进程 Manufacture 和温度控制进程 Temperature。设 SLS 系统制造单层厚度 $h = 0.2$ mm，高度为

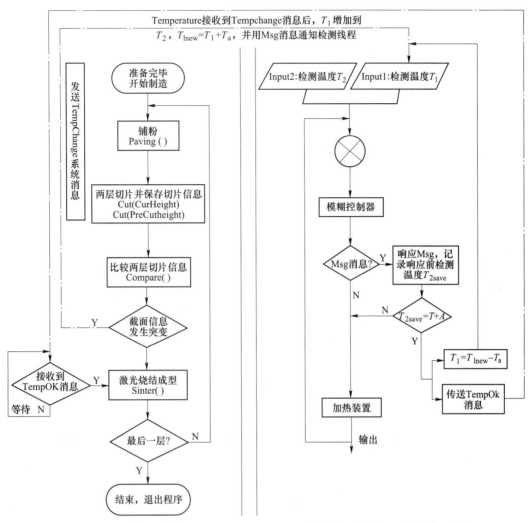

图 3-15　基于零件切片的预热温度自动控制系统流程图[1]

（实际制造中，两个进程并行运行，进程间通过 Windows 系统通信；进程内部通信用普通消息映射即可）

$H_1 = 47.2$ mm 和 $H_2 = 47.0$ mm 两层，在 H_1 层制造完成、H_2 层铺粉后激光扫描前，捕获到切片信息突变信号，此时应对预备烧结的下一粉层进行强制加热，即需要给一个调节量 T_a，T_a 为图 3-14 所示模糊控制器系统输入的一个增量。

结合理论和工程实际，T_a 由式（3-9）给出。

$$T_a = f(H_1, H_2) = \begin{cases} 25, & A_1(H_1, H_2) > 300 \quad 或 \quad A_2(H_1, H_2) > 1.2 \\ 20, & 300 \geqslant A_1(H_1, H_2) \geqslant 100 \quad 或 \quad 1.2 \geqslant A_2(H_1, H_2) \geqslant 1.1 \\ 10, & \text{Outline}(H_1, H_2) \geqslant 15 \quad 或 \quad \text{Outring}(H_1, H_2) = \text{true} \\ 0, & \text{非特殊截面，实行常规温控} \end{cases}$$

(3-9)

式中，$A_1(H_1, H_2)$、$A_2(H_1, H_2)$、$\text{Outline}(H_1, H_2)$、$\text{Outring}(H_1, H_2)$ 分别为 H_1、H_2 层切片

的面积差，轮廓范围（二维）坐标值差最大值，外环信息比较（环数和范围）等函数。切片结束，铺粉完成后激光烧结前，温控系统先检测当前粉层温度，直到达到预定目标值（否则加强热升温），才开始下一步烧结制造。

3.4.1.3　温度控制稳定性分析

用下述模型描述粉末短时间内的加热：

$$T - T_0 = k_1 t + k_2 t \qquad (3\text{-}10)$$

当遇到特殊截面，强制加热开始。T 为时间 t 后测量温度，k_1、k_2 是系数，根据试验确定。如图 3-16 所示，由式（3-10）知开始时温差较大（Ⅰ区），温度以 2~5 ℃/s 速度上升；当温度上升到一定程度，接近设定值（Ⅱ区），其上升速度开始下降，逐渐达到设定值；当温度达到设定值后（Ⅲ区），只有一两次超调，其幅值小于 2 ℃，以后温度便在设定值稳定运行，上下调节偏差不超过±2 ℃，这一结果达到了工程设计要求。

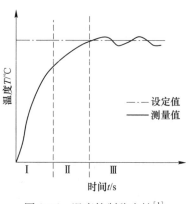

图 3-16　温度控制稳定性[1]

3.4.2　振镜式激光扫描系统的基本理论

振镜式激光扫描系统主要由执行电动机、反射镜片、聚焦系统以及控制系统组成。执行电动机为检流计式有限转角电动机，机械偏转角一般在±20°以内。反射镜片黏接在电动机的转轴上，通过执行电动机的旋转带动反射镜的偏转来实现激光束的偏转。其辅助的聚焦系统有静态聚焦系统和动态聚焦系统两种，根据实际中聚焦工作面的大小来选择。静态聚焦方式又有振镜前聚焦方式的静态聚焦和振镜后聚焦方式的 F-Theta 透镜聚焦方式；动态聚焦方式需要辅以一个 Z 轴执行电动机，并通过一定的机械结构将执行电动机的旋转运动转变为聚焦透镜的直线运动来实现动态调焦，同时加入特定的物镜组来实现工作面上聚焦光斑的调节。

动态聚焦方式相对于静态聚焦方式要复杂得多，如图 3-17 所示为采用动态聚焦方式的振镜式激光扫描系统。激光器发射的激光束经过扩束镜之后，得到均匀的平行光束，然后通过动态聚焦系统的聚焦以及物镜组的光学放大后依次投射到 X 轴和 Y 轴振镜上，最后经过两个振镜二次反射到工作台面上，形成扫描平面上的扫描点。可以通过控制振镜式激光扫描系统镜片的相互协调偏转以及动态聚焦的动态调焦，实现工作平面上任意复杂图形扫描。

3.4.2.1　振镜式激光扫描系统的激光特性

A　激光聚焦特性

进行激光选区烧结时，重要的参数包括激光束聚焦后激光的光斑大小和功率密度，较小的聚焦光斑能够得到更好的扫描精度，较大的光斑和功率密度能提高扫描的效率。激光束是一种在传输过程中曲率中心不断变化的特殊球面波，当激光束以高斯形式传播时，在经过光学系统后仍是高斯光束。激光束的聚焦不同于一般光源的聚焦，其聚焦光斑的大小以及聚焦深度不仅受整个光路影响，而且受激光束的光束质量影响。激光束的光束质量 M^2 是激光器输出特性中的一个重要参数，也是设计光路以及决定最终聚焦光斑的重要参

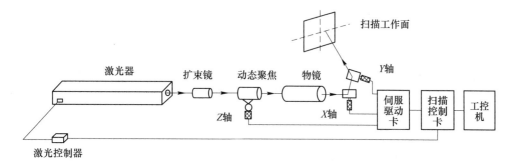

图 3-17 振镜式激光扫描系统示意图[1]

考数据，衡量激光光束质量的主要指标包括激光束的束腰直径和远场发散角。激光束的光束质量 M^2 的表达式如下：

$$M^2 = \pi D_0 \theta / (4\lambda) \qquad (3\text{-}11)$$

式中，D_0 为激光束的束腰直径；θ 为激光束的远场发散角。

激光束在经过透镜组的变换前后，其束腰直径与远场发散角之间的乘积是一定的，表达式如下：

$$D_0 \theta_0 = D_1 \theta_1 \qquad (3\text{-}12)$$

式中，D_0 为进入透镜前的激光束束腰直径；θ_0 为进入透镜前的激光束远场发散角；D_1 为经过透镜后的激光束束腰直径；θ_1 为经过透镜后的激光束远场发散角。

由于在传输过程中激光束的束腰直径和远场发散角的乘积保持不变，因此最终聚焦在工作面上的激光束聚焦光斑直径 D_f 可通过式（3-13）计算。

$$D_f = \frac{D_0 \theta_0}{\theta_f} \approx M^2 \times \frac{4\lambda}{\pi} \times \frac{f}{D} \qquad (3\text{-}13)$$

式中，θ_f 为激光束聚焦后的远场发散角；D 为激光束聚焦前最后一个透镜的直径；f 为激光束聚焦前最后一个透镜的焦距。

从式（3-13）可以看出，激光束聚焦光斑直径的大小与激光束的光束质量及波长相关，同时也受聚焦透镜的焦距以及聚焦前最后一个透镜的直径即激光光束直径的影响。实际中对于给定的激光器，综合考虑聚焦光斑要求以及振镜响应性能的影响，通常通过设计合适的透镜以及扩大光束直径的方法来得到理想的聚焦光斑。

B 激光聚焦的焦深

激光聚焦的另一个重要参数是光束的聚焦深度。激光束聚焦不同于一般光束聚焦，其焦点不仅是一个聚焦点，而是具有一定的聚焦深度。通常聚焦深度的截取可按从激光束束腰处向两边截取至光束直径增大5%处，聚焦深度 h_Δ 可按式（3-14）估算。

$$h_\Delta = \pm \frac{0.08\pi D_f^2}{\lambda} \qquad (3\text{-}14)$$

式中，D_f 为激光束聚焦光斑直径。

由公式（3-14）可知，在一定聚焦光斑要求下，激光束的聚焦深度与波长成反比。在相同聚焦光斑要求下，波长较短的激光束可以得到较大的聚焦深度。对于物镜后扫描方式，如果采用静态聚焦方式，其聚焦面为一个球弧面；如果在整个工作面内的离焦误差可控制在焦深范围之内，则可采用静态聚焦方式。如果在小工作面的光固化成型系统中，由于其紫外光的波长为 355 nm，因此，其激光聚焦可以获得较大的焦深，整个工作面激光聚焦的离焦误差可控制在焦深范围之内，其聚焦系统则可以采用较简单的振镜前静态聚焦方式；而在激光选区烧结系统中，一般采用 CO_2 激光器，其激光束的波长达到 10640 nm，采用简单的振镜前静态聚焦方式很难保证整个工作面上激光聚焦的离焦误差在焦深范围内，所以需采用 F-Theta 透镜聚焦方式或者采用动态聚焦方式。

3.4.2.2　振镜式激光扫描系统激光的扩束

如果激光束需要传输较长距离，由于激光束发散角的缘故，为了得到合适的聚焦光斑以及扫描一定大小的工作面，通常在选择合适的透镜焦距的同时，需要将激光束进行扩束。激光束扩束的基本方法有两种，分别为伽利略法和开普勒法，如图 3-18 和图 3-19 所示。

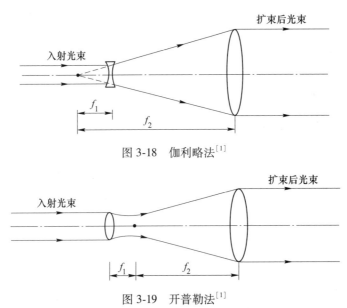

图 3-18　伽利略法[1]

图 3-19　开普勒法[1]

激光束经过扩束后，激光光斑被扩大，从而减小了激光束传输过程中光学器件表面激光束的功率密度，减小了激光束通过时光学组件的热应力，有利于保护光路上的光学组件。扩束后激光束的发散角被压缩，减小了激光的衍射，从而能够获得较小的聚焦光斑。

3.4.2.3　振镜式激光扫描系统的聚焦系统

振镜式激光扫描系统通常需要辅以合适的聚焦系统才能工作，根据聚焦物镜在整个光学系统中的不同位置，振镜式激光扫描通常可分为物镜前扫描和物镜后扫描。物镜前扫描方式一般采用 F-Theta 透镜作为聚焦物镜，其聚焦面为一个平面，在焦平面上的激光聚焦光斑大小一致；物镜后扫描方式可采用普通物镜聚焦方式或采用动态聚焦方式，根据实际中激光束的不同、工作面的大小以及聚焦要求进行选择。

激光选区烧结系统中，在进行小幅面扫描时，一般可以采用聚焦透镜为 F-Theta 透镜的物镜前扫描方式，其可以保证整个工作面内激光聚焦光斑较小而且均匀，并且扫描的图形畸变在可控制范围内；在需要扫描较大幅面的工作场时，F-Theta 透镜由于激光聚集光斑过大及扫描图形畸变严重，已经不再适用，因此一般采用动态聚焦的物镜后扫描方式。

A　物镜前扫描方式

激光束被扩束后，先经扫描系统偏转再进入 F-Theta 透镜，由 F-Theta 透镜将激光束会聚在工作平面上，此即为物镜前扫描方式。如图 3-20 所示，近似平行的入射激光束经过振镜扫描后再由 F-Theta 透镜聚焦于工作面上。F-Theta 透镜聚焦为平面聚焦，激光束聚焦光斑在整个工面内大小一致，可通过改变入射激光束与 F-Theta 透镜轴线之间的夹角 θ 来改变工作面上焦点的坐标。

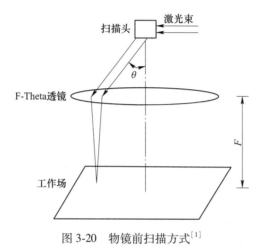

图 3-20　物镜前扫描方式[1]

激光选区烧结系统工作面较小时，采用 F-Theta 透镜聚焦的物镜前扫描方式一般可以满足要求。相对于采用动态聚焦方式的物镜前扫描方式，采用 F-Theta 透镜聚焦的物镜前扫描方式结构简单紧凑，成本低廉，能够保证在工作面内的聚焦光斑大小一致。但是，当 SLS 系统工作面较大时，使用 F-Theta 透镜就不再合适。首先，设计和制造具有较大工作面的 F-Theta 透镜成本昂贵；同时，为了获得较大的扫描范围，具有较大工作面的 F-Theta 透镜的焦距都较长，从而应用其进行聚焦的激光选区烧结设计的高度需要相应增高，给应用带来很大的困难。其次，由于焦距拉长，由式（3-13）计算可知其焦平面上的光斑变大。同时，由于设计和制造工艺方面的因素，工作面上扫描图形的畸变变大，甚至无法通过扫描图形校正来满足精度要求，导致无法满足应用的要求。

B　物镜后扫描方式

如图 3-21 所示，激光束被扩束后，先经过聚焦系统形成会聚光束，再通过振镜的偏转形成工作面上的扫描点，为物镜后扫描方式。当采用静态聚焦方式时，激光束经过扫描系统后的聚焦面为一个球弧面，如果以工作面中心为聚焦面与工作面的相切点，则越远离工作面中心，工作面上扫描点的离焦误差越大。如果在整个工作面内扫描点的离焦误差可控制在焦深范围之内，则可以采用静态聚焦方式。比如，在小工作面的光固化成型系统中，采用长聚焦透镜，能够保证在聚焦光斑较小的情况下获得较大的焦深，整个工作面内扫描点的离焦误差在焦深范围之内，所以可以采用静态聚焦方式的振镜式物镜前扫描方式。

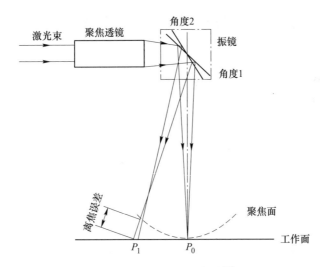

图 3-21　物镜后扫描方式[1]

在激光选区烧结系统中,一般采用 CO_2 激光器,其激光波长较长,很难在较小聚焦光斑情况下取得大的焦深,所以不能采用静态聚焦方式的振镜式物镜前扫描方式,在扫描幅面较大时一般采用动态聚焦方式,动态聚焦系统一般由执行电动机、一个可移动的聚焦镜和静止的物镜组成。为了提高动态聚焦系统的响应速度,一般动态聚焦系统聚焦镜的移动距离较短,在 ±5 mm 以内,辅助的物镜可以将聚焦镜的调节作用进行放大,从而实现在整个工作面内将扫描点的聚焦光斑控制在一定范围之内。

在工作幅面较小的激光选区烧结系统中,采用 F-Theta 透镜作为聚焦透镜的物镜前扫描方式,由于其焦距及工作面光斑都在合适的范围之内,且成本低廉,因此可以采用。在大工作幅面的激光选区烧结系统中,如果采用 F-Theta 透镜作为聚焦透镜,由于焦距太长及聚焦光斑太大,因此并不适合。一般在需要进行大幅面扫描时采用动态聚焦的扫描系统,通过动态聚焦的焦距调节,可以保证扫描时整个工作场内的扫描点都处在焦点位置,同时由于扫描角度及聚焦距离的不同,边缘扫描点的聚焦光斑一般比中心聚焦光斑稍大。

3.5　选区激光烧结的应用

SLS 增材制造已经成功应用于汽车、船舶、航天和航空等制造行业,为许多传统制造行业注入了新的生命力和创造力,主要体现在以下几个方面。

(1)快速原型制造。SLS 能够快速制造设计零件的原型,并及时进行评价、修正,以提高产品的设计质量,并且可以获得直观的模型。

(2)快速模具和工具制造。SLS 制造的零件可以直接作为模具使用,如砂型铸造用模、金属冷喷模、低熔点合金模等,也可以将成型件进行后处理,作为功能性零部件使用。

(3)单件或小批量生产。对于无法批量生产或形状复杂的零件,可利用 SLS 来制造,达到降低成本、节约生产时间的作用,对航空航天以及国防工业来说具有重大的意义。

目前,SLS 技术不仅用于制造金属产品及零件,同样广泛应用于铸造模具制造、陶瓷产品制造以及高分子材料制造等行业产业，特别是砂型铸造的模具、型芯等，医疗行业用的高分子仿真模型，以及功能性植入假体等。因此，为契合金属增材制造的同时兼顾 SLS 技术的应用，本节着重介绍 SLS 在金属粉末烧结中应用的同时，对其在陶瓷和高分子粉末烧结中的应用进行了简要概况。

3.5.1　SLS 在金属粉末烧结中的应用

目前，金属零件的 SLS 制造主要分为直接法和间接法。SLS 直接制造金属零件采用百瓦以上级大功率激光，对单一或多组分的金属粉末材料进行烧结或高温重熔成型，激光作用下的金属颗粒完全熔化，熔化的金属冷凝后达到接近理论密度的零件型坯，无须进一步致密化处理。SLS 间接法制造金属零件或者先制造模型，而后翻制成模具成型零件；或者利用小功率激光先成型金属粉末型坯，而后仿效粉末冶金的方法进行后处理烧结致密化。间接法制造金属零件首先采用 SLS 技术成型高聚物粉末材料的零件原型，然后根据高聚物材料热降解性能翻制铸造零件外壳，并采用铸造方法获得零件；另外，就是利用覆膜砂进行与零件对应的阴模成型（即直接制造砂型），然后浇铸出金属零件。上述间接方法实质上将 SLS 技术与铸造技术相结合制造金属零件，因此受到浇铸材料的限制，且工艺复杂，应用领域具有局限性。另外一种间接方法则是以金属粉末为原料，利用小功率（小于50W）CO_2 激光，通过 SLS 技术直接成型金属零件型坯，型坯经适当后续处理（一般为脱脂、高温烧结、熔渗金属或浸渍树脂等），最终获得金属零件。该方法接近粉末冶金技术方法，可摆脱铸造限制，具有较好的应用前景[3]。

用于 SLS 烧结的金属粉末主要有三种：单一金属粉末、金属混合粉、金属粉加有机物粉末。相应地，SLS 技术在成型金属零件时，主要有以下三种方式。

（1）单一金属粉末的烧结。先将单一成分金属粉预热到一定温度，再用激光束扫描、烧结。最后，将烧结好的制件经热等静压处理，提高制件的致密度，如铁粉。经上述烧结方法，可使其零件的相对密度达到 99.9%。

（2）金属混合粉末的烧结。主要是两种金属的混合粉末，其中一种金属粉末具有较低的熔点，另一种金属粉末的熔点较高。先将金属混合粉末预热到某一温度，再用激光束进行扫描，使低熔点的金属粉末熔化，从而将难熔的高熔点金属粉末黏结在一起，烧结好的制件再经液相烧结后处理。例如，青铜粉和镍粉的混合粉经上述方法烧结，可使最终制件的相对密度达到 82%。

（3）金属粉末与有机黏合剂粉末的混合体。将金属粉末与有机黏合剂粉末按一定比例均匀混合，激光束扫描后使有机黏合剂熔化，熔化的有机黏合剂将金属粉末黏合在一起（如铜料和有机玻璃粉）。烧结好的制件再经高温后续处理，一方面去除制件中的有机黏合剂，另一方面提高制件的力学强度和致密度。

3.5.2　SLS 直接成型金属材料

利用 SLS 直接打印的金属产品如图 3-22 所示。

目前，国内外学者尝试了不同金属材料粉末作为 SLS 直接方法制造金属零件及模具的原材料，如金属系（如 Fe-Cu、Fe-Sn、Cu-Sn 和复合粉末等）、单一金属（如 Al、Cr、Ti、Fe 和 Cu 粉末等）、合金（如钴基、镍基、青铜、高温合金 Iconel625、Ti-6Al-4V、不锈钢、

AISI1018 碳钢和高速钢粉末等）。上述金属粉末 SLS 成型机制，包括液体的黏性流动与致密化、弯曲效应、液体与颗粒的浸润性、液相烧结和完全熔融等行为。就成型工艺而言，激光器的选取（CO_2 激光器、光纤激光器或 Nd：YAG 激光器，连续式或脉冲式），制造参数的调整（激光功率、扫描间距、切片厚度、扫描速度、扫描方式等）均会影响零件质量（致密度、精度、表面粗糙度）。SLS 金属零件的后处理，如表面电镀镍、抛光、热处理、喷涂、熔渗、机加工等，有助于提高零件的致密度、强度、表面光洁度、硬度等性能。但上述研究并没有产生可视化成果，直到 MCP-HEK 公司、F&S 公司以及 TRUMPF 与 EOS 公司联合通过其各自研制的选择性激光熔化成型系统，制造出了 TC4、Co-Cr 合金以及高温镍基合金等零件。

图 3-22　利用 SLS 技术打印
的金属物件[4]

目前直接方法应用领域依然有限，SLS 直接成型零件多为医学领域中的生物移植物，其体积较小，而且多为薄壁件。实践证明，金属颗粒较高聚物难以激光加工，加工中金属颗粒的氧化、球化、收缩、孔隙会造成零件的低密度、低强度、表面粗糙。例如 Mangano 等人[5]通过病人极度萎缩后段下颌骨 3D 投影，用 SLS 法个性化地制作了钛合金骨内移植物，其植入物的 CAD 图像如图 3-23（a）所示，定制的 SLS 成型植入体如图 3-23（b）所示。植入体植入两年后仍具有功能，并没有引起疼痛、发炎、化脓、移动或者其他假体并发症。

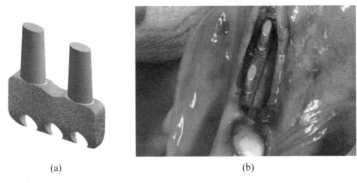

(a)　　　　　　　　　　　　　　(b)

图 3-23　定制的 SLS 叶片 CAD 文件的植入（a）和 SLS 直接成型植入体（b）[5]

3.5.3　SLS 间接成型金属材料

SLS 间接法制造金属零件的金属粉末原料由高熔点和低熔点两种成分构成，高熔点粉末作为最终的结构材料，低熔点粉末则作为黏结剂，起到黏结高熔点粉末成型的作用。黏结剂材料可以分为两类，第一类为低熔点金属粉末，如 Cu、Sn 等，此类黏结剂在成型后继续留在零件型坯中；第二类是有机高聚物黏结剂，如 PA、PC、PEP 以及 PMMA 等，此类黏结剂只在 SLS 成型过程中起作用，后处理须将其脱除。

3.5.3.1 黏结剂为金属的 SLS 金属零件间接成型

在以低熔点金属粉末作为黏结剂的 SLS 间接成型方面，英国 Manchester 大学采用 50Cu-50Sn 进行 SLS 烧结成型，锡粉（熔点 231.89 ℃）作为黏结剂粉末。Prabhu 和 Bourell 进一步减少金属 Sn 的含量，以 89Cu-11Sn 为原料，经过 SLS 成型金属型坯。随后，研究者们利用 SLS 成型了一系列双金属粉末型坯，如 Cu-Solder（70Pb-30Sn）、Ni-Sn、Sn-Solder，但型坯的强度较低，总体性能较差。若要提高烧结件的性能，则必须提高金属黏结剂的熔点，因此，研究者们便采用与结构粉末材料熔点相接近的，甚至熔点超过 1000 ℃ 的金属粉末材料作为黏结剂，如 Bronze-Ni、Stainless Steel-Cu、Steel-Cu、Steel-Bronze 等材料，其中的 Cu（熔点 1083 ℃）和 bronze（900 ℃ 左右出现液相）作为黏结成分。上述两组元金属粉末 SLS 成型都是运用液相烧结（liquid phase sintering，LPS）原理，在激光作用下，低熔点的金属粉末熔化成液态而润湿结构金属粉末颗粒，并在毛细力作用下流动而填充结构金属粉末间隙，润湿并黏结结构材料粉末颗粒。经过冷却凝固，最终形成金属零件形坯。

德国 EOS 公司于此方面较为突出，他们研制的 EOSINT M Cu3201、Directsteel50、Directsteel20、DirectMetal20 和 DirectsteelH20 金属粉末混合材料都采用金属粉末作为黏结成分，目前上述几种粉末材料都已商品化。其中，EOSINT M Cu3201 是一种由镍、青铜和磷化铜粉末构成的混合物，平均粒度为 30 μm，经烧结并浸渍环氧树脂后，密度可达 36.264 g/cm³，抗拉强度可达 293.23 MPa，表面粗糙度为 Ra 4~7 μm；而 Directsteel20 和 DirectsteelH20 分别是以碳钢和合金钢为主的粉末材料，DirectMetal20 则是以青铜为主的粉末材料，其中 Directsteel20 和 DirectMetal20 可用于零件、模具及模具镶块的制造，DirectsteelH20 则可用于单独的模具制造，性能相当于工具钢。

3.5.3.2 黏结剂为高聚物的 SLS 金属零件间接成型

高聚物材料黏结剂可在高温中脱除，对最终零件形坯性能不构成影响，因此，以高聚物材料作为黏结剂的 SLS 间接成型研究较多，应用前景也较好。结构材料粉末主要由单一的不锈钢、铜、镍等金属粉末构成，高聚物黏结剂基本是热塑性材料。高聚物黏结剂在成型材料粉末中主要以两种形式存在，一种是同金属粉末机械混合，另一种是包覆金属粉末表面。将高聚物覆在金属粉末表面的方法有：

（1）将热塑性材料溶于有机溶液，并将金属粉末混入其中搅拌，然后干燥去除溶剂，高聚物便包覆在粉末表面析出，去除溶剂后黏结剂与粉末混合物块体再经过机械粉碎、球磨处理，从而获得覆膜金属粉末，有机溶剂（一般具有毒性）则可循环使用；

（2）将高聚物加热熔化，其熔体由高压喷嘴喷出成雾状，与同时由另一喷嘴喷出的金属粉末相撞且凝固包覆在其表面。实验证明喷雾方法制备的包覆粉末覆膜层厚度较均匀，且同其他覆膜方法相比，粉末达到同样 SLS 成型性能情况下，高聚物材料的耗费较少，而且工艺相对简单，工艺流程中的污染较少。一般来说，高聚物覆膜金属粉末的成型性能优于机械混合方法制备的金属粉末，因而，利用高聚物作黏结剂的粉末中，应用最多的就是喷雾法制备的覆膜金属粉末。不过制备覆膜金属粉末的成本远高于机械混合的粉末，制备工艺相对繁琐，环境污染较大。

　　DTM 公司主要发展 SLS 间接方法制造金属零件，其粉末材料几乎都采用高聚物覆膜金属粉末。粉末材料的结构成分主要由碳素钢（1080）、不锈钢（420、316 和 316L）和铜粉组成，高聚物黏结剂仍在不断研制改进。DTM 公司用 Rapid Tool TM 专利技术，在 SLS 系统 Sinterstation2000 上将 Rapidsteel 粉末（钢质微粒外包裹一层聚酯）进行激光烧结得到模具后放在聚合物的溶液中浸泡一定时间，然后放入加热炉中加热使聚合物蒸发，接着进行渗铜，出炉后打磨并嵌入模架内即可。上述工艺制作的高尔夫球头的模具及产品如图 3-24 所示。3D Systems 公司利用 SLS 技术制备的金属制件 Cast Form PS 和 DuraForm ProX AF+如图 3-25 所示。

图 3-24　DTM 公司采用 SLS 工艺制作
高尔夫球头模具及产品

(a)　　　　　　　　　　　　(b)

图 3-25　3D systems 公司利用 SLS 技术制备的金属制件
（a）Cast Form PS；（b）DuraForm ProX AF+

　　国内学者在间接法材料方面也进行了相应的研究，吉林工业大学采用有机树脂包覆铁基合金 98Fe2Ni 粉末，进行了烧结研究[6]；南京航空航天大学花国然等人[7-8]对添加环氧树脂粉末的金属粉末进行了 SLS 成型及后处理研究，并且制备了纯铁齿轮零件；华北工学院的白培康等人[9-11]对覆膜不锈钢粉和覆膜陶瓷粉的 SLS 成型和二次烧结进行研究，并制造出了金属零件。但上述材料仅处于研究阶段，并未推向市场。

3.6　选区激光烧结成型的组织及力学性能

　　选区激光烧结增材制造技术的精度高、材料利用率高且生产周期短，但是其烧结方式会导致构件致密度不足，需要借助后处理来提高结构件的致密度和性能，以满足使用要求。不锈钢和钛合金等材料的成型常采用该技术，本节对这两种材料的 SLS 成型组织和力学性能进行简要介绍。

3.6.1　不锈钢

　　Xie 等人[12]利用乙烯-醋酸乙烯共聚物（EVA）包覆 316L 不锈钢（316L SS）粉末进

行 SLS 预成型，然后在氢气气氛中脱脂烧结，制备获得多孔 316L SS 合金，工艺过程如图 3-26 所示。

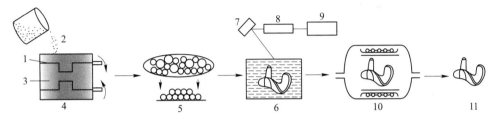

图 3-26　间接 SLS 法制备多孔 316L 不锈钢示意图[12]

1—浆料；2—316L 粉末；3—熔融 EVA；4—封装；5—筛分；6—SLS 预成型；7—扫描系统；
8—CO_2 激光；9—计算机控制系统；10—脱脂烧结；11—膝关节

　　SLS 成型坯体孔隙率主要取决于激光的能量密度，孔隙特征和力学性能主要受烧结温度影响，如图 3-27 所示；通过相关工艺参数调控能够获得与松质骨相匹配的骨替代多孔 316L SS 材料，如图 3-28 所示。当烧结温度为 1100~1300 ℃时，材料平均孔径和孔隙率分别为 160~35 μm 和 58%~28%，弹性模量为 1.58~6.64 GPa，抗压屈服强度为 15.5~52.8 MPa。

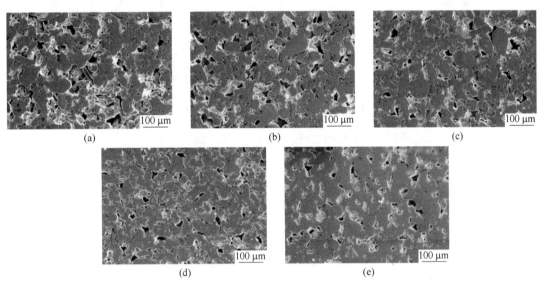

图 3-27　多孔 316L SS 在不同温度下烧结的 SEM 图像[12]

(a) 1100 ℃；(b) 1150 ℃；(c) 1200 ℃；(d) 250 ℃；(e) 1300 ℃

　　Khairul Amilin Ibrahim 等人[13]以不锈钢 316L 粉末为原料，采用选区激光烧结技术制备获得了新型多孔电极支架。当功率为 30 W、扫描速度为 1500 mm/s、能量密度为 0.80 J/mm² 时，SLS 产品制备失败；其原因是低激光功率和快速扫描速度结合，导致激光束没有足够的时间提供足够的热能来熔化并促使金属粉末连接。此外，烧结过程中发生了重熔，重熔可以增加打印部件密度，由于传递到层表面的高热能量，会导致收缩缺陷，如图 3-29 所

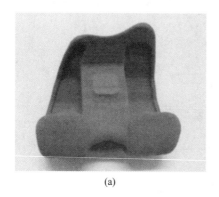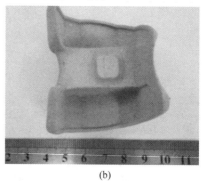

（a）　　　　　　　　　　　　（b）

图 3-28　间接 SLS 法制备的多孔 316L 不锈钢膝关节[12]

（a）生坯；（b）烧结件

示。当激光能量密度在 1.50~2.00 J/mm^2 之间时，金属粉末颗粒部分融合，电极支架孔隙率不低于 10%；其中，当能量密度为 2.00 J/mm^2、功率为 60 W、扫描速度为 1200 mm/s 时，产品电导率为 1.80×10^6 S/m，孔隙率为 15.61%。

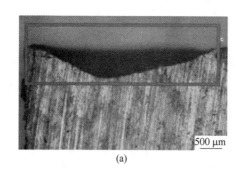

（a）　　　　　　　　　　　　（b）

图 3-29　光学显微镜下样品横截面顶部表面的收缩缺陷[13]

（a）75~300 样品；（b）60~300 样品

由于热边界条件的变化，功率为 60 W 和扫描速度为 600 mm/s 条件下产品的孔隙率随着高度的变化，自底部起的孔隙率分别为 5.70%、7.12% 和 9.89%，为电化学器件提供了理想的梯度性能，如图 3-30 所示。如图 3-31 所示，相同激光功率和不同激光扫描速率条件下，样品的孔隙率随构件高度的变化而变化，样品垂直方向孔隙分布不均匀。上述多孔电极支架可以作为电化学器件的电极，显著提高电化学器件的能量密度和寿命周期。

任乃飞等人[14]以 316L 不锈钢粉与环氧树脂粉（黏结剂）混合粉为原材料，利用间接选择性激光烧结技术制备 316L 不锈钢功能材料，研究了烧结工艺参数（激光功率、扫描速度、扫描间距、预热温度）对材料组织及力学性能的影响，见表 3-7。粉末烧结前后的显微组织图像如图 3-32 所示，激光功率、扫描速度和扫描间距对零件抗压强度的影响较大，预热温度的影响较小；当激光功率为 15W、扫描速度为 1900 mm/s、扫描间距为 0.125 mm、预热温度为 60 ℃时，材料获得最佳力学性能。

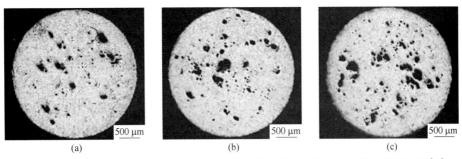

图 3-30 功率 60 W、扫描速度为 600 mm/s 条件下样品蚀刻后的光学显微镜图像[13]

（a）孔隙率 5.70%；（b）孔隙率 7.12%；（c）孔隙率 9.89%

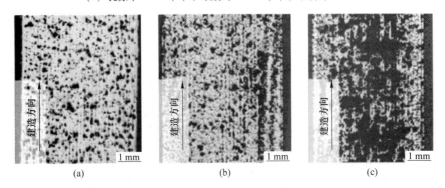

图 3-31 激光功率 30 W、不同激光扫描速度条件下打印样品的孔隙分布

（a）300 mm/s；（b）900 mm/s；（c）1200 mm/s[13]

表 3-7 正交试验结果[14]

编号	激光功率/W	扫描速度/mm·s⁻¹	扫描间距/mm	预加热温度/℃	抗压强度/MPa
1	13（1）	1900（1）	0.15（3）	60（2）	1.37
2	14（2）	1900（1）	0.1（1）	55（1）	1.67
3	15（3）	1900（1）	0.125（2）	65（3）	1.93
4	13（1）	2000（2）	0.125（2）	55（1）	1.47
5	14（2）	2000（2）	0.15（3）	65（3）	1.37
6	15（3）	2000（2）	0.1（1）	60（2）	1.77
7	13（1）	2100（3）	0.1（1）	65（3）	1.53
8	14（2）	2100（3）	0.125（2）	60（2）	1.46
9	15（3）	2100（3）	0.15（3）	55（1）	1.28

图 3-32 SLS 前后显微组织图像[14]

（a）烧结前；（b）烧结后

3.6.2　钛合金

Xie 等人[15]利用 SLS 制备获得了医用多孔 Ti-Mo 合金，研究了孔隙特性对合金微观结构、力学性能和耐腐蚀性的影响。SLS 合金经过 1000 ℃和 1200 ℃的烧结后处理，获得三维互连孔和相互隔离孔两种特征的多孔结构，如图 3-33 所示为 Mo 元素含量（质量分数）分别为 4%、6%和 8%的 SLS 多孔 Ti-Mo 合金显微组织。多孔 Ti-Mo 合金在压缩载荷作用下先经历线性弹性变形，然后经历长时间塑性屈服达到峰值应力，过程中没有明显的平台区域以及致密化阶段，如图 3-34 所示，应力线性增加的塑性屈服区在峰值应力处终止，随后孔隙坍塌。低孔隙度合金的屈服区比高孔隙度的屈服区大，具有更好的延性，随着孔隙率的降低，合金的力学性能得到改善，见表 3-8。

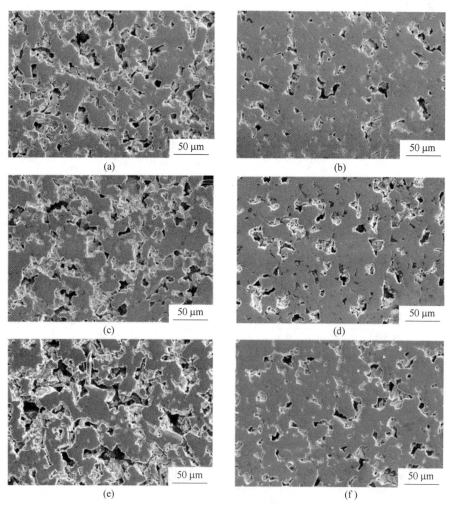

图 3-33　SLS 多孔 Ti-Mo 合金显微组织的 SEM 图像[15]

（a）Ti-4Mo, 1000 ℃；（b）Ti-4Mo, 1200 ℃；（c）Ti-6Mo, 1000 ℃；（d）Ti-6Mo, 1200 ℃；
（e）Ti-8Mo, 1000 ℃；（f）Ti-8Mo, 1200 ℃

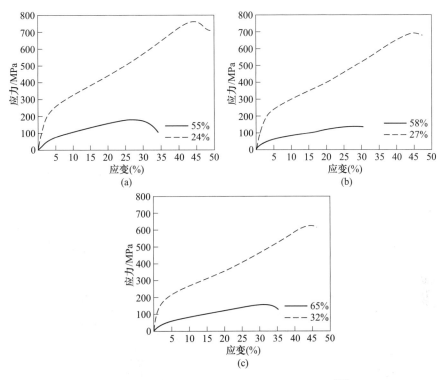

图 3-34　多孔 Ti-Mo 合金的压缩应力-应变曲线[15]

（a）Ti-4Mo；（b）Ti-6Mo；（c）Ti-8Mo

表 3-8　多孔 Ti-Mo 合金的压缩力学性能[15]

材　料	孔隙率/%	弹性模量/GPa	σ_y/MPa	σ_m/MPa	伸长率/%
Ti-4Mo	55	2.52±0.26	52.3±2.05	180±10	29.2±0.6
	24	13.2±2.50	178.0±15.7	763±25	44.8±3.5
Ti-6Mo	58	2.70±0.28	44.5±2.1	146±12	28.7±1.4
	27	11.6±1.61	155.7±2.94	700±18	45.8±1.7
Ti-8Mo	65	1.65±0.38	36.8±3.3	155±9	32.5±0.3
	32	10.2±1.65	136.4±10.2	619±16	44.6±1.9

　　在动电位极化过程中，高孔隙度样品钝化前经历多次主-被动转变，低孔隙度样品则直接从塔菲尔区转变为被动区。表 3-9 为不同孔隙率的多孔 Ti-Mo 合金在 37 ℃ 0.9%（质量分数）NaCl 溶液中的电化学腐蚀性能。可见，低孔隙度样品从 Tafel 区直接转化到钝化区，表现出典型的自钝化特征。然而，高孔隙度的样品经历了几次主-被动转变，然后趋于钝化，表明在浸入电解质下形成的钝化膜没有足够的保护和完整性。此外，高孔隙度样品的钝化范围随着孔隙度的增加而缩小，表明钝化程度降低腐蚀电位（E_{corr}）、腐蚀电流密度（I_{corr}）、阳极和阴极 Tafel 斜率（分别为 β_a 和 β_c）。所有多孔 Ti-Mo 合金的 E_{corr} 均呈正变化，且随着孔隙率降低，I_{corr} 显著降低，合金耐蚀性增强。

表 3-9　多孔 Ti-Mo 合金的电化学腐蚀性能[15]

材　料	孔隙率/%	腐蚀电位 （vs·SCE）/mV	腐蚀电流 /μA·cm⁻²	β_a /mV·dec⁻¹	β_c /mV·dec⁻¹
Ti-4Mo	55	−400±20	2.10±0.08	213±3.34	−181±1.46
	24	−332±13	0.58±0.02	392±5.22	−183±2.15
Ti-6Mo	58	−484±17	2.76±0.04	130±1.85	−134±1.35
	27	−293±28	0.72±0.03	104±0.46	−88±1.64
Ti-8Mo	65	−542±25	3.25±0.14	130±1.26	−127±1.23
	32	−356±14	1.19±0.01	281±2.57	−166±1.78

J. Maszybrocka 等人[16]设计了一种具有特殊结构的孔隙结构模型，并利用 SLS 技术制备获得了具有这种孔隙结构的多孔 Ti-6Al-4V 合金，用以作为髋关节假体系统的一部分，如图 3-35 所示，其孔隙结构及形貌的 SEM 图像如图 3-36 所示。SLS 烧结过程中，烧结粉

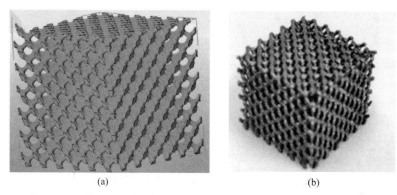

(a)　　　　　　　　　　　　　(b)

图 3-35　具有晶格结构特征的孔隙结构设计（a）和 SLS 制备的多孔 Ti-6Al-4V 合金（b）[16]

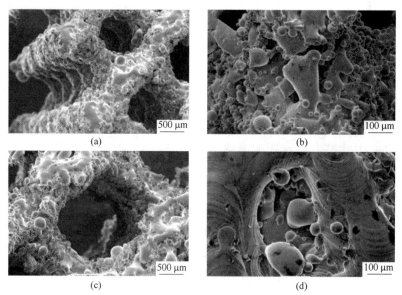

(a)　　　　　　　　　　　　　(b)

(c)　　　　　　　　　　　　　(d)

图 3-36　Ti-6Al-4V 合金孔隙结构及表面形貌[16]

（a）（c）孔隙形貌；（b）（d）支撑结构形貌

末与周围松散粉末之间的温差较大，引起热扩散现象，球形 Ti-6Al-4V 合金粉末部分融化附着在支撑结构表面，进而形成多孔隙结构。粉末通过激光束扫描路径熔化，然后黏合到每层的表面。金属颗粒可以全部或部分熔化，然后与较低层连接。

图 3-37 是基于 X 射线计算机微层析成像的支撑结构表面形貌，多孔结构内部的支撑结构也黏附了部分熔化的球形 Ti-6Al-4V 粉末或团块。上述多孔 Ti-6Al-4V 合金的 SLS 制造过程在微观尺度上控制表面形态的能力有限，有必要在制备后引入植入体表面改性处理，进而去除表面部分连接的球形金属颗粒，避免在种植体使用过程中，机械分离的球形金属颗粒迁移到关节区域，参与有害磨料的磨损过程，影响股骨头的粗糙度，导致聚乙烯髋臼衬垫磨损。

图 3-37　基于 X 射线计算机微层析成像的支撑结构表面形貌[16]

Yuu Harada 等人[17]利用 SLS 制备了烧结态纯钛和 Ti-6Al-4V 合金，并与铸造合金的组织性能进行了比较。对比发现，SLS 成型的 Ti-6Al-4V 合金和纯钛的性能要优于相应的铸造金属。SLS 成型金属（Ti-6Al-4V：1074.73 MPa，Ti：484.46 MPa）的抗拉强度值均大于铸态金属（Ti-6Al-4V：967.21 MPa，Ti：379.85 MPa）。对于 Ti-6Al-4V 合金而言，SLS 成型试样的伸长率（11.27%）小于铸造试样（14.72%）；对于纯钛而言，SLS 成型试样与铸态试样的伸长率相近。同时，垂直于构建方向的 SLS 成型金属表面粗糙度（Ti-6Al-4V：5.04 μm，Ti：5.91 μm）均大于其他成型方向（Ti-6Al-4V：3.65 μm，Ti：3.40 μm），且 SLS 成型金属的表面粗糙度均小于铸态金属（Ti-6Al-4V：8.75 μm，Ti：7.71 μm）。就成型方向而言，水平方向扫描成型的试件抗拉强度最大，表面粗糙度最小，成型方向对其他性能无明显影响。

思 考 题

3-1 简述 SLS 增材制造的成型原理。

3-2 简述 SLS 增材制造成型的优缺点。

3-3 SLS 增材制造的后处理有什么作用？简述常用的工艺方法。

3-4 总结 SLS 增材制造技术对材料组织及力学性能有哪些方面的影响。

参 考 文 献

[1] 闫春泽，史玉升，魏青松. 激光选区烧结 3D 打印技术（上、下）[M]. 武汉：华中科技大学出版社，2019.

［2］ 吴超群，孙琴．增材制造技术［M］．北京：机械工业出版社，2020：19-21.

［3］ 刘锦辉．选择性激光烧结间接制造金属零件研究［D］．武汉：华中科技大学，2006.

［4］ https：//zhuanlan.zhihu.com/p/26310586.

［5］ Mangano F, Bazzoli M, Tettamanti L, et al. Custom-made, selective laser sintering (SLS) blade implants as a non-conventional solution for the prosthetic rehabilitation of extremely atrophied posterior mandible ［J］. Lasers in Medical Science, 2013, 28: 1241-1247.

［6］ 白培康，赵熹华，程军．覆膜金属粉末变长线扫描激光烧结成型特性［J］.吉林工业大学自然科学学报，1999，1：25-29.

［7］ 花国然，赵剑峰，张建华．金属零件的一种快速成型制造方法［J］.南京航空航天大学学报，2002，34（5）：428-432.

［8］ HUA G R, ZHAO J F, ZHANG J H, et al. Rapid manufacturing of metal part ［J］. Journal of Southeast University (English Edition), 2002, 18 (2): 123-127.

［9］ 白培康，赵山林，程军．覆膜金属粉末激光烧结过程温度场的数值模拟［J］.华北工学院测试技术学报，2000，14（4）：273-277.

［10］ 白培康，刘斌，程军．覆膜金属粉末激光烧结成型机理实验研究［J］.仪器仪表学报，2003，24（4）：479-480.

［11］ 白培康，李明照，方明伦，等．覆膜不锈钢粉末选择性激光烧结成型机理研究［J］.材料工程，2005，8：28-31.

［12］ XIE F, HE X, CAO S, et al. Structural and mechanical characteristics of porous 316L stainless steel fabricated by indirect selective laser sintering ［J］. Journal of Materials Processing Technology, 2013, 213 (6): 838-843.

［13］ IBRAHIM K A, WU B, BRANDON N P. Electrical conductivity and porosity in stainless steel 316L scaffolds for electrochemical devices fabricated using selective laser sintering ［J］. Materials & Design, 2016, 106: 51-59.

［14］ REN N F, HANG Y H, ZHAO Y, et al. Indirect selective laser sintering of 316L powder and the properties of the parts ［J］. Applied Mechanics and Materials, 2015, 775: 209-213.

［15］ XIE F, HE X, CAO S, et al. Influence of pore characteristics on microstructure, mechanical properties and corrosion resistance of selective laser sintered porous Ti-Mo alloys for biomedical applications ［J］. Electrochimica Acta, 2013, 105: 121-129.

［16］ MASZYBROCKA J, STWORA A, GAPIŃSKI B, et al. Morphology and surface topography of Ti6Al4V lattice structure fabricated by selective laser sintering ［J］. Bulletin of the Polish Academy of Sciences Technical Sciences, 2017, 65 (1): 85-92.

［17］ HARADA Y, ISHIDA Y, MIURA D, et al. Mechanical Properties of Selective Laser Sintering Pure Titanium and Ti-6Al-4V, and Its Anisotropy ［J］. Materials, 2020, 13 (22): 5081.

4 选区激光熔化增材制造技术

本章要点： 选区激光熔化技术的原理、工艺方法、特点、设备、应用以及科学研究。

选区激光熔化（selective laser melting，SLM）是在 20 世纪 90 年代中期基于 SLS 工艺发展起来的，是在高能量密度激光作用下，金属粉末被完全熔化并经过冷却凝固后逐层累积形成三维实体的一种增材制造方法。相比于 SLS 工艺，SLM 工艺在制造金属零件时能够有效克服复杂性方面的问题，利用高强度激光熔融金属粉末，快速成型出致密且力学性能优异的金属零件，目前广泛应用于航空航天、生物医药以及国防军工等领域。

4.1 选区激光熔化的基本原理

选区激光熔化是在高能量密度激光作用下，金属粉末被完全熔化并经过冷却凝固后逐层累积形成三维实体的一种增材制造方法。常用的 SLM 设备工作原理如图 4-1 所示，通过控制扫描反射镜来控制激光束熔融每一层轮廓，使金属粉末完全熔化而不是仅仅将其黏结在一起。因此，使用 SLM 技术生产出来的零件致密度可达 100%，强度和精度都高于选区激光烧结（SLS）成型制件。

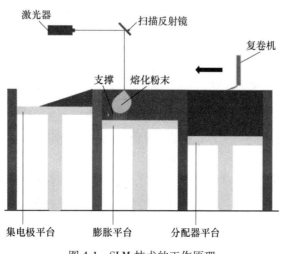

图 4-1 SLM 技术的工作原理

4.1.1　激光能量的传递和与金属作用引起的物态变化

SLM 成型主要利用光热效应，当激光照射金属表面时，在不同功率密度下，金属表面区域将发生不同变化，包括表面温度升高、熔化和汽化等，而且金属表面物理状态的变化会影响其对激光的吸收。随着功率密度与作用时间的增加，金属将会发生以下几种物态变化：

（1）激光功率密度较低（$<10^4$ W/cm^2）、照射时间较短，金属吸收的激光能量只能引起金属由表及里温度升高，但金属维持固相不变，主要用于零件退火和相变硬化处理。

（2）激光功率密度提高（$10^4 \sim 10^6$ W/cm^2）和照射时间加长时，金属表层逐渐熔化，随着输入能量增加，液固界面逐渐向深处移动，这种物理过程主要用于金属表面重熔、合金化以及熔覆和热导型焊接。

（3）进一步提高功率密度（$>10^6$ W/cm^2）和加长照射时间，材料表面不仅熔化甚至汽化，汽化物聚集在金属表面附近并发生微弱电离形成等离子体，这种稀薄等离子体有助于金属对激光的吸收。在汽化膨胀压力下，液态表面变形形成凹坑，可以用于激光焊接。

（4）再进一步提高激光功率密度（$>10^7$ W/cm^2）和加长照射时间，材料表面发生强烈汽化，形成较高电离度的等离子体，对激光有屏蔽作用，大大减少了激光入射到金属内部的能量，这一阶段可用于激光打孔、切割以及表面强化等。

金属对激光的吸收，发生汽化是一个重要分界线。当金属没有发生汽化时，不论是固相还是液相，其对激光的吸收仅随表面温度的升高而有较慢的变化；而一旦金属出现汽化并形成等离子体，金属对激光的吸收将会突然发生变化。因此，SLM 成型过程要求激光功率密度大于 10^6 W/cm^2，是为了确保对前一成型层的重熔，进而有利于成型件的冶金结合。

4.1.2　激光与金属作用的能量平衡

激光与金属相互作用涉及复杂的微观量子过程和宏观现象，也包括发生的宏观现象，如激光的反射、吸收、折射、衍射、偏振、光电效应和气体击穿等。激光与金属相互作用时，两者的能量转化遵守能量守恒定律。设 E_0 为入射到金属表面的激光能量，$E_{反射}$ 为被金属表面反射的激光能量，$E_{吸收}$ 为被金属表面吸收的激光能量，$E_{透射}$ 为透过金属的激光能量，则有

$$E_0 = E_{反射} + E_{吸收} + E_{透射} \tag{4-1}$$

$$1 = \frac{E_{反射}}{E_0} + \frac{E_{吸收}}{E_0} + \frac{E_{透射}}{E_0} = \rho_R + \alpha_A + \tau_T \tag{4-2}$$

式中，ρ_R 为反射率；α_A 为吸收率；τ_T 为透射率。

对于不透明的金属，透射光亦被吸收，即 $E_{透射}=0$，则有

$$1 = \rho_R + \alpha_A \tag{4-3}$$

激光照射金属表面时，一部分被金属反射，一部分进入金属内部，进入内部的激光被全部吸收。被吸收的激光在金属内部传播过程中，按 Beer-Lambert 定律，激光强度按指数规律衰减，则激光入射到距表面 x 处的光强 I 为

$$I = I_0 e^{-Ax} \tag{4-4}$$

式中，I_0 为入射到金属表面（$x=0$）的激光强度，W/cm^2；A 为金属对激光的吸收系

数，cm^{-1}。

若将激光在材料内的透射深度定义为光强降至 I_0/e 时的深度，则透射深度为 $1/A$。这表明激光通过厚度为 $1/A$ 的金属后，激光强度减小为原强度的 $1/e$，表明金属对激光的吸收能力取决于吸收系数的大小。

金属对激光的吸收系数 A 取决于金属材料种类和激光波长。吸收系数 A 对应的金属材料特征值是吸收指数 K，两者之间有关系：$A = 4\pi K/\lambda$。

所以，式（4-4）可以表示成

$$I = I_0 e^{-4xKr/\lambda} \tag{4-5}$$

ρ_R、α_A 及 A 的值可由金属的光学常数或复数折射率的测量值计算。吸收指数 K 是金属材料的复数折射率 n 的虚部，金属的复数折射率为：

$$n = n_1 + iK \tag{4-6}$$

当激光垂直入射到金属时，激光的反射率 ρ_R 为：

$$\rho_R = \left| \frac{n-1}{n+1} \right|^2 = \frac{(n_1 - 1)^2 + K^2}{(n_1 + 1)^2 + K^2} \tag{4-7}$$

如果材料为不透明金属材料，则有 $\alpha_A = 1 - \rho_R$，于是有

$$\alpha_A = \frac{4n_1}{(n_1 + 1)^2 + K^2} \tag{4-8}$$

因而，可得出吸收系数 A：

$$A = \frac{4\pi K}{\lambda} \tag{4-9}$$

所以，金属对激光的吸收主要取决于金属的种类及激光波长。

4.1.3　金属对激光能量的吸收

金属对激光的吸收与金属特性、激光波长、金属温度、金属表面情况和激光的偏振特性等诸多因素有关。

（1）金属特性的影响。金属对特定激光波长的吸收系数也可通过金属的电阻率来计算。

$$A = 0.365 \sqrt{\frac{\rho_0}{\lambda}} \tag{4-10}$$

式中，A 为金属表面对激光的吸收系数，cm^{-1}；ρ_0 为金属的直流电阻率，$\Omega \cdot cm$；λ 为激光波长，cm。

表 4-1 列出了几种金属的电阻率，从其中可知，银、铜、铝的电阻率很小。因此，它们对特定波长激光的吸收系数较小。

表 4-1　几种金属的电阻率[1]

金　属	银	铜	铝	铁	铂	铅
$\rho_0/\Omega \cdot m$	1.65×10^{-8}	1.75×10^{-8}	2.83×10^{-8}	9.78×10^{-8}	2.22×10^{-7}	2.08×10^{-7}

（2）激光波长的影响。如图 4-2 所示为常用金属室温下的反射率与波长的关系曲线。

在红外光区，随着波长的增加，反射率逐渐增大。大部分金属对 10.64 μm（10640 nm） 波长的红外光反射强烈，而对 1.064 μm（1064 nm） 波长的红外光反射较弱。

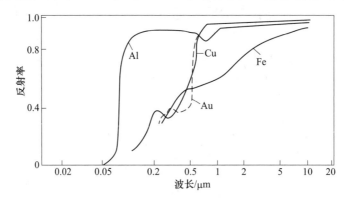

图 4-2　常用金属在室温下反射率与波长的关系[1]

（3）金属温度的影响。不同波段内，金属对激光的吸收率与温度的关系不同。当 λ <
1 μm（1000 nm） 时，吸收率与温度的关系比较复杂，但总体变化比较小，金属对激光的
内在吸收率一般随着温度的升高而升高。波长为 10.64 μm（10640 nm） 的激光束作用于抛
光铝，在室温下它对激光的反射率为 98.6%，而液态铝对激光的反射率为 91%~96%。当
λ = 1 μm（1000 nm） 时，W、Mo 和 Ta 三种金属对该波长激光的吸收系数随着温度变化的
曲线，如图 4-3 所示，说明金属对较短波长激光的吸收率随着温度的增加而增加。

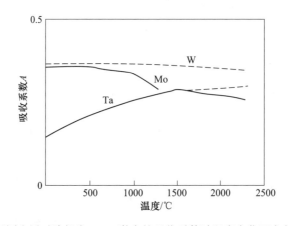

图 4-3　不同金属对波长为 1 μm 激光的吸收系数随温度变化而变化的规律[1]

（4）金属表面粗糙度的影响。金属表面粗糙度对激光的吸收率有显著影响，与抛光表
面相比，粗糙表面对激光的吸收率可提高 1 倍。

（5）激光偏振的影响。激光束垂直入射时，吸收率与激光束的偏振无关。但是，当激
光倾斜入射时，偏振对吸收率的影响非常重要。光波为横向电磁波，由相互垂直且与传播
方向垂直的电振动和磁振动组成，电磁场电矢量 E 的取向决定了激光束的偏振方向。激光
在传输过程中，如果电场矢量在同一平面内振动，则其为平面偏振光（或线偏振光）。两
束偏振面垂直的线偏振光叠加，当相位固定时，就会获得椭圆偏振光。线偏振光和椭圆偏

振光若强度相等且相位差为 $\pi/2$ 或 $3\pi/2$，则可得到圆偏振光。在任意固定点上，瞬时电场矢量的取向做无规则随机变化时，光束为非偏振光。

按平面的法线测量，当某一入射角为 θ 时，假设 $\theta \leqslant 90°$，且 $n^2 + A^2 \geqslant 1$，则偏振方向平行于入射面的线偏振光（P 偏振光）和垂直入射面的线偏振光（S 偏振光）在材料表面的反射率分别为

$$\rho_{RP}(\theta) = \frac{(n^2 + A^2)\cos^2\theta - 2n\cos\theta + 1}{(n^2 + A^2)\cos^2\theta + 2n\cos\theta + 1} \tag{4-11}$$

$$\rho_{RS}(\theta) = \frac{(n^2 + A^2)\cos^2\theta - 2n\cos\theta + \cos^2\theta}{(n^2 + A^2)\cos^2\theta + 2n\cos\theta + \cos^2\theta} \tag{4-12}$$

金属对激光而言为非透明的材料，其吸收率与偏振和入射角度的关系为

$$\alpha_{AP}(\theta) = 1 - \rho_{RP}(\theta) = \frac{4n\cos\theta}{(n^2 + A^2)\cos^2\theta + 2n\cos\theta + 1} \tag{4-13}$$

$$\alpha_{AS}(\theta) = 1 - \rho_{RS}(\theta) = \frac{4n\cos\theta}{(n^2 + A^2)\cos^2\theta + 2n\cos\theta + \cos^2\theta} \tag{4-14}$$

图 4-4 为金属铁对偏振光的吸收率与入射角之间的关系，即式（4-13）和式（4-14）的图解。对于垂直入射的 S 偏振光，α_{AS} 随着入射角的增大而缓慢降低；对于平行入射的 P 偏振光，α_{AP} 首先随着入射角的增大而增大，在一个很大的入射角下，α_{AP} 达到最大值，然后随入射角的进一步增加而急剧下降，α_{AP} 达到最大值时的入射角称为布儒斯特角，其吸收率在入射角为 0° 和 90° 时具有最小值。

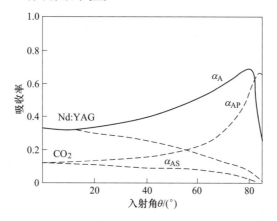

图 4-4　铁对偏振光的吸收率与入射角之间的关系[1]

4.1.4　金属粉末对激光的吸收

金属粉末对激光的吸收率 α_A 是粉末的重要特性，是被吸收激光能量与入射激光能量的比值。通常金属粉末对激光的吸收率受耦合作用方式、传输深度、激光波长 λ、粉末成分、粉末颗粒粒径和熔化过程等因素的影响。

4.1.4.1　耦合作用方式

激光与粉末存在两种作用机理：激光与块体的耦合和激光与粉末的耦合。当激光脉冲照射作用于金属粉末时，激光能量传输时间短，球形颗粒粉末被加热层瞬时处于高温（表

面温度 T_s），且远远高于球形颗粒粉末剩余部分的温度及其周围粉末的平均温度 T_{av}；当激光连续波照射作用于粉末时，作用时间长，产生的液相引起较高的平均温度和较多液态量。

4.1.4.2　激光的传输深度

除了透明致密材料外，块体金属对激光的吸收距离非常短，一般在 10 nm ~ 1 μm 范围内。对于粉末，只有部分入射激光被粉末的颗粒外表面吸收，另一部分激光穿过颗粒间孔隙，与深处的粉末颗粒相互作用。由于激光波长尺寸相当的颗粒粒径组成的金属粉末，对激光的吸收特性不同于致密金属对激光的吸收特性，主要体现在激光传输路径的不同：激光在粉末中存在多次反射，而激光在块体金属中则不存在多次反射。因粉末形态（表面粗糙、颗粒间的孔隙）对入射激光吸收特性的影响，粉末可被当作一个黑体。激光强度减小为原来的 1/e（36.8%）时，激光到达粉末的深度为透射深度 D_P，激光在粉末的传输过程中经过多次反射，如图 4-5 所示。因此，激光在粉末中的透射深度 D_P，远远大于其在致密材料中的透射深度，例如钛粉末的激光透射深度 D_P 约为 65 μm。

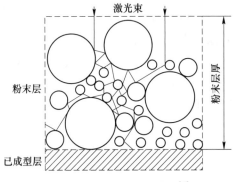

图 4-5　激光在粉末中传输[1]

4.1.4.3　成分对激光吸收率的影响

A　单质粉末对激光的吸收率

单质粉末对不同波长激光的吸收率见表 4-2，其测试条件为：激光功率密度为 $1 ~ 10^4$ W/cm^2，高纯氩气气氛。表 4-2 表明，粉末的吸收率随着激光波长的不同而不同，金属和碳化物对激光的吸收率随着激光波长的增加而减小。

表 4-2　不同的单质粉末对不同波长激光的吸收率[1]

粉　末	吸　收　率	
	$\lambda = 1064$ nm	$\lambda = 10640$ nm
Cu	0.59	0.26
Fe	0.64	0.45
Sn	0.66	0.23
Ti	0.77	0.59
Pb	0.79	—
Co 基合金（1% C，28% Cr，4% W）	0.58	0.25

粉　末	吸　收　率	
	$\lambda = 1064$ nm	$\lambda = 10640$ nm
Cu 基合金（10% Al）	0.63	0.32
Ni 基合金 I（13% Cr, 3%B, 4% Si, 0.6%C）	0.64	0.42
Ni 基合金 II（15% Cr, 3.1% Si, 0.8% C）	0.72	0.51
ZnO	0.02	0.94
Al_2O_2	0.03	0.96
SiO_2	0.04	0.96
BaO	0.04	0.92
SnO	0.05	0.95
CuO	0.11	0.76
SiC	0.78	0.66
Cr_3C_2	0.81	0.70
TiC	0.82	0.46
WC	0.82	0.48
$NaNO_2$	0.16	0.80
NaCl	0.17	0.60
聚四氟乙烯（polytetrafluoroethylene）	0.05	0.73
聚甲基丙烯酸酯（poly methyl acrylate）	0.06	0.75
环氧聚醚基聚合物（epoxy polyether-based polymer）	0.09	0.94

粉末对不同波长激光的吸收机理不同，导致其吸收率不同。金属对激光的吸收取决于接近费米能级（Fermi level）的电子状态，主要发生在 10 nm 级的表层范围内。而绝缘体在缺少激发的情况下，只有束缚电子，对激光的吸收主要通过晶格振动，聚合物则通过分子振动方式吸收激光。通常，同一材料对激光的吸收机理非常复杂，其机理也会因激光光谱区的变化而变化。

B　混合粉末对激光的吸收率

表 4-3 为铁基合金与碳化钛混合粉末对不同波长激光的吸收率。可以发现，碳化钛在混合粉末中的体积分数越大，混合粉末对激光的吸收率也就越大。因为碳化钛对激光的吸收率较高，所以混合粉末对激光的吸收率也高。

表 4-3　铁基合金（Fe-alloy）与碳化钛（TiC）混合粉末对激光的吸收[1]

粉　　末	吸　收　率	
	$\lambda = 1064$ nm	$\lambda = 10640$ nm
Fe 基合金（3%C, 3% Cr, 12% V）+10% TiC	0.65	0.39
Fe 基合金（0.6%C, 4% Cr, 2% Mo, 1% Si）+15% TiC	0.71	0.42
Fe 基合金（1% C, 14% Cr, 10% Mn, 6% Ti）+66% TiC	0.79	0.44

表 4-4 为镍基合金（Ni-alloy I）与聚合物的混合粉末对激光的吸收率。可以发现，

其吸收率满足关系式 $\alpha_A = \alpha_{A1}\gamma_1 + \alpha_{A2}\gamma_2$，其中，$\gamma_1$ 为粉末 1 的体积分数，α_{A1} 为粉末 1 对激光的吸收率，γ_2 为粉末 2 的体积分数，α_{A2} 为粉末 2 对激光的吸收率。但是，该吸收率的关系式只适合聚合物与金属的混合粉末。

表 4-4　二元混合粉末（Ni-alloy Ⅰ + epoxy polyether- based polymer）对激光的吸收率[1]

Ni-alloy Ⅰ（质量分数）/%	吸　收　率	
	$\lambda = 1064$ nm	$\lambda = 10640$ nm
100	0.72	0.51
95	0.68	0.54
50	0.38	0.69
25	0.23	0.76
0	0.09	0.94

4.1.4.4　粉末颗粒粒径对吸收率的影响

表 4-5 为不同颗粒粒径的镍基合金（Ni-alloy Ⅰ）粉末对激光的吸收率。可见，粉末颗粒粒径分布对激光的吸收率基本上没有太大的影响。

表 4-5　铁基合金（Ni-alloy Ⅰ）粉末颗粒粒径对激光（1064 nm）吸收率的影响[1]

D/μm	<50	50～63	63～100	100～160
α_A	0.64	0.65	0.62	0.62

4.1.4.5　粉末熔化过程对吸收率的影响

粉末对激光的吸收率受粉末热物理性能、颗粒重组、相变和残留氧等的影响，激光作用于粉末的熔化过程取决于激光功率密度。如果激光功率密度低，则烧结过程会因热平衡而停止；如果激光功率密度高，则粉末会熔化，孔隙率急剧减小，直到完全熔化，从而影响粉末对激光的吸收。

综上所述，金属粉末对激光的吸收率不仅受碳、镍、铬、锰、铜等成分的影响，还受粉末堆积特性、激光波长、颗粒重组、相变、残留氧以及温度等的影响。

4.1.5　SLM 成型过程温度、应力及应变场

因多数液态金属熔点超过 1000 ℃，所以 SLM 成型过程中温度变化较大，容易产生热应变和热应力，致使 SLM 制件内部存在残余应力。此外，SLM 成型过程控制不好，容易产生层间结合不良现象，导致成型过程失败。SLM 成型过程中，激光束在极短时间（0.5～25 ms）内熔化金属粉末，金属熔点高，使得温度动态变化较大，成型过程中的温度变化会带来相应的热应力和热应变的实时变化。直接测量这些实时变化的温度、应力和应变会较困难，用理论的方法借助有限元数值模拟方法研究 SLM 成型过程，可揭示温度场、热应力场以及热应变场的分布情况，为优化工艺参数、扫描策略提供了重要的技术手段，也为 SLM 成型技术提供了理论支持。

明确 SLM 成型过程的温度场，计算出温度应力，就可揭示温度梯度对 SLM 成型过程的应力、应变的影响规律。由于 SLM 成型过程中热膨胀只产生线应变（初应变），剪应变

为零，因此热应力有限单元法求解温度（热）应力的基本思路是：首先计算温度梯度引起的初应变，然后求解相应初应变引起的等效节点载荷（温度载荷），接着求解温度载荷引起的节点位移，最后通过节点位移求得热应力。

（1）预热方法。预热可使熔池周围的温度梯度减小，减小因热应变引起的残余热应力。预热至 400 ℃，SLM 制件的残余拉应力可减小至 400 MPa。

（2）扫描策略方法。调整扫描策略可以改变成型过程的温度梯度。SLM 成型过程的温度变化会造成残余应力产生，主要有以下两方面的原因：1）制件的截面通过平行扫描矢量扫描成型，如果扫描区域面积小，则出现较短的扫描矢量。当相邻的扫描路径顺次扫过时，相邻扫描路径间没有较长的时间冷却，导致较高的成型温度。而当扫描区域较大时，激光扫描时间长，相邻扫描路径间有较长时间冷却，导致扫描区域内较低的成型温度。成型温度高产生较好的润湿条件，有利于提高材料的相对密度；成型温度低则产生较差的润湿条件，降低材料的相对密度。2）粉末和固体的导热系数不同导致成型过程中温度随时间的变化而变化。金属粉末熔化时，材料的相对密度增加（如从 40% 增至 95%）。当扫描较小面积区域时，周围粉末的隔离致使较少的热量散失，而大的扫描区域则会产生相对较多的热量散失，尤其是制件的角落位置更是如此，较高温度的作用会产生更好的润湿条件和更高的成型相对密度。为此，可采用变扫描矢量长度，分块变向扫描策略，设置较短的扫描矢量长度，降低成型过程中的温度梯度，提高材料的润湿性，减小残余应力。

（3）退火后处理方法。SLM 制件经退火处理可减小残余应力。例如，SLM 制件经 600 ℃ 保温约 1 h 的退火处理，残余拉应力可减小至只有 200 MPa。还可通过成型过程中即时退火处理来实现对成型轨迹的退火处理，如采用双激光器实现这一消除残余应力的方案。

4.1.6 熔池动力学及稳定性

激光束作为加热并熔化金属粉末材料的热源，当其作用到固体材料表面时，被作用的材料经历了加热（温度升高）和发生变化的过程。在激光束与材料作用过程中，激光束向金属表面层的热传递是通过逆轫致辐射效应实现的，高功率密度的激光束（$10^5 \sim 10^7$ W/cm^2）在很短的时间（$10^{-4} \sim 10^{-2}$ s）内与材料发生交互作用。这样高的能量足以促使材料表面局部区域很快被加热到上千摄氏度，使之熔化甚至汽化，随后借助尚处于冷态基材的换热作用，使很薄的表面熔化层在激光束离开之后快速凝固，冷却速度可达 $10^5 \sim 10^9$ K/s。一旦激光功率密度使材料的温度高于熔化温度，材料表面将产生等离子体。等离子气体会在激光作用区的金属表面上形成"蒸气羽"或等离子体。当激光功率密度很高时，由于金属汽化量很大，将可看到激光作用区出现类似"火山口"的形态，"火山口"周围有一圈较高的凸起，此时熔池中由金属液体形成的等离子流严重冲击熔池而使金属液体向四周溅射。停止激光照射后，可在金属表面看到金属升华后的痕迹。

（1）熔池动力学。在 SLM 成型过程中，高能激光束连续不断地熔化金属粉末形成熔池，熔池内流体动力学状态及传热传质状态是影响 SLM 过程稳定性和制件质量的主要因素。在 SLM 成型过程中，材料吸收激光的能量而熔化，由于高斯光束光强的分布特点，即光束中心处的光强最大，因此在熔池表面沿径向方向存在温度梯度，也就是熔池中心的温度高于边缘区域的温度。熔池表面的温度分布不均匀，导致表面张力也分布不均匀，从而在熔池表面上存在表面张力梯度。对于液态金属，一般情况下，温度越高，表面张力越小，即表面张力温度系数为负值。表面张力梯度是熔池中流体流动的主要驱动力之一，它使流体从表面张力低的部位流向表面张力高的部位。对于 SLM 所形成的熔池，熔池中心部位温度高，表面张力小；熔池边缘温度低，表面张力大。因此，在表面张力梯度的作用下，熔池内液态金属沿径向从中心向边缘流动，在熔池中心处由下向上流动，如图 4-6 所示。同时，剪切力会促使边缘处的材料沿着固液线流动，在熔池的底部中心，熔流相遇然后上升到表面，这样在熔池中形成了两个具有特色的熔流漩涡，这个过程称为 Marangoni 对流。在这个过程中，向外流动的熔流造成了熔池的变形，从而导致熔池表面呈现出鱼鳞状的特征。

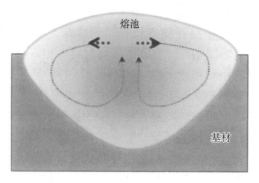

图 4-6　熔池内部熔体流动示意图[1]

（2）熔池的稳定性。SLM 成型过程是由线到面、由面到体的 3D 打印过程，高能激光束作用形成的金属熔化道能否稳定连续存在，直接决定了最终制件的质量。由不稳定收缩理论（pinch instability theory，PIT）可知，液态金属体积越小，其稳定性越好；同时，球体比圆柱体具有更低的自由能。液态金属的体积主要是由激光光斑的尺寸和能量决定的，尺寸大的光斑更易形成尺寸大的熔池，进入熔池的粉末也就更多，熔池的不稳定程度也增加。同时，光斑太大会显著降低激光功率密度，由此易产生黏粉、孔洞以及结合强度下降等一系列缺陷。光斑的尺寸太小，激光照射的金属粉末会吸收太多的能量而汽化，显著增加等离子流对熔池的冲击作用，故需要控制好光斑的尺寸才能保证熔池的稳定性。同时，因球体比圆柱体具有更低的自由能，所以液柱状的熔池有不断收缩、形成小液滴的趋势，引起表面发生波动；当符合一定条件时，液柱上两点的压力差会促使液柱转变为球体，这就要求激光功率和扫描速度具有良好的匹配性。在 SLM 成型过程中，随着激光功率增大，熔池中的金属液增多，熔池形成的液柱稳定性减弱。一方面，激光功率越大，所形成的熔池面积越大，就会有更多的粉末进入熔池，导致熔池的不稳定性增加；另一方面，激光功率太大会使熔池深度增大，当液态金属的表面张力无法与其重力平衡时，其将沿两侧向下流，直至熔池变宽变浅，使两者重新达到平衡状态。

（3）微熔池熔化与凝固。SLM 成型采用的激光束直径通常为 100 μm 左右，激光器调制脉冲输出脉宽为 100~150 μs。在激光熔化金属粉末材料的过程中，激光与材料相互作用的区域非常小，形成的熔池尺寸在 100~200 μm 之间，称为微熔池。

在单一组分金属粉末的激光直接熔化成型过程中，激光在任一金属粉末颗粒上的持续辐照时间很短，一般在 0.5~2.5 ms 之间。因此，粉末颗粒的熔化和凝固是在瞬间完成的，在如此短暂的热循环过程中，一般只能通过粉末颗粒的黏性流动或者以熔化的方式来形成快速黏结。对单组分金属粉末来说，即使是在接近熔点的温度下，粉末黏度依然很高，故很难表现出有效的黏性流动来使成型件致密化，故熔化-凝固机制是唯一可行的机制。

粉末颗粒在激光照射下，温度升高，粉末原子振动幅度加大、发生扩散，接触面上有更多的原子进入原子作用力的范围内，颗粒间的连接强度增大，即连接面上原子间的引力增大，形成黏结面，并且随着黏结面的扩大，原来的颗粒界面处形成熔化连接界面。单组分金属粉末的激光熔化成型过程一般可分为三个阶段：第一个阶段，部分颗粒表面局部熔化，粉末颗粒表面微熔液相使颗粒之间具有相互的引力作用，使表面局部熔化的颗粒黏结相邻的颗粒，此时产生微熔黏结的特征；第二个阶段，金属粉末颗粒吸收能量进一步增加，表面部分熔化量相应增多，熔化的金属粉末达到一定量以后形成金属熔池，随着激光束的移动，在以体积力和表面力为主的作用力驱动下，熔池内的熔体呈现相对流动状态，同时产生粉末飞溅；第三个阶段，熔体在熔池中对流，不仅加快金属熔体的传热，而且还将熔池周围的粉末黏结起来，进入熔池的粉末在流动力偶的作用下很快进入熔池内部。沿激光移动方向的截面内，熔池前沿的金属颗粒不断熔化，后沿的液相金属持续凝固，随着激光束向前运动，在光束路径内逐步形成连续的凝固线条，最终实现成型。

4.2　选区激光熔化的工艺方法

4.2.1　SLM 的成型过程

SLM 的成型过程与 SLS 非常相似，均由前处理、分层激光烧结和后处理组成。其主要区别，首先是 SLM 熔融金属材料的温度极高，通常要使用惰性气体，如氩气或氮气来控制氧气的气氛；其次 SLM 使用单纯金属粉末，而 SLS 使用添加了黏结剂的混合粉末，使得成品质量差异较大，如图 4-7 所示。

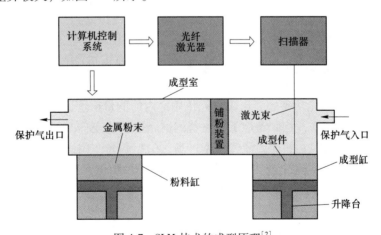

图 4-7　SLM 技术的成型原理[2]

整个工艺装置由粉料缸和成型缸组成，首先在计算机上利用三维造型软件设计出零件的三维实体模型，然后通过切片软件对该三维 CAD 数据模型进行路径扫描、计算机逐层读入路径信息文件、计算机根据原型的切片模型控制激光束的二维扫描轨迹，有选择地烧结固体粉末材料以形成零件的一个层面；然后成型缸下降一个加工层厚的高度，同时粉料缸上升一定的高度，铺粉装置将粉末从粉料缸刮到成型缸，设备调入下一层轮廓的数据进行加工，如此重复，层层熔化并堆积成组织致密的实体，直至三维零件成型。不同于 SLS 工艺的成型过程，SLM 工艺的成型过程需要支撑结构、气体保护等，工艺参数不当的情况下熔池搭接还会产生球化现象。

（1）支撑机构。在加工成型时，需要支撑机构。支撑机构的作用是承接下一层未成型粉末层，防止激光扫描到过厚的金属粉末层，发生塌陷；由于成型过程粉末受热熔化冷却后，内部存在收缩应力，易导致零件发生翘曲等，用支撑结构连接已成型部分与未成型部分，可有效抑制这种收缩，能使成型件保持应力平衡。

（2）气体保护。整个加工成型过程，是在通有惰性气体保护的加工室中进行，以避免金属在高温下与其他气体发生反应。但是目前这种技术受成型设备的限制，无法成型出大尺寸的零件。

（3）球化现象。SLM 成型过程中的球化现象应引起重视。球化现象通常是指在增材制造过程中，金属粉末在激光束作用下形成熔融状态的熔池，工艺参数不同导致冷却后的熔池形状不同，形成多个熔池相互搭接形貌，从而构成零件整体，未能搭接的熔池则会部分或者全部形成独立的金属球。球化现象对 SLM 成型过程和质量有影响，会使成型层留有大量孔隙，降低零件的强度和致密度，而且也妨碍下一粉末层的铺放，成型质量会变差，成型的过程也受到影响。

球化现象主要出现在低功率、高扫描速率和较大层厚情况下，即较低激光能量密度时球化现象比较明显，可以通过适当地调整激光功率、扫描速度、扫描间隔、铺粉厚度、保护气氛等工艺参数减弱球化现象。大部分的单一金属粉末在激光作用下都会发生球化现象，如镍粉、锌粉、铝粉和铅粉等，其中，铝粉和铅粉球化现象最为明显、铁粉的球化现象不是很明显，其球化的颗粒也较小。实验证明，在采用惰性气体保护时，球化现象明显减弱。

4.2.2　SLM 的工艺参数

SLM 的工艺参数主要包括激光功率、光斑直径、扫描速度、扫描间距、铺粉厚度等，如图 4-8 所示。

（1）激光功率。激光功率主要影响激光作用区内的能量密度。激光功率越高，激光作用范围内的能量密度越高，相同条件下，材料的熔融也就越充分，越不易出现粉末夹杂等不良现象，熔化深度增加。然而，激光功率过高，引起激光作用区内能量密度过高，易产生或加剧粉末材料的剧烈汽化或飞溅现象，形成多孔状结构，致使表面不平整，甚至翘曲、变形。

（2）扫描速度。单层扫描成型体表面质量与扫描速度有着密切的关系。高功率快速扫描时，制件表面粗糙，这是熔池中的对流造成的，而对流是熔池温度梯度引起的表面张力梯度所致。低速扫描会增加熔池的驻留时间，减弱温度梯度、表面张力梯度及对流强度，使粉末熔化充分，从而得到较好的表面粗糙度。但是速度过低时，粉末吸收激光能量增加，会在制件表面产生明显的波纹状，影响其表面的质量。

（3）扫描间距。扫描间距是指相邻两激光束扫描行之间的距离，直接影响传输给粉末能量的分布和成型体的精度。一般情况下，扫描间距小于金属粉末的熔融宽度，当扫描间距大于熔融宽度时，扫描区域彼此分离，使相邻两条熔化区域之间黏结不牢或无法连接，导致成型件的表面凹凸不平，严重影响制件的强度。扫描间距过小，扫描线重叠严重，相邻区域的部分金属重复熔化，导致粉末熔化，成型效率降低，制件产生翘曲和收缩缺陷，甚至引起材料汽化、变形。

（4）铺粉厚度。每层粉末的厚度等于工作平面下降一层的高度，即层厚，在工作台上铺粉的厚度应等于层厚。当制件要求较高的表面精度或产品强度时，层厚应取较小值。厚度越小，层与层结合强度越高，产品强度越高，表面质量越好，但是会导致打印效率下降、成型总时间成倍增加。

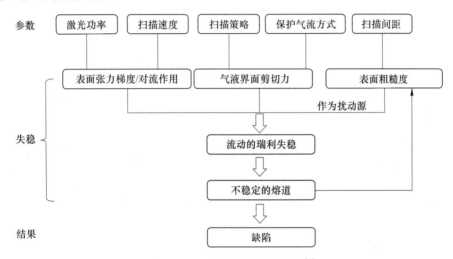

图 4-8 SLM 成型缺陷形成机制[3]

4.3 选区激光熔化的特点

4.3.1 优点

（1）零件成型精度高。激光光斑的直径非常小，加工出来的金属零件具有很高的尺寸精度，一般可达 0.1 mm，表面粗糙度可达 $Ra\ 25\sim50\ \mu m$。光斑能量高，可以熔化较高熔点的金属，所以相较于传统的单金属材料加工，SLM 可以加工混合金属制成品，可供选用的金属粉末种类范围广。

（2）零件致密性好。SLM 使用相应的金属粉末制造零件，由于单纯金属粉末的致密性，相对密度可接近 100%，大大提高了金属制件的性能。由材料直接制成终端金属制品，缩短了成型周期。同时，解决了传统机械加工中复杂零件加工死角等问题，可用于制造复杂的金属零部件。

4.3.2 缺点

（1）加工制造工艺相对复杂。SLM 是一项工艺复杂的加工制造技术，涉及众多参数，如粉末粒度、扫描速度、激光功率和扫描方式等。这些参数对 SLM 加工过程、产品外形及性能有不同程度的影响，且参数之间也相互影响。如果对这些参数加以控制，就可得到成型良好、性能优异的成型件。如果工艺参数不合理，则会在 SLM 过程中出现一些典型工艺问题，如球化、孔隙、残余应力及应变等，对成型件的显微组织产生不利影响。

（2）需要用高功率密度的激光。为保证成型精度以及得到高致密性金属零件，SLM工艺要求激光束能聚焦到几十微米大小的光斑，以较快的扫描速度熔化大部分的金属材料，并且不会因为热变形影响成型零件的精度，这就需要用到高功率密度的激光器，但是高功率密度激光器价格昂贵。

（3）工艺成本高。目前工业级别的 SLM 设备价格较高。国外 SLM 设备售价为 500万~700 万元人民币，这还不包括后续的材料费用等，一般制造企业通常承担不了如此高的成本。从市场的角度来说是非常不利于 SLM 推广的，如何降低工业用 SLM 增材制造设备的成本也是近年来亟待解决的重要问题。

4.4　选区激光熔化的设备

选区激光熔化设备是集合了光学、电气与机械技术的综合性结构系统。图 4-9 为 SLM设备硬件的总体设计结构图，主要由四大模块组成：激光光路系统、振镜扫描系统、铺粉系统以及气体循环系统。从方案设计过程来看，激光光路系统、振镜扫描系统与气体循环系统需要与设备总体工作参数相吻合，只需要产品符合工作要求，而铺粉系统则需要根据设计要求完成结构设计与参数设定，因此，铺粉系统设计是整体设备设计中最为主要的设计任务。

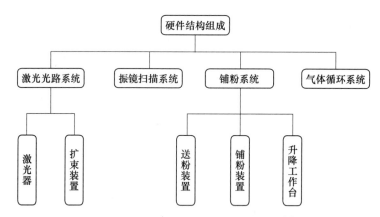

图 4-9　选区激光熔化设备硬件模块图[4]

除了以上主要系统之外，SLM 设备组成还包括放置所有仪器的机柜箱。机柜箱一般需要考虑防漏电、防漏水、防振动以及固定方便等方面的功能。显示窗口应该充分考虑美观性与实用性。还有其他一些辅助设备，如照明设备、保证成型过程中不会出现意外的门锁控制以及安全警报装置等。

激光光路系统的核心组成是激光器与扩束装置。激光器是 SLM 设备中最为核心的组成部分。如果希望最终打印件的致密度较高，就必须选用高功率激光器；要想得到很高的零件打印精度，就必须将扫描光斑的直径控制在 100 μm 以内。传统 CO_2 激光器产生的是波长为 10.6 μm 的光束，但是金属粉末对这类波长光的吸收率很差，大约 90% 的能量会被表面反射，所以在 SLM 设备中一般不会选择这类 CO_2 激光器。近年来，几乎所有的 SLM 设备均采用光纤激光器，其具有电光转换比高、光斑聚焦稳定、性能可靠、体积小和质量轻等优点，在金属 3D 打印中具有很高的使用价值。

SLM 成型过程中，振镜扫描系统如果能够既迅速又准确地进行目标点坐标运算，使得激光光斑能精确定位在加工面的需求位置，那么整个成型系统就能够以极高的效率运行。在振镜扫描系统中，反射镜主要由 X 镜片和 Y 镜片以及驱动这两个镜片的电动机组成。X、Y 镜片是激光光束完成光路反射的基础，其控制电动机是关键。

铺粉系统主要由升降工作台、送粉装置和铺粉装置组成。升降工作台作为零件成型过程的工作区域，其上安装着成型缸、送粉缸、铺粉装置。成型缸是零件最终成型的地方，送粉缸负责将加工原材料运输到工作面上，再通过铺粉装置将其平整地铺在激光扫描区域上。

气体循环系统通过不断地维持气体的流动，并且让这些气体经过物理、化学处理，保证了在 SLM 成型的整个过程中，密闭工作空间一直保持低氧、干燥的环境，在很大程度上降低危险性，延长精密仪器的寿命。

（1）激光光路系统光学原理。一个完整的激光光路系统通常由激光器、扩束镜、聚焦系统组成，现有的聚焦系统主要有两种，一种是静态聚焦系统，一种是动态聚焦系统。一般而言，选择不同的聚焦系统依据的是所需要扫描区域的大小。

（2）伺服电动机及密封成型室。伺服电动机驱动进给系统是以机床移动部件的位移和速度为控制对象的自动控制系统。由于伺服电动机具有运行平稳、摩擦阻力小、灵敏度高、启动无颤动、低速无爬行和能够精密控制进给量等优势，在机床进给系统中有较为广泛的应用。伺服电动机主要根据负载条件来选择，加载在电动机轴上的负载主要有负载转矩和负载惯量两种，其中负载转矩主要占电动机转矩的 10%~30%，转子惯量 J_M 一般不小于负载惯量 J_1，两者的匹配关系与电动机类型有关。

选区激光熔化成型是采用高能量激光束将金属粉末完全熔化，熔化液冷却后凝固成金属零件，如果是在大气环境下进行烧结，成型件极易被氧化。如果氧化现象出现，被加工件的表面粗糙度、加工精度、内部性能都将受到很大的影响。表面氧化将使成型件的表面粗糙度增加，内部氧化则会使得成型件的力学性能降低。因此，为了避免缺陷，提高成型件的成功率，加工过程要在超低氧含量环境下进行。一般采用氩气作为保护气体，氩气为惰性气体，不会与金属粉末发生反应，而且氩气比空气密度大，可以更加接近成型件表面，能够很好地起到防止零件氧化的效果。同时，为了操作方便，设备安装了照明装置。另外，因为加工原料为微米级的金属粉末，加工过程中容易发生粉末飞溅现象，所以一般将成型室设计为全密闭结构。

（3）铺粉装置。铺粉装置作为选区激光熔化设备中最重要的机械部件，应能铺出粉末均匀分布而且致密性好的粉层，这对最终的零件成型质量具有关键性的影响。高质量粉末是制造一个高精度成型件的前提，铺粉装置得到利于工艺加工的粉层则是决定最终零件成型质量的关键。

选区激光熔化设备的铺粉装置无外乎两种，一种是用圆筒进行滚动式铺粉的滚筒式铺粉装置，另一种是利用一个类似于刀具一样的刮刀来刮过粉末，得到加工粉层的刮刀式铺粉装置。滚筒式铺粉装置如图 4-10 所示，电动机带动滚筒在工作平台上从左向右移动，同时滚筒自身也在不停地做着旋转运动。SLM 成型所采用的原材料是金属粉末，金属粉末颗粒之间是分离的，虽然其粒径很小，但是颗粒与颗粒之间仍然存在着一定的间隙。由于这些间隙的存在，松散粉末的相对密度只有 30% 左右。采用滚筒式铺粉方式能够通过滚筒的转动将这些松散的粉末压紧，尽量减少金属粉末间的间隙数量，从而能够最大限度地提高粉层的致密度，但是这种铺粉方式也存在着一些不足。首先，这种结构在滚动压紧的过程中需要消耗大量的粉末，而且用这种方式所铺的粉层厚度一般在 $50 \sim 250~\mu m$，粉层厚度过大，不利于成型层与前一层搭接。其次，在滚压的过程中滚筒表面很容易沾上金属粉末，随之而来的后果就是这些附着在滚筒上的粉末会使得被碾压过的地方出现凹坑，从而破坏粉层表面的平整性，这对最终零件表面的打印效果有很大影响。此外，不同的粉末所需要的滚动平移速度和转动速度是不一样的，所以打印不同粉末材料的时候需要重新测试，优化工艺参数。

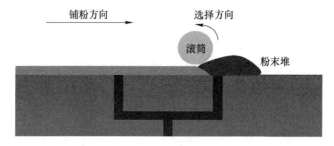

图 4-10　滚筒式铺粉装置示意图[4]

与滚筒式铺粉装置不同，刮刀式铺粉装置结构非常简单，只需要电动机带着刮刀沿着铺粉方向移动过去就可以，整个过程中对速度和高度等控制相较于滚筒式的要更为简单。如图 4-11 所示，刮刀式铺粉装置的基板与工作平面平行，需要铺粉时控制基板下降一个层厚的距离，形成下凹式的结构。当刮刀带着粉末移动时，粉末掉落至凹槽内，得到一个层厚的粉层，激光启动完成扫描后继续下降一个层厚距离，刮刀继续刮粉，依次循环。这种运动方式的好处在于粉末能够借助刮刀的挤压以及刮板和成型缸四壁的挤压得到具有较高致密度的粉层。由于 SLM 过程中的加工层厚很小，所以驱动刮刀完成左右移动的电动机需要有较高的稳定性，而对于运动精度和复位精度等则要求不高，同时考虑到在零件制

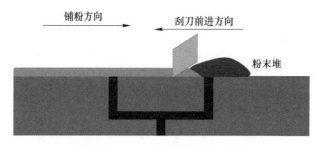

图 4-11　刮刀式铺粉装置示意图[4]

造时成型室内的温度会比较高，所以在选择驱动系统和传动系统时要采用耐高温材料。

刮刀式铺粉装置采用螺纹式刀具结构，以便在需要的时候进行刀具的更换和清理。在刀具材料的选择上，通常有两种方案。1）采用金属质地的材料作为刀具的材料，而且一般来说是具有极高硬度的材料。在 SLM 中加工层厚度一般都比较小，约为 $50~\mu m$，铺粉过程中很有可能会出现某一层面上由于金属颗粒过大而形成一个小凸点的情况，而且小凸点的高度高于粉层厚度，会影响下一层激光的扫描，形成连锁反应。如果选择金属刀具，当刮刀经过这个小凸点的时候，会将这个凸点刮平，从而避免后续加工的缺陷累积。但是选择金属刮刀的缺点也很明显，其在不断来回左右刮擦过程中会对工作平台表面产生磨削，时间长了会导致加工层厚等参数出现误差。2）选择橡胶作为刮刀材料，这样能够最大限度地降低不断刮擦对工作面的影响，但是刮刀对小凸点的处理能力也会相应降低。

（4）气体循环系统。鉴于 SLM 工艺对氧含量的高度敏感性，减少成型过程中材料与氧气的接触显得十分重要，对于 SLM 设备成型室的气体循环系统十分关键。因此，目前的一些新型设备中，开发者对已有的选区激光熔化设备进行改进，增加了气体循环系统，如图 4-12 所示。

在此系统中，吸气和充气保持一点压差，确保通气的时候可以保持一定的压力，而吸气的时候可以保证气体沿着压力小的管道流出。吸气管道中还安装了消声器，以减轻气体循环过程中由于压差而产生的噪声。成型室内的保护气体通过进气管道并被循环驱动器泵至过滤器，在过滤器

图 4-12　选区激光熔化设备气体循环系统

中将气体中夹杂的烟尘、粉末和飞溅颗粒等拦截下来，并对保护气体做进一步净化，最后将通过吸气管道泵入成型室内，完成保护气体的循环、净化和利用。该系统不但结构简单，而且由于整个系统是闭合的，气体损失少，效率高。在成型之前，通过将系统抽真空降低成型室内的气压，然后充入保护气体，使氧含量降到 0.05% 以下，就可以启动该系统。配合氧浓度检测系统，控制系统自动进行检测、反馈，维持成型室内的低氧状态，从而减少保护气体的消耗，降低 SLM 的成型成本，改善 SLM 设备的操作性能，提高 SLM 设备的智能化程度。

（5）控制系统。控制系统控制着整个 SLM 成型加工过程，其好坏将影响加工速度、加工精度和加工效率，直接影响制件的成型质量，是 SLM 设备的核心，其控制难点在于要协调各个硬件之间的关系，保证系统安全稳定的运行。SLM 控制系统的控制对象主要有激光光路系统和机械传动系统两大部分，通过对这两部分的控制，实现 SLM 控制系统的功能要求。激光光路系统的控制主要包括激光器和振镜的控制，机械传动系统控制主要包括工作平台的升降动作的控制和铺粉装置动作的控制。以采用滚筒式铺粉装置的 SLM 设备为例，其控制系统硬件组成如图 4-13 所示。

（6）实时监控反馈。针对 SLM 控件实时监控反馈系统的研究还比较少，从目前公开的信息来看，商品化 SLM 设备相对科研型设备增加人性化操作功能，如粉末的自动过筛或者重复利用、氧含量的实时监测等。EOS 公司 M290 具有一些实时监测功能，以确保打印过程的质量和稳定性，包括激光功率监测、温度监测、每一层金属粉末的厚度实时监

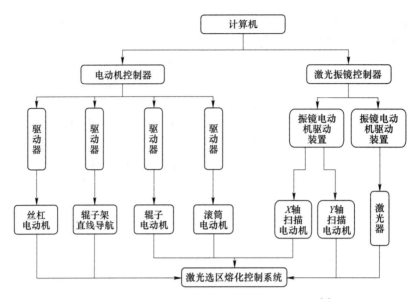

图 4-13　选区激光熔化控制系统硬件组成框图[4]

测、粉末质量监测以及打印过程气氛监测，优化金属粉末的熔化和凝固过程，以获得更好的打印质量。这些实时监测功能可以帮助操作人员及时调整打印参数，优化打印过程。

4.4.1　国外的 SLM 设备

目前，欧美等发达国家在 SLM 设备的研发及商业化进程上处于领先地位。早在 1995 年，德国的 Fraunhofer 就提出 SLM 技术，并于 2002 年研制成功。随后，2003 年底，德国 MCP-HEK 公司生产出第一台 SLM 设备，利用该设备成型的制件致密度高达 100%，可以直接应用于工业领域。德国的 EOS GmbHElectro Optical Systems 公司于 1989 年在德国慕尼黑成立，是目前全球最大，也是技术最为领先的选区激光增材制造成型系统的制造商，其产品在全球金属 3D 打印机市场占有率达 30% 以上。该公司最新推出的 EOSINT M290 和 M400 激光熔融系统，采用的是 Yb-fibre 激光发射器，具有高效能、长寿命、光学系统精准度高的特点，可成型零件尺寸最大为 250 mm×250 mm×325 mm，如图 4-14 所示。

(a)　　　　　　　　　　　　　　　(b)

图 4-14　EOS GmbHElectro Optical Systems 公司推出的 SLM 设备

（a）EOS M290 成型范围 250 mm×250 mm×325 mm，分层厚度 20~100 μm，数据接口 Stl，成型精度 50~200 μm；

（b）EOS M400 成型范围 400 mm×400 mm×400 mm，分层厚度 20~100 μm，数据接口 Stl，成型精度最高 20 μm

EOS 公司提供世界著名的快速成型设备制造服务以及制造方案，从数据模型直接进行快速立体制作，实现弹性大、低成本的制造模式，这种制造方式能够符合从单件产品制造到大量生产的不同市场需求。EOS 设备打印精度和打印质量均居于行业领先位置，主要快速成型产品有 Formigap 系列、Eosintp 系列、Eosints 系列和 Eosrntm 系列等，服务的产品涵盖了汽车、飞机、发动机、医疗、民用、机电设备、工业工具等领域，其所倡导的 Design Driven Manufacturing 对于传统的制造产业发挥了互补功能。

SLM Solution 公司是一家总部位于德国吕贝克的 3D 打印设备制造商，专注于 SLM 技术。该公司成立初期致力于真空铸造工艺，SLM 系统在 2000 年投放市场，用于金属钢、钴铬合金、钛等金属粉末材料的工具、自由化设计件和植入体制备。SLM Solution 公司开发了一系列可以成型金属的 3D 打印机，制备致密度可达 100% 的金属制件。金属件或者模具可以被分层制造，层厚仅为 30 μm，红外激光束沿着分层路径把金属粉末完全熔融，具体参数见表 4-6。

表 4-6　国内外工业级 SLM 设备主要参数[3]

制造商	设备机型	激光类型及能量	成型尺寸
EOS	Precious M080	100 W 光纤激光	ϕ80 mm×95 mm
	EOS M100	200 W 光纤激光	ϕ100 mm×95 mm
	EOS M290	400 W 光纤激光	250 mm×250 mm×325 mm
	EOS M400	4×400 W 光纤激光	400 mm×400 mm×400 mm
SLM Solutions	SLM ® 125	400 W 光纤激光	125 mm×125 mm×125 mm
	SLM ® 280	400 W/700 W 光纤激光	280 mm×280 mm×365 mm
	SLM ® 500	2×700 W 光纤激光	500 mm×280 mm×365 mm
	SLM ® 800	4×700 W IPG 光纤激光	500 mm×280 mm×850 mm
Concept Laser	Mlab cusing	100 W 光纤激光	70 mm×70 mm×80 mm
	M1	200 W 光纤激光	250 mm×250 mm×250 mm
	M2	400 W 光纤激光	250 mm×250 mm×350 mm
	X LINE 2000R	2×1 kW 光纤激光	800 mm×400 mm×500 mm
Realizer GmbH	SLM 50	100 W 光纤激光	70 mm×70 mm×80 mm
	SLM 100	200 W 光纤激光	125 mm×125 mm×200 mm
	SLM 300	400 W 光纤激光	250 mm×250 mm×300 mm
	SLM 125	400 W 光纤激光	125 mm×125 mm×200 mm
Renishaw	AM 250	SPI400W 脉冲激光	250 mm×250 mm×300 mm
	AM 500	4×500 W 光纤激光	250 mm×250 mm×350 mm
3D Systems	DMP Flex 100	100 W 光纤激光	100 mm×100 mm×90 mm
	ProX ® DMP 200	300 W 光纤激光	140 mm×140 mm×100 mm
	ProX ® DMP 300	500 W 光纤激光	250 mm×250 mm×300 mm
	DMP Flex 350	500 W 光纤激光	275 mm×275 mm×380 mm

续表 4-6

制造商	设备机型	激光类型及能量	成型尺寸
铂力特	BLT-A100	200 W 光纤激光	100 mm×100 mm×100 mm
	BLT-A300	500 W 光纤激光	250 mm×250 mm×300 mm
	BLT-S310	500 W 光纤激光	250 mm×250 mm×400 mm
	BLT-S400	2×500 W 光纤激光	400 mm×250 mm×400 mm
华曙高科	FS121M	200 W 光纤激光	120 mm×120 mm×100 mm
	FS271M	500 W 光纤激光	275 mm×275 mm×320 mm
	FS421M	500 W 光纤激光	425 mm×425 mm×420 mm
易加三维	EP-M100T	100 W 光纤激光	120 mm×120 mm×80 mm
	EP-M150	200 W 光纤激光	ϕ153 mm×240 mm
	EP-M250	500 W 光纤激光	262 mm×262 mm×350 mm
雷佳增材	DiMetal-50	75 W 光纤激光	262 mm×262 mm×350 mm
	DiMetal-100	200 W 光纤激光	105 mm×105 mm×100 mm
	DiMetal-100D	500 W 光纤激光	105 mm×105 mm×100 mm
	DiMetal-280	400 W 光纤激光	270 mm×270 mm×280 mm
	DiMetal-300	500 W 光纤激光	250 mm×250 mm×300 mm
	DiMetal-500	2×500 W 光纤激光	500 mm×250 mm×300 mm

4.4.2　国内的 SLM 设备

2000 年开始，国内 SLM 产业化设备已初步接近国外产品水平，改变了该类设备早期依赖进口的局面。在国家和地方政府的支持下，全国目前建立了多个 SLM 服务中心，设备用户遍布医疗、航空航天、汽车、军工、模具、电子电器、船舶制造等行业，极大地推动了我国 SLM 制造技术的发展。2014 年，武汉华科三维科技有限公司推出了 HK 系列设备，该类设备材料利用率超过 90%，适合钛合金、镍合金等贵重和难加工金属零部件制造，其中 HK M250 采用 Fiber laser 400W 激光器，可成型尺寸为 250 mm×250 mm×250 mm。

2015 年，湖南华曙高科技有限公司研发了全球首款开源可定制化的金属 3D 打印机 FS271M，该产品具有两大特点：一是控制系统软件开源，二是设备的安全性高。目前该设备已经升级至 FS273M，如图 4-15（a）所示，其承袭了 FS271M 的开源和优良品质，增加了双激光配置，基板加热温度可达 200 ℃，具有更好的密封性和全新的风场设计，使得全幅面的打印质量和均匀性得到极大的改善，打印效率、质量和产品的成熟度进一步得到了提升。FS273M 在 FS271M 基础上进行了全面创新进化，设备成型缸 Z 方向加高，同时，送粉缸尺寸加大，打印过程无需加粉。其升级的过滤系统，使得滤芯寿命大大提升，减少使用成本，循环过滤系统和设备集成一体，更加节约场地资源。与此同时，该公司目前针对航空航天批量生产开发了高效增材制造 FS621M-U 金属 3D 打印机，如图 4-15（b）所示，系列设备的成型尺寸达 620 mm×620 mm×1700 mm（含成型基板厚度），并采用二级过滤和双模块设计，总过滤面积达 40 m²，标配永久滤芯，以满足航空航天用户进行大尺寸部件超长时间加工的需求，双模块循环过滤系统，为 7×24 h 生产提供了更均匀的风场和更洁净的工作腔环境，并可实时切换，为生产高品质部件提供有力保证。

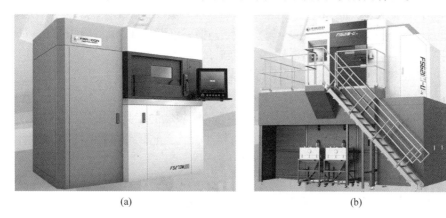

(a)　　　　　　　　　　(b)

图 4-15　华曙高科技有限公司研发的金属 3D 打印机

（a）FS273M；（b）FS621M-U

西安铂力特增材技术股份有限公司（简称"铂力特"）成立于 2011 年 7 月，是中国领先的金属增材制造技术全套解决方案提供商，现自主研发并生产了 BLT-A100、BLT-A300、BLT-S210、BLT-S310、BLT-S320、BLT-S400、BLT-S450、BLT-C600 等十余个型号的金属增材制造装备。其中，BLT-S500 首次在全球实现单向 1500 mm 级大尺寸 SLM 3D 打印，填补了国内外空白，达到国际先进水平；BLT-S600 型号设备突破了四光束联动扫描与拼接等关键技术，实现了三向 600 mm 大尺寸 3D 打印，成型尺寸、成型精度处于国际先进水平。BLT-C400 是铂力特基于激光立体成型技术开发出的金属 3D 打印高效成型设备，主要应用于航空、航天等领域的大尺寸零部件成型及修复，其高沉积效率可快速完成零部件制备，加快产品的研制进程，缩短迭代周期。设备成型尺寸可达 400 mm×400 mm×400 mm，成型件的整体力学性能达到锻件水平，如图 4-16（a）所示。

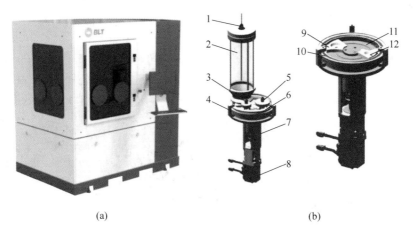

(a)　　　　　　　　　　(b)

图 4-16　BLT-C400（a）和 BLT-SFQ 型送粉器（b）

1—超声波物位计；2—储粉桶；3—载粉器进气口；4—紧固卡扣；5—载粉气出气口；6—压环；
7—联轴器；8—送粉电机；9—铺粉块；10—密封垫；11—送粉盘；12—吸粉块

为了达到金属粉输送的稳定性及送粉精度，铂力特自主研发了 BLT-SFQ 型送粉器。该送粉器配备有两个送粉筒，每个送粉筒均可独立控制。送粉器采用伺服电机+减速机架构，集成超声波物位计检测实时粉量，能够实现远程控制送粉速度，实现与控制系统的集成。送粉器的送粉整体精度可以控制在 5%，单筒最大金属粉装载量可以达到 1.4 L，如图 4-16（b）所示。

4.5　选区激光熔化的应用

SLM 增材制造的应用范围比较广，主要用于机械领域的工具及模具、生物医疗领域的生物植入零件或替代零件、电子领域的散热元器件、航空航天领域的超轻结构件、梯度功能复合材料零件。

（1）多材料金属 3D 打印机应用实例。图 4-17 是由 DiMetal-300 多材料金属 3D 打印机成功打印的部分实例，该设备可一次性成型 1~4 种材料，实现多材料零件的一次性加工成型，满足复杂位置零件对材料性能的多元化需求，进一步提高零件在复杂使用场景及工况下的材料设计空间。

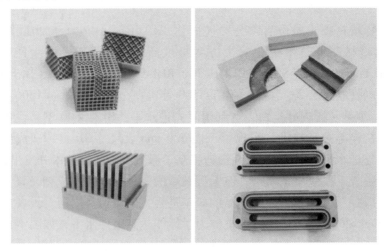

图 4-17　DiMetal-300 多材料金属 3D 打印机成功打印的部分实例

（2）SLM 成型铝合金复杂结构件。德国 EOS 公司利用 SLM 工艺成型的铝合金在力学性能等方面优于直接制造的复杂结构的铝合金铸件，目前，该公司利用 SLM 工艺成型的 AlSi10Mg 合金已成功应用在航空和汽车制造业。图 4-18 为 SLM 工艺成型的合金零件。

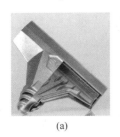

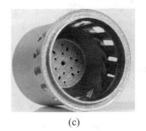
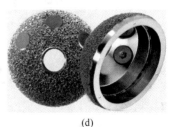

(a)　　　　　　　(b)　　　　　　　(c)　　　　　　　(d)

图 4-18　EOS 公司利用 SLM 工艺成型复杂结构铝合金件

（a）EOS MaragingSteel MS1；（b）EOS Aluminum AlSi10Mg；（c）EOS Nickel Alloy IN718；（d）EOS Titanium Ti64ELI

（3）专业级金属 3D 打印助力医疗航天。2020 年 4 月 3 日，铂力特面向全球发售齿科专业级金属 3D 打印机 BLT-A160，采用无螺钉基材，可以自由摆放零件，最大限度利用基材表面空间，实现更多产出。BLT-A160 全幅面成型尺寸 160 mm×160 mm×100 mm，满版可排 340~380 颗牙冠、24 个立式口腔支架或 12 个卧式口腔支架，单次产出更多，产品实物图如图 4-19 所示。

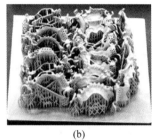

（a）　　　　　　　　　　（b）　　　　　　　　　　（c）

图 4-19　BLT-A160 成型满版产品实物图

（a）钴铬合金牙冠（340 颗）；（b）钛合金口腔支架-立式（24 个）；（c）钛合金口腔支架-卧式（12 个）

图 4-20（a）为铂力特大尺寸设备 BLT-S600 一次打印完成的机匣，打印总工时 5 天。传统铸造工艺中，大尺寸和薄壁结构一直是难以突破的技术壁垒，由于冷却速度不同，在铸造薄壁结构金属零件时，会出现难以完成铸造或者铸造后应力过大导致零件变形的情况。金属 3D 打印技术可以完美解决该问题，激光光斑对金属粉末逐点熔化，局部结构的良好控制保证了零件整体的性能。BLT-S600 制备的机匣零件壁厚最薄处仅 2.5 mm，成型尺寸为 $\phi576$ mm×200 mm，远超国内外其他同类产品。图 4-20（b）为 3D 打印一次成型的内部镂空减重风扇叶片，与传统机械加工相比，加工周期短，节约原材料，内部镂空区域设计空间大，可实现造型多样化。

（a）　　　　　　　　　　　（b）

图 4-20　BLT-S600 一次打印完成的机匣（a）和铂力特生产的发动机叶片（b）

（4）航天火箭发动机大尺寸喷管一体化快速制造。江苏深蓝航天有限公司是国内早期将 3D 打印技术作为生产手段的火箭研制公司，2021 年 7 月，该公司完成了国内首次液氧煤油火箭垂直起飞和垂直降落的飞行回收试验；同年 10 月，再次成功完成百米级垂直回收飞行试验；2022 年 5 月，又成功完成千米级垂直回收飞行试验；6 月底，深蓝航天 20 t 级液氧煤油发动机"雷霆-R1"试车圆满成功。目前，深蓝航天公司已经成为世界上除了

SpaceX 以外，第二家完成液氧煤油火箭垂直回收复用全部低空工程试验的公司。在火箭自主制造能力建设方面，该公司采用华曙高科面向航空航天批量生产的高效增材制造系统 FS621M，进行了新的金属增材制造工程应用探索。深蓝航天公司发动机中 80% 以上零部件采用增材制造工艺生产，如图 4-21 所示。

图 4-21　3D 打印发动机部件
（打印设备 FS621M，打印材料铝合金，样件尺寸 590 mm×590 mm×88 mm
产品要求：成型尺寸大，精度和表面粗糙度高，整体性能好，无焊接）

利用增材制造技术一体化和轻量化制造的特点，大幅减少零部件的数量并提高产品的生产速度，同时获得优质的产品性能，提高产品的可靠性。收扩段是火箭发动机中将高压、高温燃气的热能转换为动能，产生推力的核心部件，其具有复杂的内型面和再生冷却通道，内部密排上百条流道夹层，一体化设计程度和成型要求较高，传统的机加工、焊接工艺实现代价很高，周期很长，报废率高。通过华曙高科 3D 打印工艺能够实现其一体化制造成型，将产品"设计—实验改进"的周期缩减 80% 以上，如图 4-22 所示。

图 4-22　航天火箭发动机收扩段
（打印设备 FS621M Pro；打印材料 FS IN718；样件尺寸 600 mm×496 mm×558 mm）

4.6　选区激光熔化成型的组织及力学性能

选区激光熔化增材制造技术适用于大部分金属材料构件成型，但是由于激光能量密度不足，能量作用区域小，冷却速度较快，会导致构件中裂纹的形成，不适用于成型钛铝合金和高温合金等高温金属材料的大尺寸结构件，常用于铝合金、不锈钢和钛合金等材料的成型与制造，本节对上述材料的 SLM 成型组织和力学性能的有关研究进行简要介绍。

4.6.1 铝合金

铝合金是应用量仅次于钢的第二大广泛应用的金属，主要得益于其低密度、比钢轻 1/3、耐腐蚀以及优异的物理和化学性能。铝合金的 SLM 制造过程面临着粉末中容易形成氧化物、粉末的流动性差、对常见激光吸收率低、导热率高等难题，尤其是铝合金的高热导率和低的激光能量吸收使得其需要较高的能量才能实现粉末的熔化。因此，如何实现 SLM 制造铝合金组织性能的调控和缺陷控制是目前该合金 SLM 制件应用亟待解决的关键问题。

4.6.1.1 SLM 成型铝合金的缺陷

A 孔隙形成

目前，SLM 成型铝合金中主要存在两类孔隙缺陷，第一类具有小尺寸的球形形貌（可达几十微米），称为冶金孔隙，常为气孔和氢气孔，主要是初始金属粉末表面存在的水分以及吸附的氢造成的[5]。第二类孔隙具有不规则的形貌，尺寸较大，通常跨越几个层厚，各向异性，且具有扁平的盘状形状[6]，如图 4-23 所示，称为"匙孔"或"未熔合"孔，可以发现孔隙包裹着未熔化粉末，是铝合金熔化和凝固过程中形成的氧化物造成的[7]。孔隙的类型取决于成型过程的扫描速度，如图 4-24 所示[8]。扫描速度越快，匙孔越多，这与熔池不稳定以及熔池区域的不完全熔化和填充有关。一定扫描速度范围内，冶金孔隙随着扫描速度降低而增加。

图 4-23　Al-Si10-Mg 合金 SLM 重复 CT 检测[6]

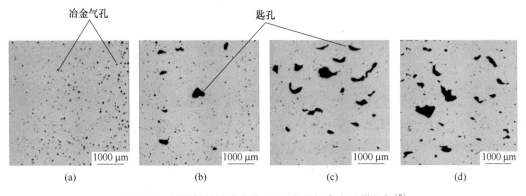

图 4-24　随着扫描速度变化 SLM 成型铝合金显微组织[8]

（a）扫描速度最慢时形成冶金气孔；（b）~（d）随着扫描速度增加，冶金气孔数量减少，匙孔数量增加

B　裂纹形成

SLM 成型的凝固过程中柱状晶沿着温度梯度方向生长，在界面处留下枝晶间液体，同时，由于冷却过程中的体积收缩，会导致裂纹形成，如图 4-25 所示[9]。在凝固过程的最后阶段，由于收缩、热应力以及缺乏液体填充，凝固裂纹会沿着晶界形成和生长，匙孔模式熔化导致晶粒具有更高的取向差，加剧裂纹的萌生[10]。此外，凝固过程中超过材料屈服强度的残余应力促进了裂纹的扩展。

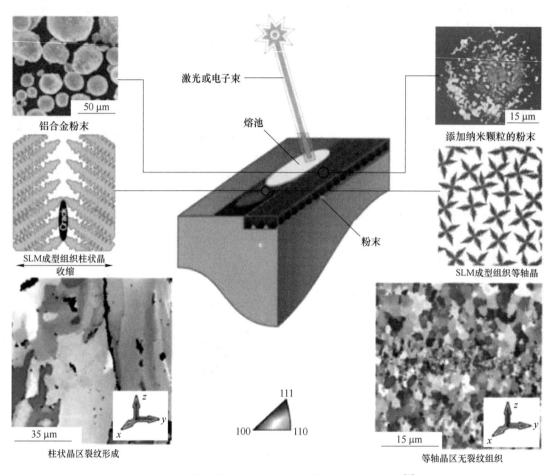

图 4-25　晶格匹配纳米颗粒增强高强铝合金显微组织[9]

C　表面缺陷

SLM 成型件中会形成各种类型的表面缺陷，如表面孔隙和表面光洁度差等。SLM 成型件的表面粗糙度是机械加工表面粗糙度的 4~5 倍[11]，较高的表面粗糙度是由于球化现象和卫星粉共同作用形成的，如图 4-26 所示。球化现象与扫描速度有关，扫描速度越高，球化特征越显著[12]。过度球化现象会阻止粉末层间的均匀沉积，引发制件制造失败[13]。

4.6.1.2　SLM 成型铝合金的组织与力学性能

SLM 成型过程中材料受到定向传热和高温度梯度的作用，由于激光束的跨层穿透和沉

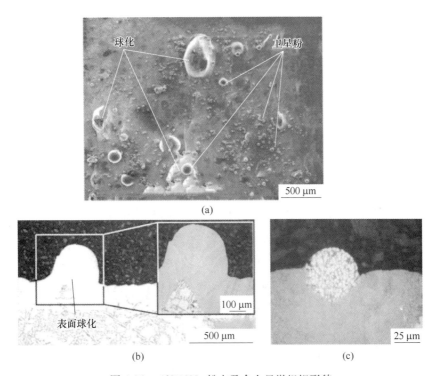

图 4-26　AlSi10Mg 粉末及合金显微组织形貌

（a）AlSi10Mg 样品表面的球化和卫星粉；（b）AlSi10Mg 样品表面球化的横截面微观组织图像；

（c）卫星粉在 AlSi10Mg 的单扫描轨迹上横截面微观组织图像[11]

积层的内部传热，制件被多次重熔。成型过程中凝固及冷却速率（$10^3 \sim 10^8$ K/s）较快，随着激光功率和扫描速度的增加，制件中形成具有亚稳相的细晶组织，不同于铸造方法获得的传统凝固粗大柱状晶组织，SLM 成型与铸造成型制件的微观组织对比如图 4-27 所示[14]。

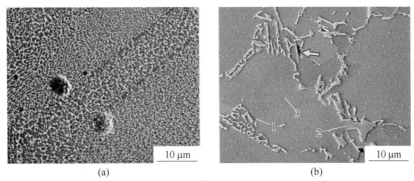

图 4-27　不同工艺下的 AlSi10Mg 合金的微观组织[14]

（a）SLM 成型；（b）铸造成型

1—Al-Si 共晶；2—弥散 Si；3—含 Fe 金属间化合物

Guo Y W 等人[15]研究了 SLM 成型 A357+0.2Er 铝合金的拉伸性能，拉伸曲线和断口形貌如图 4-28 所示，屈服强度、抗拉强度和伸长率分别为（297±4.6）MPa、（441.3±6.7）MPa

和（8±1）%。拉伸曲线中没有观察到明显的颈缩，断口中发现了被拉长的韧窝，这些韧窝的尺寸与亚晶胞相似。在拉伸过程中，气孔周围会形成应力集中，导致裂纹形成，随后断口会沿着胞状晶界扩展，形成大量的拉长韧窝，SLM 成型铝合金断裂方式表现为韧性断裂。此外，Read[16]报道了 SLM 成型 AlSi10Mg 合金的抗蠕变性能与传统加工材料相当。由于 SLM 成型铝合金具有较高的位错密度，位错相互缠结并充当障碍，能够显著提高其变形抗力。

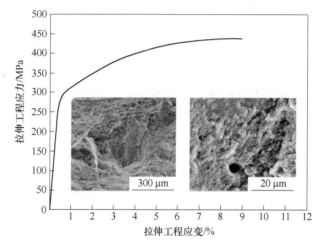

图 4-28   SLM 成型 A357+0.2Er 合金的拉伸曲线及断口组织形貌[15]

4.6.2 　钛与钛铝合金及复合材料

Jiang 等人[17]研究了工艺参数和扫描策略对 SLM 成型 TA15 钛合金表面质量的影响。随着激光功率（P）和扫描速度（v）的变化，SLM 成型合金中形成不同的微观组织形貌，如图 4-29 所示。当激光能量较高时，充分熔化的大体积熔池在重力和毛细管力作用下下沉形成悬垂结构，进而形成大尺寸团聚体，降低表面质量，如图 4-29（a）所示。随着输入能量降低，大尺寸凹坑、挂渣以及未熔合粉末剥落形成规则孔隙，如图 4-29（i）所示。相比之下，适中的能量输入有利于形成最佳表面粗糙度，主要是由于熔池体积较小，冶金结合充分，成型合金致密度较高，如图 4-29（h）所示[17]。因此，当激光功率 P 为 50 W、激光扫描速度 v 为 2000 mm/s、扫描间距 H 为 40 μm 时，交叉重熔策略条件下成型的 TA15 悬垂结构件的表面粗糙度仅为 27.17 μm。

SLM 成型钛合金的力学性能常表现出明显的各向异性。Zhou 等人[18]研究了 SLM 成型 Ti-13Nb-13Zr 合金的组织和力学性能。在激光功率（P）325 W、扫描速度（v）1000 mm/s、扫描层厚度（d）30 mm 以及扫描距离（h）120 mm 的工艺参数条件下，使用连续激光进行层间的交替锯齿状扫描。由于前一层的重熔和热梯度的作用，β 柱状晶会沿成型方向生长，而扫描方向上主要由细小等轴晶组成，最终导致水平截面的纳米硬度（5.18±0.2）GPa 高于垂直截面（4.63±0.2）GPa。沿着扫描方向的纵向试样极限抗拉强度（UTS）为（1020±15）MPa，屈服强度（YS）为（794.63±15）MPa，略高于垂直扫描方向的横向试样（UTS 为（996±13）MPa、YS 为（794±15）MPa）。由于完全熔化和反复重熔，

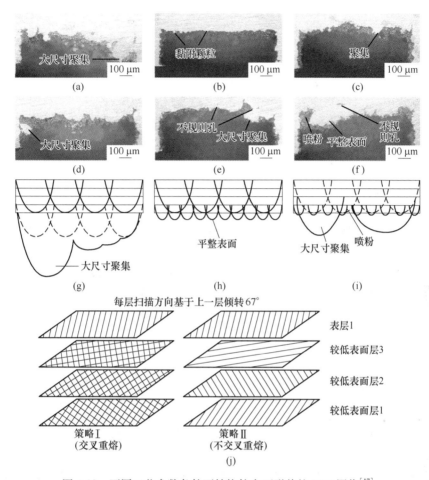

图 4-29 不同工艺参数条件下结构件表面形貌的 SEM 图像[17]

（a）$P=190$ W，$v=2050$ mm/s，$H=100$ μm（交叉重熔）；（b）$P=50$ W，$v=2000$ mm/s，$H=40$ μm（交叉重熔）；

（c）$P=50$ W，$v=4000$ mm/s，$H=40$ μm（交叉重熔）；（d）$P=190$ W，$v=2050$ mm/s，$H=100$ μm（非熔）；

（e）$P=50$ W，$v=2000$ mm/s，$H=40$ μm（非重熔）；（f）$P=50$ W，$v=4000$ mm/s，$H=40$ μm（非重熔）；

（g）高能量输入 1.81 J/mm²；（h）中能量输入 0.63 J/mm²；（i）低能量输入 0.31 J/mm²；（j）扫描策略

合金中没有出现明显的元素偏析，且 SLM 成型过程中冷却速率较快，组织得到显著细化，抗拉强度提高[18]。

Xie 等人[19]研究发现在 Ti-6Al-4V 合金 SLM 成型过程中，成型方向会影响冷却速率，进而影响材料的组织和力学性能。如图 4-30 所示，与沿厚度方向成型的 SLM-1 试样相比，沿着长度方向成型的 SLM-2 试样的冷却速率更小，层间重熔面积更大。因此，如图 4-31（a）~（c）所示，SLM-1 试样中 α/α′ 相比例较高，同时存在少量 α″ 相（β 和 α′ 中间相），导致 SLM-1 试样的抗拉强度较高，但塑性较差，其抗拉强度和伸长率分别为 1236 MPa 和 8.5%。与之相比，如图 4-31（d）~（f）所示，沿着长度方向成型的 SLM-2 试样中 α/α′ 相比例较高，残余 β 相的比例较高，抗拉强度较低，塑性较好，极限抗拉强度和伸长率分别为 1065 MPa 和 13.6%。

Zhou 等人[20]研究了不同基板预热温度条件下 SLM 成型 Ti-15Mo 合金的致密化、组织

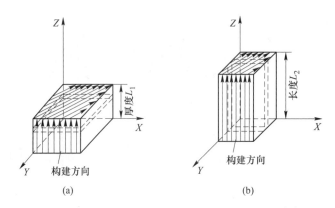

图 4-30　SLM 成型 Ti-6Al-4V 合金的打印策略[19]

（a）SLM-1 沿厚度方向（L_1）；（b）SLM-2 沿长度方向（$L_2 > L_1$，沿着虚线剖面进行显微组织观察）

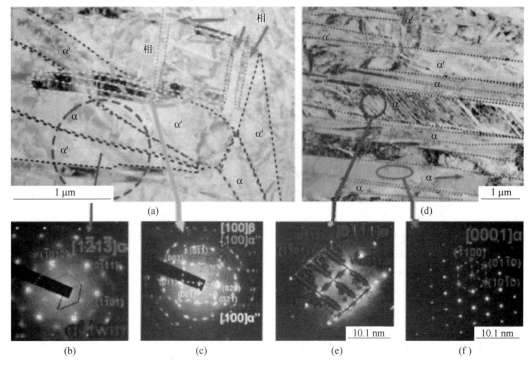

图 4-31　SLM 成型 Ti-6Al-4V 合金沿着厚度和长度方向的明场 TEM 及 SAED 图像[19]

（a）~（c）厚度方向；（d）~（f）长度方向

和力学性能。随着基体预热温度的升高，SLM 成型 Ti-15Mo 合金的相对密度增大，缺陷类型由微裂纹和小孔混合缺陷转变为小孔单一缺陷；试样的平均晶粒尺寸依次为：试样 Ⅰ（11.21 μm）<试样 Ⅱ（14.74 μm）<试样 Ⅲ（20.69 μm），如图 4-32 所示。

　　图 4-33 为不同基板预热温度条件下 SLM 成型 Ti-15Mo 合金的抗拉强度和显微硬度。当基板预热温度为室温时，试样 Ⅰ 的极限抗拉强度和屈服强度分别为（1134±20）MPa和（1105±12）MPa，伸长率为（8.36±1.5）%；随着基板预热温度升高至 100 ℃，SLM成型试样 Ⅱ 的极限抗拉强度降至（854±15）MPa，屈服强度降至（688±13）MPa，伸长率

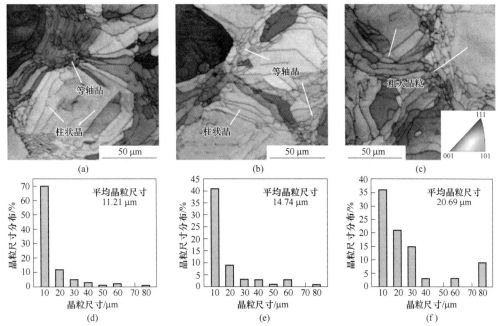

图 4-32　不同基板预热温度条件下 SLM 成型 Ti-15Mo 合金组织特征：
试样Ⅰ(a)、试样Ⅱ(b) 和试样Ⅲ(c) 的 IQ+IPF 图；试样Ⅰ(d)、试样Ⅱ(e) 和
试样Ⅲ(f) 的晶粒尺寸统计[20]；SLM 成型过程中温度-时间曲线[20]

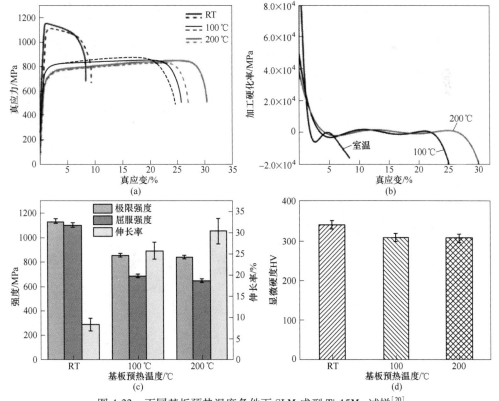

图 4-33　不同基板预热温度条件下 SLM 成型 Ti-15Mo 试样[20]
(a) 真应力-应变曲线；(b) 加工硬化率；(c) 屈服强度、极限抗拉强度和伸长率；(d) 显微硬度

提高至（25.75±2）%；随着基板预热温度进一步升高至 200 ℃，试样Ⅲ的极限抗拉强度和屈服强度无明显变化，伸长率提高至（30.39±3）%。同时，基板预热温度越高，SLM 成型试样的硬度越低，试样Ⅰ、Ⅱ和Ⅲ的硬度 HV 分别为 341±10、308±10 和 307±10。此外，随着基板预热温度升高，试样中微裂纹和孔形成减少，有利于塑性提高，而晶粒尺寸增大，位错密度降低，不利于强度的提高。试样Ⅰ具有细小的晶粒尺寸、ω 相、高的位错密度和 z 形孪晶，这是其高硬度和高强度的主要原因。

Guo 等人[21] 研究了 SLM 成型 Ti6Al4V/B₄C 复合材料的组织和力学性能。如图 4-34（a）所示，SLM 成型 Ti-6Al-4V 合金中形成网格状的 β 晶界和针状的 α′ 相；如图 4-34（b）所示，随着 B₄C 含量（质量分数，下同）增至 0.05%，复合材料的显微组织中针状 TiB、晶须状 TiB 和颗粒状 TiC 原位自生形成，且颗粒分布均匀。随着 B₄C 含量增加，材料强度和应变先增大后减小。当 B₄C 含量为 0.05% 时，复合材料的压缩强度和压缩应变分别为 2021 MPa 和 29.98%，比 SLM 成型 Ti-6Al-4V 合金分别提高了 8.02% 和 79.95%。随着 B₄C 含量的进一步增加，材料的抗压强度和应变降低。同样，当 B₄C 含量为 0.05% 时，材料抗拉强度和伸长率分别为 1225 MPa 和 14.17%，比 Ti-6Al-4V 合金分别提高了 7.74% 和 55.71%[21]。

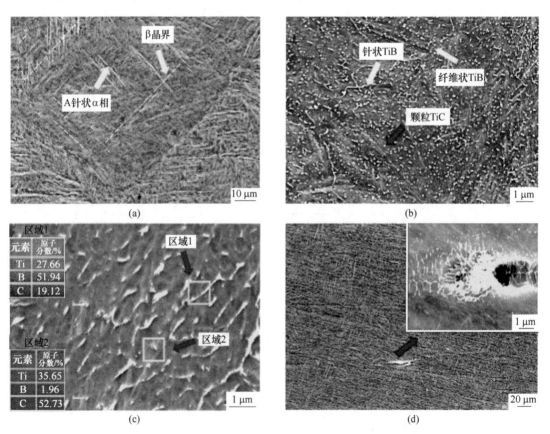

图 4-34　SLM 成型 Ti6Al4V/B₄C 复合材料显微组织 SEM 图像及 EDS 能谱分析[21]

（a）Ti-6Al-4V；（b）TibAl4V/0.05%B₄C；（c）区域元素含量；（d）孔洞形貌

图 4-35 为 SLM 成型钛基复合材料拉伸断口形貌的 SEM 图像。可见，Ti-6Al-4V 合金试样的拉伸断口既有河流花样又有韧窝，表现为韧性和脆性混合断裂。含有（质量分数）0.05% B_4C 的钛基复合材料中韧窝数量和深度增加，与拉伸测试结果一致，存在少量断裂的针状颗粒界面，部分针状或晶须状 TiB 颗粒通过纤维拔出效应有效增强了材料基体的韧性，如图 4-35（b）所示。但随着 B_4C 含量的进一步增加，韧窝数量减少，复合材料的塑性降低。B_4C 对钛基复合材料力学性能的影响主要为细晶强化以及原位自生增强体的弥散强化。原位自生增强体尺寸小，可作为 α 相的形核位点细化晶粒，通过细晶强化提高材料的强度和塑性。同时，原位自生增强体与基体结合良好，形成弥散强化作用，阻碍位错运动，提高复合材料的强度。但当 B_4C 含量较高时，原位自生增强体容易聚集，造成应力集中；同时，会残留少量未反应 B_4C 颗粒，导致材料力学性能下降[21]。

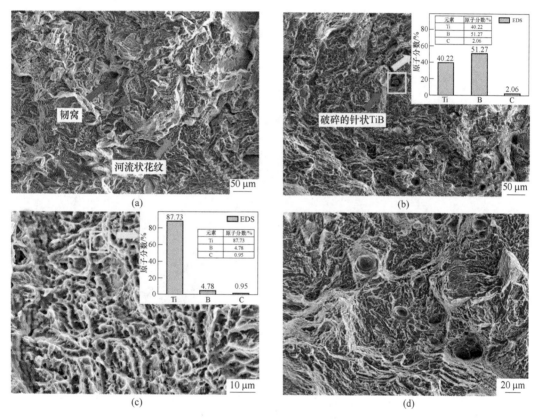

图 4-35　不同 B_4C 含量钛基复合材料拉伸断口形貌[21]

（a）0%；（b）0.05%；（c）0.3%；（d）0.5%

Li 等人[22] 利用 SLM 125HL（SLM Solutions，Germany）制备了含有稀土元素（Y）的 Ti-45Al-8Nb 合金，研究表面添加稀土元素（Y）对气雾化 Ti-45Al-8Nb 粉末微观结构和激光吸收率以及成型性能的影响。结果表明，Y 的添加显著提高了 Ti-45Al-8Nb 粉末的 SLM 可打印性，制备获得了无宏观裂纹的样品。随着稀土元素 Y 添加，合金粉末的表层结构发生如下改变：粉末颗粒表面结构发生改变，外层主要由 Al_2O_3 和 Y_2O_3 组成，内表面层以富钛氧化物为主，其中 Ti-45Al-8Nb-0.3Y 粉末的氧化层总厚度约为 37.1 nm，比 Ti-45Al-8Nb

合金粉末的氧化层厚度少了 31.3%，Ti-45Al-8Nb-0.3Y 粉末表面氧化物增加了激光吸收比，更多的激光输入能量能够作用于 TiAl 合金粉末的熔化，这一理论为其他对裂纹敏感材料的 SLM 成型提供了预防裂纹形成的理论基础[22]。

4.6.3　不锈钢

Almangour 等人[23]研究了 SLM 成型 316L 复合材料的微观组织演化，发现快速凝固引起的晶界强化和晶粒细化，以及 TiB$_2$ 颗粒形成的异质成核点有助于 316L 复合材料的强化。如图 4-36（a）所示为 316L 不锈钢样品的显微组织 SEM 图像，其组织为等轴晶，平均晶粒尺寸为 2 mm；与铸造 316L 不锈钢组织相比，SLM 成型 316L 样品的晶粒尺寸更为细小，主要是 SLM 成型过程中的快速冷却所致。如图 4-36（b）～（e）所示，由于 TiB$_2$ 纳米颗粒充当成核位点以辅助异质形核，随着 TiB$_2$ 增强体含量增加，SLM 成型 316L 复合材料显微组织中晶粒尺寸显著下降，从而达到晶粒细化的效果。

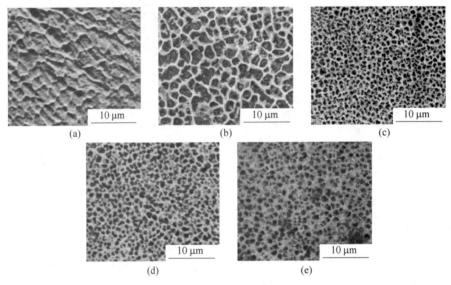

图 4-36　不同含量 TiB$_2$ 增强体的 316 L 纳米复合材料显微组织[23]

（a）0%；（b）2.5%；（c）5%；（d）10%；（e）15%

Zeng 等人[24]采用双激光束的 SLM 设备 BLT-S400 成型了 316L 不锈钢试样，如图 4-37 所示，A 组（900 ℃×2 h 热等静压）与 B 组试样（无后处理）在表面上有明显的差异。图 4-37（b）和（d）为 B 组试样微观组织形貌，可见，SLM 成型样品中存在未融合区域和粉末飞溅引起的球形缺陷，当激光功率和速度不佳时，打印层中存在未完全融化而凝固形成的孔隙。基于热等静压后处理，A 组试样的缺陷明显减少，如图 4-37（a）和（c）所示，通过热等静压后处理，金属表面未熔化的球形缺陷再结晶并析出树枝晶，熔化区间隙变小，说明内部残余应力得到释放，材料的致密度得到有效改善。

图 4-38（a）为 SLM 成型 316L 不锈钢的准静态拉伸试验结果。可见，A 组和 B 组试样的应力-应变曲线均没有表现出明显的屈服点。A 组试样应力-应变曲线的离散性比 B 组

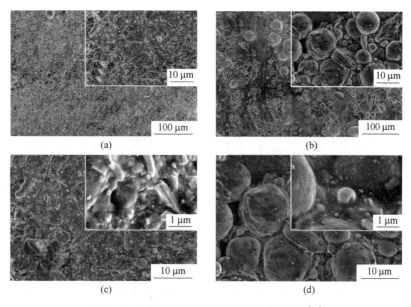

图 4-37　SLM 成型的 316L 不锈钢表面形貌[24]

（a）A 组表面（10~100 μm）；（b）B 组表面（10~100 μm）；（c）A 组表面（1~10 μm）；（d）B 组表面（1~10 μm）

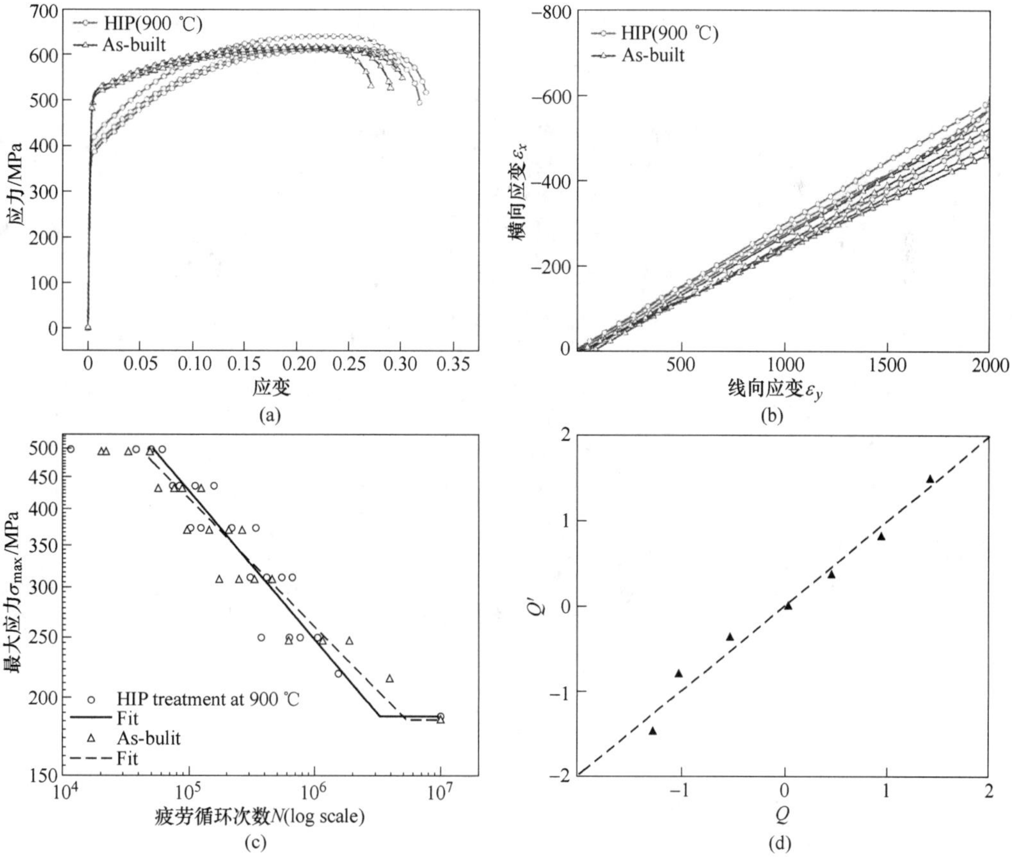

图 4-38　SLM 成型 316L 的力学性能曲线[24]

（a）应力-应变曲线；（b）横向应变-纵向应变曲线；（c）S-N 曲线；（d）Q-Q′图

略大，而且 A 组试样具有较高的极限应力、较高的延展性和较低的屈服强度，相比未热等静压的试样，经过热等静压后处理试样的抗拉强度、弹性模量和伸长率均有所提高。疲劳性能如图 4-38（c）和（d）所示，A 组和 B 组试样的疲劳寿命在 30%的应力水平下都超过了 10^7 次。

4.6.4　高温合金

Wang 等人[25]利用 SLM 工艺在 *XY* 平面内打印镍基高温合金样品，以旋转 67°的策略逐层扫描抑制了热裂纹的形成，其中 SLM-NY 和 SLM-Y 分别为 Y 元素含量（质量分数）为 0 和 0.68%的 SLM 成型镍基高温合金。图 4-39（a）和（c）为 SLM-NY 的 *YZ* 平面的微观组织，可见，SLM-NY 的熔池呈凹形，虚线划定了其边界。熔池宽度和深度分别为（170.4±20.1）μm 和（108.9±28.3）μm，柱状晶粒在单熔池内呈锥形分布，柱状晶是由激光热源的功率分布不均匀及其在熔池边界（MPBs）的波动能量输出引起的[26]。熔池中心能量较高，柱状枝晶主要向着熔池中心方向生长。如图 4-39（b）和（d）所示，SLM-Y 试样中熔池叠加，在 *YZ* 平面内为半椭圆形，熔池宽度和深度分别为（192.4±30.7）μm 和（37.5±10.3）μm，比 SLM-NY 试样中的熔池浅。如图 4-39（e）和（f）所示，SLM-NY 试样的平均一次枝晶臂间距为（0.5±0.1）μm，小于 SLM-Y 试样（0.8±0.1）μm。粉末不完全熔化，在 SLM-NY 试样中形成不规则孔隙；由于熔池平整以及柱状枝晶沿着<001>方向优先生长，SLM-Y 试样微观组织中没有不规则的孔隙形成。

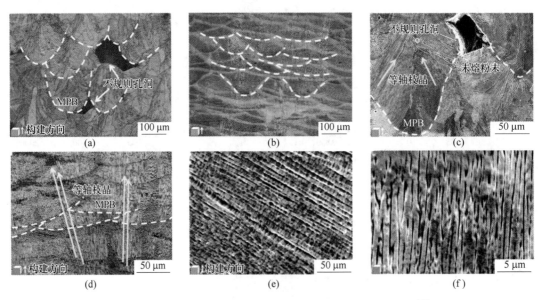

图 4-39　SLM 镍基高温合金 *YZ* 平面微观组织形貌 SEM 图像[25]

（a）（c）（e）SLM-NY；（b）（d）（f）SLM-Y

Wang 等人[27]研究了 SLM 成型 CM247LC 镍基高温合金的微观组织和力学性能，结果表明，SLM 成型 CM247LC 的屈服强度与晶界中的析出相、颗粒尺寸以及组织中 γ′ 相的析出有关。图 4-40 为 SLM 成型 CM247LC 横切面的 STEM 图像，可以明显观察到颗粒内部以及边界处出现的位错，其中许多位错是成对出现的，这些位错被认为是由富 Hf/W/Ti/Ta

的析出相导致的。在 SLM 成型过程中，上述析出相能够作为阻碍导致位错塞积，从而提高材料强度，也可能会导致裂纹形成。图 4-41 为通过不同方式制备的 CM247LC 高温合金的屈服强度、极限强度以及伸长率。本研究中的 CM247LC 合金平均屈服强度为 792 MPa，略高于经热处理后的铸造 CM247LC 合金，但是伸长率十分有限，这可能是由 SLM 过程中出现的裂纹导致的。经过热等静压和热处理，材料的塑性得到了很大改善。高屈服强度与大量的析出相导致的高密度位错、细小的颗粒以及 γ' 相的析出有关。

(a)   (b)

图 4-40　SLM 处理后的 CM247LC 横切面的 STEM 图像[27]

（a）使用 $g=200$（箭头所指）拍摄的亮场图像；（b）相应的高倍 HAADF 图像

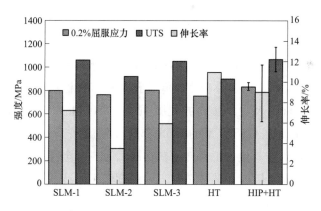

图 4-41　SLM-CM247LC 试样（SLM1、SLM2、SLM3）、热处理铸造 CM247LC 试样（HT）、
HIP 和热处理的 SLM-CM247LC 试样（HIP+HT）的屈服强度、极限强度和伸长率对比[27]

    Song 等人[28] 利用 SLM 技术制备了 ODS 高温合金，微观组织如图 4-42 所示。SLM 成型 ODS 高温合金中呈现出沿着成型方向生长的枝晶形貌，其符合 SLM 成型微观组织特征，如 IN718[29]、AlSi10Mg[30]、耐蚀 Hastelloy®X 合金[31] 等。晶体生长的取向与温度梯度的方向以及晶粒间的竞争生长有关。如图 4-42（a）和（b）所示，当激光能量密度 η 为 228 J/m 和 259 J/m 时，组织为胞状树枝晶，当 $\eta=259$ J/m 时，组织中有颗粒增强体析出；随着激光能量密度 η 增加到 300 J/m 时，如图 4-42（c）所示，组织为方向性较强的柱状晶，二次枝晶断续且呈碎块状，此时析出颗粒数量增多，局部区域出现"熔融态"特征。随着 η 继续升高至 356 J/m，如图 4-42（d）所示，ODS 高温合金组织仍保持柱状树枝晶，且析出相较少[28]。

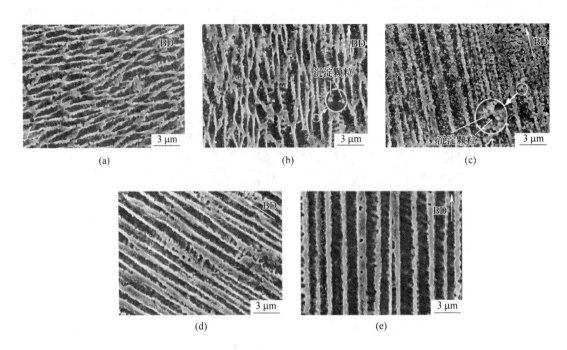

图 4-42　随着激光能量密度 η 变化 ODS 合金的显微组织[28]

（a）228 J/m；（b）259 J/m；（c）300 J/m；（d）356 J/m；
（e）激光能量密度 η=259 J/m 条件下 IN718 合金的显微组织

　　图 4-43（a）为不同激光能量密度下制备的 ODS 合金的室温拉伸曲线。当激光能量密度为 228 J/m 和 259 J/m 时，由于致密度较低、孔洞较多，材料强度相对较低。当激光能量密度为 300 J/m 时，材料表现出最高的屈服强度（850.14 MPa）和抗拉强度（1099.58 MPa）。能量密度 356 J/m 条件下成型的 ODS 合金致密度最高，且其伸长率相对最高为 17.59%。图 4-43（b）为与其他加工条件下获得的 IN718 合金性能对比。可见，SLM 成型 ODS 合金试样的伸长率高于铸造和锻造试样，但强度低于锻造试样[28]。

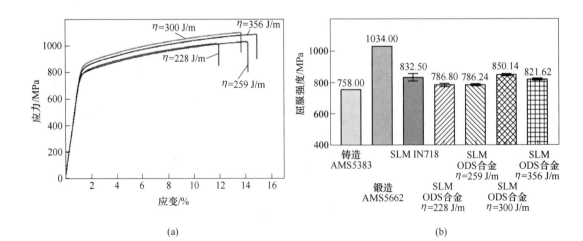

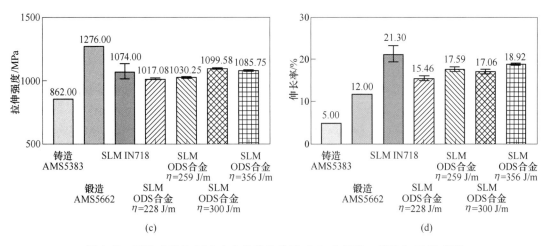

图 4-43　SLM 成型的 ODS 合金的拉伸曲线 （a） 和铸造、锻造和 SLM 成型
IN718 合金的性能对比 （（b）~（d））[28]

思 考 题

4-1 SLM 中，如何控制激光束的参数以实现高质量的构件制造？

4-2 SLM 中，如何控制激光扫描策略以实现构件的准确性和表面质量？

4-3 如何处理 SLM 构件的残余应力和变形问题？

4-4 如何处理 SLM 构件的缺陷和裂纹？

4-5 SLM 与其他金属增材制造技术相比，其优势和局限性是什么？

参 考 文 献

[1] 史玉生，闫春泽，周燕，等. 3D 打印材料 [M]. 武汉：华中科技大学出版社，2019.

[2] 杨占尧，赵敬云. 增材制造与 3D 打印技术及应用 [M]. 北京：清华大学出版社，2017.

[3] 杨永强，王迪，宋长辉. 金属 3D 打印技术 [M]. 武汉：华中科技大学出版社，2020.

[4] 杨永强，王迪. 激光选区熔化 3D 打印技术 [M]. 武汉：华中科技大学出版社，2019.

[5] WEINGARTEN C, BUCHBINDER D, PIRCH N, et al. Formation and reduction of hydrogen porosity during selective laser melting of AlSi10Mg [J]. Journal of Materials Processing Technology, 2015, 221：112-120.

[6] MASKERY I, ABOULKHAIR N T, CORFIELD M R, et al. Quantification and characterisation of porosity in selectively laser melted Al-Si10-Mg using X-ray computed tomography [J]. Materials Characterization, 2016, 111：193-204.

[7] TANG M, PISTORIUS P C. Oxides, porosity and fatigue performance of AlSi10Mg parts produced by selective laser melting [J]. International Journal of Fatigue, 2017, 94：192-201.

[8] ABOULKHAIR N T, EVERITT N M, ASHCROFT I. Reducing porosity in AlSi10Mg parts processed by selective laser melting [J]. Additive Manufacturing, 2014, 1-4：77-86.

[9] ABOULKHAIR N T, SIMONELLI M, PARRY L. 3D printing of Aluminium alloys：Additive Manufacturing of Aluminium alloys using selective laser melting [J]. Progress in Materials Science, 2019, 106：100578.

[10] QI T, ZHU H, ZHANG H. Selective laser melting of Al7050 powder：Melting mode transition and comparison of the characteristics between the keyhole and conduction mode [J]. Materials & Design,

2017, 135: 257-266.

[11] MOWER T M, LONG M J. Mechanical behavior of additive manufactured, powder-bed laser-fused materials [J]. Materials Science and Engineering: A, 2016, 651: 198-213.

[12] YANG T, LIU T, LIAO W. The influence of process parameters on vertical surface roughness of the AlSi10Mg parts fabricated by selective laser melting [J]. Journal of Materials Processing Technology, 2019, 266: 26-36.

[13] WANG L, WANG S, WU J. Experimental investigation on densification behavior and surface roughness of AlSi10Mg powders produced by selective laser melting [J]. Optics & Laser Technology, 2017, 96: 88-96.

[14] UZAN N E, RAMATI S, SHNECK R, et al. On the effect of shot-peening on fatigue resistance of AlSi10Mg specimens fabricated by additive manufacturing using selective laser melting (AM-SLM) [J]. Additive Manufacturing, 2018, 21: 458-464.

[15] GUO Y W, WEI W, et al. Selective laser melting of Er modified AlSi7Mg alloy: Effect of processing parameters on forming quality, microstructure and mechanical properties [J]. Materials Science and Engineering: A , 2022, 842: 143085.

[16] READ N, WANG W, ESSA K, et al. Selective laser melting of AlSi10Mg alloy: Process optimisation and mechanical properties development [J]. Materials & Design (1980—2015), 2015, 65: 417-424.

[17] JIANG J, CHEN J, REN Z, et al. The influence of process parameters and scanning strategy on lower surface quality of TA15 parts fabricated by selective laser melting [J]. Metals, 2020, 10 (9): 1228.

[18] ZHOU L, YUAN T, LI R, et al. Anisotropic mechanical behavior of biomedical Ti-13Nb-13Zr alloy manufactured by selective laser melting [J]. Journal of Alloys and Compounds, 2018, 762: 289-300.

[19] XIE Z, DAI Y, OU X, et al. Effects of selective laser melting build orientations on the microstructure and tensile performance of Ti-6Al-4V alloy [J]. Materials Science and Engineering: A, 2020, 776: 139001.

[20] ZHOU L, SUN J, CHEN J, et al. Study of substrate preheating on the microstructure and mechanical performance of Ti-15Mo alloy processed by selective laser melting [J]. Journal of Alloys and Compounds, 2022, 928: 167130.

[21] GUO S, LI Y, GU J, et al. Microstructure and mechanical properties of Ti6Al4V/B_4C titanium matrix composite fabricated by selective laser melting (SLM) [J]. Journal of Materials Research and Technology, 2023, 23: 1934-1946.

[22] LI W P, WANG H, ZHOU Y H, et al. Yttrium for the selective laser melting of Ti-45Al-8Nb intermetallic: Powder surface structure, laser absorptivity, and printability [J]. Journal of Alloys and Compounds, 2022, 892: 161970.

[23] ALMANGOUR B, GRZESIAK D, YANG J M. Rapid fabrication of bulk-form TiB_2/316L stainless steel nanocomposites with novel reinforcement architecture and improved performance by selective laser melting [J]. Journal of Alloys and Compounds, 2016, 680: 480-493.

[24] ZENG F, YANG Y, QIAN G. Fatigue properties and S-N curve estimating of 316L stainless steel prepared by SLM [J]. International Journal of Fatigue, 2022, 162: 106946.

[25] WANG G, HUANG L, TAN L, et al. Effect of yttrium addition on microstructural evolution and high temperature mechanical properties of Ni-based superalloy produced by selective laser melting [J]. Materials Science and Engineering: A, 2022, 859: 144188.

[26] SING S L, YEONG W Y, WIRIA F E. Selective laser melting of titanium alloy with 50 wt% tantalum: Microstructure and mechanical properties [J]. Journal of Alloys and Compounds, 2016, 660: 461-470.

[27] WANG X, CARTER L N, PANG B, et al. Microstructure and yield strength of SLM-fabricated CM247LC

Ni-Superalloy [J]. Acta Materialia, 2017, 128: 87-95.

[28] SONG Q, ZHANG Y, WEI Y, et al. Microstructure and mechanical performance of ODS superalloys manufactured by selective laser melting [J]. Optics & Laser Technology, 2021, 144: 107423.

[29] JIA Q, GU D. Selective laser melting additive manufactured Inconel 718 superalloy parts: High-temperature oxidation property and its mechanisms [J]. Optics & Laser Technology, 2014, 62: 161-171.

[30] THIJS L, KEMPEN K, KRUTH J P, et al. Fine-structured aluminium products with controllable texture by selective laser melting of pre-alloyed AlSi10Mg powder [J]. Acta Materialia, 2013, 61 (5): 1809-1819.

[31] WANG F. Mechanical property study on rapid additive layer manufacture Hastelloy ® X alloy by selective laser melting technology [J]. The International Journal of Advanced Manufacturing Technology, 2012, 58 (5): 545-551.

5 选区电子束熔化增材制造技术

本章要点：选区电子束熔化技术的原理、工艺方法、特点、设备、应用以及科学研究。

选区电子束熔化（electron beam selective melting，EBSM）是瑞典 Arcam 公司最先开发的一种增材制造技术。类似于 SLM 工艺，利用电子束在真空室中逐层熔化金属粉末，并可由 CAD 模型直接制造金属零件。但是与 SLM 工艺相比，EBSM 具有能量利用率高、无反射、功率密度高、扫描速度快等优点，原则上可以实现活性稀有金属材料的直接洁净与快速制造，在国内外受到广泛的关注。

对于高熔点的材料，3D 打印需要依赖高能量密度的热源。相对于激光，电子束的热能转换效率更高，并且材料对电子束能的吸收率更高、反射更小。因此，电子束可以形成更高的熔池温度，成型一些高熔点材料甚至陶瓷；并且电子束的穿透能力更强，可以完全熔化更厚的粉末层。在选区电子束熔化工艺中，粉末层厚度可超过 75 μm，甚至达到 200 μm，而且 EBSM 工艺在保持高沉积效率的同时，依然能够保证良好的层间结合质量。同时，EBSM 技术对粉末的粒径要求较低，可成型的金属粉末粒径范围为 45～105 μm，甚至更大，降低了粉末耗材成本。同时，电子束的作用深度较大，在真空环境下可以有效地高速扫描和加热熔化预置合金粉末层，通过不断地逐层熔化和凝固，使金属粉末叠加，最终直接成型内部组织致密的三维零部件，整个成型过程灵活度较高，可制造外形轮廓和结构复杂的零部件[1]。

5.1 选区电子束熔化的原理

选区电子束熔化（EBSM）技术的工作原理与 SLM 技术相似，都是将金属粉末完全熔化凝固成型，主要区别是 SLM 技术的热源是激光，EBSM 技术的热源是高能电子束。与此同时，在打印之前先铺设好一层粉末，电子束多次快速地扫描粉末层使其预热，被预热的粉末处于轻微烧结而不被熔化的状态，该预热的步骤为 EBSM 技术独有。EBSM 技术采用电子束扫描预热的方法可以使零件在 600～1200 ℃范围内加工成型[2]。

电子束选区熔化技术是在真空环境下以电子束为热源，以金属粉末为成型材料，高速扫描加热预置的粉末，通过逐层熔化叠加，获得金属零件，工作原理如图 5-1 所示。

在工作台上铺一薄层粉末，电子束在电磁偏转线圈的作用下由计算机控制，根据制件各层截面的 CAD 数据有选择性地对粉末层进行扫描熔化，熔化区域的粉末形成冶金结合，未被熔化的粉末仍呈松散状，可作为支撑。一层加工完成后，工作台下降一个层厚的高

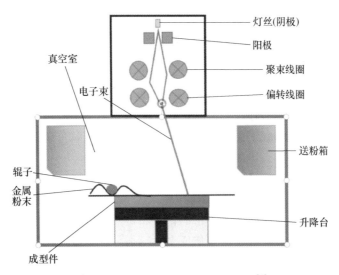

图 5-1　电子束选区熔化技术原理图[3]

度，再进行下一层铺粉和熔化，同时新熔化层与前一层金属体熔合为一体，重复上述过程直至零件加工结束。这种技术可以成型出结构复杂、性能优良的金属零件，但是成型尺寸受到粉末床和真空室的限制[3]。

5.2　选区电子束熔化的工艺方法

5.2.1　EBSM 的成型过程

EBSM 工艺的成型过程与 SLM 类似，区别在于热源、电子束聚焦和偏转以及预热方式等不同。此外，EBSM 工艺过程中，建模存在多种不同的方法。例如，利用 EBSM 工艺加工 Ti-6Al-4V 合金粉末时就有两种方法，第一种方法是采用格子波尔兹曼方法（LBM）计算加工 Ti-6Al-4V 粉末时达到的温度，但是这种模拟方法是用来计算密集模型的，不太容易用于整个 EBSM 过程的建模。第二种方法是有限元法（FEM），考虑到粉末作为具有自身特征的连续体，这种方法更为合适。因此，通常在计算机中使用 FEM 方法来预测 Ti-6Al-4V 合金在电子束熔融增材制造过程中产生的应力和变形，也可在计算机中使用 FEM 方法来计算在 EBSM 过程的预热阶段粉末床的温度分布，以及确定熔融期间不同扫描策略的影响。

5.2.2　EBSM 的工艺因素

（1）粉末溃散。与激光相比，电子束具有能量利用率高、作用深度大、材料吸收率高且稳定等优点，但也存在一个比较特殊的问题，即"粉末溃散"现象。其原因是电子束具有较大动能，当电子高速轰击金属原子使之加热、升温时，电子的部分动能也直接转化为粉末微粒的动能，导致金属粉末在成型熔化前会偏离原来位置，无法进行后续的成型工作。成型过程中避免粉末溃散现象的有效方法主要有四种，分别是降低粉末的流动性、对粉末进行预热、对成型底板进行预热以及优化电子束扫描方式。

（2）变形与开裂。复杂金属零件在直接成型过程中，由于热源迅速移动，粉末温度随着时间和空间急剧变化，导致热应力的形成。另外，由于电子束加热、熔化、凝固和冷却速度快，同时存在一定的凝固收缩应力和组织应力，在多种应力的综合作用下，成型零件容易发生变形甚至开裂。

（3）扫描方式。与激光扫描不同，电子束依靠电磁场的聚焦和偏转进行扫描，可以实现快速扫描，扫描速度可达 200 m/s，而电子束扫描方式对于维持成型温度、保证材料完全熔化以及防止粉末溃散等都至关重要。成型过程中扫描线长度突变易造成粉末溃散、熔化不充分、球化等不良现象，进而影响制件的成型质量。

5.2.3 EBSM 的成型特点

选区电子束熔化成型过程中，电子束的偏转轨迹受磁场控制，没有惯性约束，可以迅速地改变扫描方向，能够实现锐利的尖角成型。成型过程中温度场分布均匀，热应力引起的变形小，可以成型任意复杂形状的零件。成型过程中粉末颗粒完全熔化，形成致密的冶金结合，成型零件的力学性能优良，可以与锻件相比。

电子束选区熔化成型技术无法满足大尺寸零件的成型。成型零件尺寸增大除了考虑成型真空室的增大，更重要的是考虑电子束的偏转精度和焦斑直径的稳定。随着成型零件尺寸的增加，电子束的偏转角增大，偏转精度降低；电子束在固定的聚焦电流下，在偏转角不同时电子束的焦斑直径不同，从而在成型区域粉末熔池大小和形状不同，导致成型精度和质量下降[3]。

5.3 选区电子束熔化的特点

5.3.1 优点

（1）污染少，防氧化。EBSM 是在真空环境中工作的，减少了在加工过程中的污染。同时，真空环境可以有效防止氧化，特别适用于加工易氧化的金属及合金材料。

（2）制件具有较高的延展性。电子束由于扫描速度高，可以在粉末熔化之前对其进行预热（温度取决于加工材料，可达 1100 ℃），能够有效降低热应力的影响；可得到消除应力的零部件，降低裂纹形成的风险和生产材料脆性过高延展性不足的风险。

（3）可制备复杂零部件。EBSM 的优势是不仅可以生产复杂零部件，还可以在复杂零部件的不同区域上定制不同的微观结构（具有不同的力学性能），EBSM 工艺与其他工艺方法的对比见表 5-1[4]。

表 5-1 EBSM 与其他工艺方法的对比[4]

工艺方法	铸造	锻造	机械加工	EBSM
微观结构	大晶粒度	小晶粒度	小晶粒度	小晶粒度
模具成本	高	高	低	无
开模时间	长	长	中等	无
生产强度	高	中	较高	低
产品表面质量	粗糙表面	光滑表面	高质量表面	波纹状表面

与激光增材制造技术相比，选区电子束熔化技术具有以下优点：

（1）成型效率高。电子束可以很容易实现大功率输出，可以在较高功率下达到很高的沉积速率（15 kg/h）。

（2）真空环境有利于零件的保护。电子束熔丝沉积成型在 10^{-3} Pa 真空环境中进行，能有效避免空气中有害杂质（氧、氮、氢等）在高温状态下混入金属零件，非常适合钛、铝等活性金属的加工。

（3）内部质量好。电子束是"体"热源，熔池相对较深，能够消除层间未熔合现象；同时，利用电子束扫描对熔池进行旋转搅拌，可以明显减少气孔等缺陷。

（4）加工材料范围广。由于电子束能量密度很高，可使任何材料瞬时熔化、汽化且机械力的作用极小，不易产生变形以及应力积累。

5.3.2　缺点

（1）表面质量较低。由于粉末层的粒度和较大的厚度（粉末的粒度一般在 1.5～45 μm 以内），相较于 SLM 工艺，EBSM 工艺通常会造成较低的分辨率和较高的表面粗糙度。到目前为止，EBSM 部件的表面粗糙度也能控制在 Ra25～50。研究表明，材料力学性能不受粒度影响。当使用较小粒径的粉末时，零件的生产效率虽然可能会降低，但零件表面粗糙度可以得到改善。

（2）设备占地空间较大。由于需要额外的系统设备以制造真空工作环境，因此设备庞大。

（3）预热粉末难以去除。预热后的金属粉末处于轻微烧结状态，成型结束后多余的粉末需要采用喷砂等工艺才能去除，复杂造型内部的粉末可能会难以去除[2]。

5.4　选区电子束熔化的设备

随着近年来 EBSM 工艺在医疗、航空航天等领域得到广泛认可和应用，EBSM 装备的开发也逐渐获得国内外研究机构（主要有瑞典 Arcam AB 公司以及国内的清华大学、西北有色金属研究院、上海交通大学等）的高度关注。

5.4.1　国外 EBSM 设备

瑞典 Arcam AB 公司是首家将 EBSM 成型装备商业化的企业[1]。Arcam 公司成立的基础是基于 Larson 等人在 1994 年申请关于"采用粉末选区熔化技术直接制备金属零件"的国际专利（WO94/26446），专利提出该技术成型时粉末的熔化是通过电极和导电粉末之间电弧放电产生的热量实现的。1995 年，美国麻省理工学院 Dave 等人提出利用电子束作为能量源将金属熔化进行三维制造的设想[2]。瑞典 Arcam AB 公司于 2001 年申请了利用电子束在粉末床上逐层制造三维零件的专利，并于 2002 年研发出相应的原型机，2003 年推出第一台 EBSM 商业化装备 EBM S12。随后，又相继推出 A1、A2、A2X、A2XX、Q10 和 Q20 等多个型号的商业化 EBSM 装备，同时，向用户提供 TC4、TC4 ELI、Ti Grade-2 和 ASTM F75 Co-Cr 等四种合金的标准配置球形粉末材料。Arcam 公司商业化 EBSM 成型装备最大成型尺寸为 200 mm×200 mm×350 mm 和 ϕ350 mm×380 mm，铺粉厚度从 100 μm 减小至现在的 50～70 μm，电子枪功率 3 kW，电子束聚焦尺寸 200 μm，最大扫描速度为 8000 m/s，熔化扫描速度为 10～100 m/s，零件成型精度为±0.3 mm。目前，全球有超过 100 台由该公司制造的 EBSM 设备投入使用，主要应用在医疗植入和航天航空领域。Arcam AB 公司研发的 EBSM 装备性能稳定，但对标准配置材料以外的其他材料的兼容性不足[1]。

　　目前，该公司主要生产 Arcam Q10、Arcam Q20 和 Arcam A2X 三种类型的产品。其中，Arcam Q10 系列主要应用于高生产率和高分辨率特性的骨科植入组织领域；Arcam Q20 系列主要应用于一般行业及航空制造等领域的大组件的制造；Arcam A2X 可提供相对于前两个系列更高的温度来加工金属材料。图 5-2 是由 Arcam 公司生产的 Arcam Q10plus 和 ArcamQ20plus 成型机[2]。表 5-2 列出了 Arcam Q10、Arcam Q20 和 Arcam A2X 三种设备的规格，到目前为止，相关设备可以打印 4 种金属粉末材料，分别是 Ti-6Al-4V（Grade 5）、Ti-6Al-4V ELI（Grade 23）、Titanium CP（Grade 2）以及 Cocr Alloy（ASTM F75）。

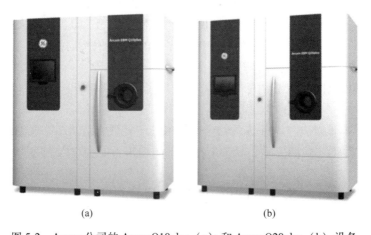

(a)　　　　　　　　　　(b)

图 5-2　Arcam 公司的 ArcamQ10plus（a）和 ArcamQ20plus（b）设备

表 5-2　ArcamQ10、ArcamQ20、ArcamA2X 的技术参数

机型	Arcam Q10	Arcam Q20	Arcam A2X
建造槽体积（宽×长×宽）	250 mm×250 mm×200 mm	420 mm×420 mm（直径/高）	250 mm×250 mm×400 mm
实际建造室（宽×长×宽）	200 mm×200 mm×180 mm	350 mm×380 mm（直径/高）	200 mm×200 mm×380 mm
功率	3×400 V，32 A，7 kW		
尺寸（宽×长×宽）	850 mm×900 mm×2200 mm	2300 mm×1300 mm×2600 mm	2000 mm×1060 mm×2370 mm
质量/kg	1420	2900	1570
处理计算机	PC	PC，Windows XP	
CAD 界面	标准：STL		
网络	以太网 10/100/1000		
证书	CE		

Arcam 公司的 EBSM 成型过程包括以下几个步骤：（1）要加工的部件首先在 3D-CAD 中进行模型设计，模型切片分成很多细层，厚度大约为 0.1 mm；（2）细小的粉层被覆盖在垂直可调的表面上，第一个几何层面上铺上金属粉末颗粒，其位置是由计算机控制的电子光束来指引的；（3）电子束照射下方的一层粉，该层覆盖上一层粉，表面一层层覆盖，这个过程反复进行，这样 CAD 中的模型最后就能打印成一件成品。图 5-3 是 Arcam A2X 成型机（Arcam 公司）。

图 5-3　Arcam A2X 成型机
（Arcam 公司）

5.4.2　国内 EBSM 设备

除瑞典 Arcam 公司外，我国清华大学、西北有色金属研究院、上海交通大学也开展了 EBSM 成型装备的研制。特别是在 Arcam 公司推出 EBM-S12 的同时，2004 年清华大学林峰教授申请了我国最早的 EBSM 成型装备专利（200410009948.X），以传统电子束焊机为基础开发了国内第一台实验室用 EBSM 成型设备。2007 年西北有色金属研究院联合清华大学成功开发了针对钛合金的选区电子束熔化成型设备 EBSM-250，其最大成型尺寸为 230 mm×230 mm×250 mm，层厚为 100~300 μm，功率为 3 kW，光斑尺寸为 200 pm，扫描速度为 10~100 m/s，零件成型精度为±1 mm。随后，相关机构针对 EBSM 送铺粉装置进行了研究和改进，以此实现了高精度、超薄层的铺粉，并对电子束的动态聚焦和扫描偏转开展了大量的研究工作，开发出了拥有自主知识产权的试验用选区电子束熔化设备 SEBM-S1，该设备铺粉厚度在 50~200 μm 之间可调，功率为 3 kW，斑点尺寸为 200 μm，扫描速度为 8000 m/s，熔化扫描速度为 10~100 m/s，成型精度为±1 mm，适合于各种金属粉末成型，并可以使用较少量的粉末（钛合金粉末 5 kg）进行 EBSM 成型[2]。

清华大学激光快速成型中心从 2004 年至今，针对粉末铺设系统、电子束扫描控制系统等在内的 EBSM 成型装备关键技术进行了深入研究，于国内率先取得 EBSM 设备专利，研制了具有自主知识产权的 EBSM-150 和 EBSM-250 实验系统，如图 5-4 所示。

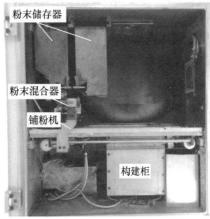

图 5-4　清华大学研制的 EBSM 系统

该设备的电子束功率为 3 kW，电子束束斑直径为 200 μm，具有 250 mm×250 mm×250 mm 和 100 mm×100 mm×100 mm 两种尺寸的成型缸，采用主动式送粉方式、高柔性铺粉方法，稳定性和容错性好，可以兼容多种金属材料和工艺参数，适用于新材料的 3D 打印成型工艺研究和金属零件的小批量生产。此外，EBSM-250 系统不仅可用一种粉末材料制造单一成分的零件，还具备双金属粉末的 EBSM 成型能力，可利用两种金属粉末材料制造 Z 方向材料成分变化的梯度结构，实现"材料可设计性"。2015 年，该技术依托清华大学天津高端装备研究院实现了产业化，进一步推动了我国在 EBSM 领域的技术进步和产业发展[1]。

5.5　选区电子束熔化的应用

目前 EBSM 技术所展现的技术优势已经得到广泛的认可，吸引了诸如美国 GE、NASA 以及橡树岭国家实验室等一批知名企业和研究机构的关注，投入了大量人力物力进行研究和开发，制备的零件主要包括复杂的钛合金零件、脆性金属间化合物零件及多孔金属零件。

由于 EBSM 技术在真空环境下成型，为化学性质活泼的钛合金提供了出色的加工条件，又加上增材制造技术柔性加工的共同特点，因此能够通过 EBSM 技术一次加工具有任意曲面和复杂曲面结构，各种异型截面的通孔、盲孔，各种空间走向的内部管道和复杂腔体结构的钛合金零件。EBSM 成型过程粉末床一直处于高温状态，可有效释放热应力，避免成型过程中的开裂，这使得其在一些脆性材料如 TiAl 合金，相对于其他金属增材制造技术具有显著优势。相比于熔体发泡、粉末冶金等传统金属多孔材料制备技术，EBSM 技术不仅可以实现孔结构的精准控制，而且在复杂孔结构的制备方面具有传统技术无可比拟的优势[3]。

EBSM 技术主要应用在：（1）高速发展的制造业，包括生产大规模制造所需的工具，比如快速成型的模具、夹具等；（2）医疗植入领域，EBSM 技术具有小批量生产和定制生产的功能，可以设计孔间隙和支架，以促进骨细胞在植入体多孔结构中的生长，同时可以制造复杂的几何形状，从而使植入体具有多样化功能，常用于制造具有良好生物相容性的材料，比如 Ti-6Al-4V ELI、Ti Grade2 和 Co-Cr；（3）航空航天领域，EBSM 技术在航空航天行业节约成本方面蕴含着巨大的潜力，而且给设计师们提供了创新系统和应用程序工具。

5.5.1　医用植入与骨科移植

在骨科移植方面，EBSM 用于生产制造植入体，如髋臼杯、膝盖、颌面板、髋关节、颌骨替代等，这些部件在 2007 年经过 CE 认证，并在 2010 年获得美国食品和药物管理局（FDA）的认证。自 2014 年 4 月以来，医学移植已经使用了超过 40000 个由 EBSM 生产的钛合金髋臼杯，约占髋臼杯总制造量的 2%。

（1）新的骨科移植物生产制造。EBSM 制造的骨科植入物最常用的材料是 Ti-6Al-4V 和 CrCo。EBSM 能够调节多孔（细胞）金属结构孔径、直径和形状，将不同的多孔结构集成在单个部件的不同部分。EBSM 成型植入体具有与人骨接近的弹性模量，且能够促进骨再生，适用于植入物制造，以期使患者得到最好的治疗，图 5-5 为用于植入人体的梁结构[4]。

图 5-5 用于植入人体的梁结构[4]

（2）骨骼移植制造完成头骨重建。选区电子束熔化成型钛合金头骨（见图 5-6）被应用于外科移植手术，利用该技术在 12 h 内完成了钛合金头骨填充体的制造与移植。该钛合金植入体具有高延展性和较强的抗疲劳性能，以及优异的生物相容性，成功避免了术后的并发症与感染。

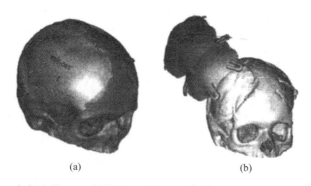

(a)　　　　　　　　　(b)

图 5-6 一年轻女性 CAD 颅骨（a）和 EBSM 打印的颅骨（Arcam 公司）（b）

（3）脚踝骨关节的重建。目前植入假体大多为实体和多孔的复合结构，多孔结构强度较差，不适合作为起始面与成型底板接触。多孔结构具备质量轻的特性，可运用 EBSM 技术，将有序多孔结构或无序多孔结构放大，增加丝径，提升多孔结构强度，用来填充假体零件的连接部分，在保证力学强度的同时可有效地降低假体质量，达到轻量化的目的[4]。

某患者脚踝骨因病变切除后需进行重建手术，该脚踝骨植入假体模型由 CT 重建脚踝骨假体模型及固定用腿骨插入棒组成，如图 5-7 所示。初始设计并加工完成后质量较重为360 g，借助 Materilise3-matics 对该实体棒进行了轻量化设计，使该插入固定棒由实体更改为镂空桁架结构，孔隙率 60%，丝径 2 mm。经过力学性能模拟该桁架结构可承受 500 kg以上的纵向载荷，满足人体载荷需求。EBSM 打印加工完成后该假体质量 255 g，该假体植入手术已顺利完成，患者术后行走正常。该假体模型的设计采用个性化 CT 扫描重建模型+人工绘图设计的方案，假体与人体自体骨配合良好，手术创伤较小，借助多孔结构的轻量化设计使假体在保证力学强度的同时成功减重 30% 以上，降低了患者行走负担[5]。

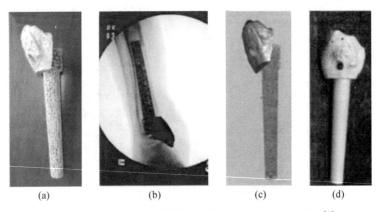

图 5-7   EBSM 技术制造的假体、模型以及术后 CT 影像[5]

（a）全踝关节假体；（b）轻型踝关节假体模型；（c）印花轻质踝关节假体；（d）术后 CT

5.5.2   航空航天领域

航空航天工业是国家高端装备制造业的典型代表，其产品具有结构复杂、工序多、小批量的特点。随着航空发动机、大飞机、新一代运载火箭等航空航天典型构件产品的日益复杂以及新材料的不断涌现，零件结构趋向复杂化、大型化，而传统铸造、锻造结合机械加工的制造方法将难以满足上述制造需求。与传统制造技术相比，金属材料增材制造技术能够实现复杂零件的无模具快速成型，加工余量小，材料利用率高，具备制造周期短、小批量零件生产和成本低等特点，可解决型号研制阶段的快速响应难题，将成为满足现代飞行器快速低成本研制的关键制造方法之一，近些年在航空航天等诸多领域取得了快速发展[6]。

电子束选区熔化技术利用高功率的电子束在真空环境中快速成型无残余应力的零件，因此可应用于飞机发动机叶片的制造，GE 航空公司 Avio Aero 使用 Arcam 电子束选区熔化金属打印机为 GE9X 商用飞机发动机生产 TiAl 合金叶片，如图 5-8 所示。采用该技术成型的 TiAl 叶片质量只有传统镍合金涡轮叶片的一半，装备于波音新型 777X 宽体喷气机的 GE9X 发动机受益于 TiAl 叶片质量的减轻，与前代产品 GE90 相比，可以降低 10% 的燃油消耗。加利福尼亚航空航天零件制造商 Parker Aerospace 采用电子束选区熔化技术为燃气轮机打印雾化喷嘴和双燃料歧管组件，采用电子束技术生产零件消除了传统制造技术的限制，能够提供性能更高的系统，同时大大降低了成本[2]。

图 5-8   Avio 公司利用 EBSM 技术制造的 TiAl 涡轮叶片

自 2005 年以来，美国航空航天中心的马歇尔空间飞行中心、从事快速制造行业的 CalRAM 公司、波音公司位于 Phantom 的公司先后购买 Arcam AB 公司的 EBSM 成型系统用于相关航空航天零部件的制造。图 5-9（a）是 CalRAM 公司利用 EBSM 成型的 Ti-6Al-4V 合金火箭发动机叶轮，叶轮具有复杂的内流道，尺寸为 $\phi140$ mm×80 mm，制造时间仅为 16 h。图 5-9（b）为莫斯科 Chernyshev 利用 EBSM 技术制造的火箭汽轮机压缩机承重体，尺寸 $\phi267$ mm×75 mm，质量为 3.5 kg，在 30 h 内制造完成。

(a)   (b)

图 5-9　EBSM 技术制造的火箭发动机叶轮（a）和汽轮机部件（b）[7]

2007 年以来，中国航空制造技术研究院重点开展了针对钛合金、TiAl 合金的 EBSM 技术及装备研究，突破并掌握了电子束精确扫描、精密铺粉以及数据处理软件等装备核心技术，研制出了部分典型钛合金结构件，如图 5-10 所示[6]。

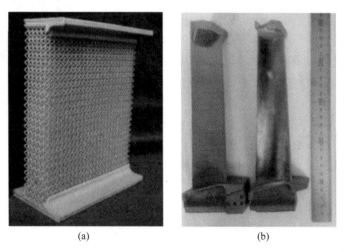

(a)   (b)

图 5-10　中国航空制造技术研究院采用 EBSM 制备的钛合金结构试件[6]
（a）点阵夹芯减振梁；（b）低压涡轮叶片叶尖

上述工业应用和研究成果展现了 EBSM 技术在航空航天领域复杂零件成型制造上的潜力，并且为高性能难加工材料的成型制造提供了一条新的技术路线，可以预见 EBSM 技术将在航空航天领域得到更多的应用[7]。

　　2005 年，CALRAM 公司采用 EBSM 工艺成功制备了钛铝合金涡轮叶片。意大利 AVIO 公司采用电子束增材制造技术制备了结构复杂的钛铝合金构件，并成功应用在新一代航空发动机上。郭超等人[7]提出可以利用 2 种或 2 种以上的材料通过增材制造来制备梯度材料，满足一些较为复杂的工作环境要求，如在发动机叶片与榫头处使用 EBSM 技术制备钛铝合金和钛合金梯度材料，得到的过渡区致密无裂纹。目前，我国已经突破并掌握了 EBSM 的核心技术，研制出了钛铝合金减振梁和低压涡轮叶片结构件，有望实现其在航空航天领域的进一步应用[8]。图 5-11 为波音公司生产的钛合金航空发动机叶轮[9]。

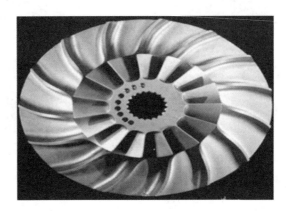

图 5-11　钛合金航空发动机叶轮[9]

5.5.3　功能材料领域

　　除生物植入体、航空航天典型构件外，EBSM 技术在过滤分离、高效换热、减震降噪等特种金属多孔功能构件的制备方面同样具有广泛的应用前景。图 5-12 为美国橡树岭国家实验室采用 EBSM 技术研发的水下液压控制元件。

图 5-12　采用 EBSM 研制的水下液压操纵器用分路阀箱[10]

　　图 5-13 为 NIN 制备的多孔体和冷却管复合的高效散热组件及蜂窝孔结构的高效油气分离器。通过孔结构的设计，采用 EBSM 技术制备出了负泊松比的多孔 Ti-6Al-4V，其不同的方向泊松比介于 $-0.2 \sim -0.4$ 之间。上述部件实现了孔结构设计与 EBSM 技术有效结合，极大地提高其使用性能，并且展现出传统方法制备材料所不具有的新特性。因此，以 EBSM 等增材制造技术为依托，开展新型结构功能一体化新材料的研究得到广泛的关注[10]。

　　斯德哥尔摩大学阿列纽斯实验室的研究人员探讨了利用 EBSM 技术制备国际热核反应堆内部容器部件的可行性，提供了广泛用于核聚变领域的 SS316L 不锈钢 EBSM 成型的第一组微观结构和力学性能数据。利用 EBSM 技术可成型具有多孔结构的功能性零部件，这些多孔结构可充当催化剂工程的热交换器、混合器或载体。图 5-14 为氢释放装置，由 10 个平行反应管组成，反应管采用 EBSM 技术制造且具有催化功能[11]。

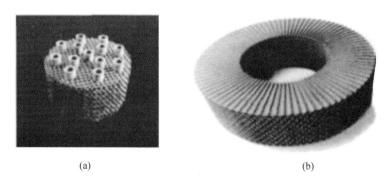

(a)　　　　　　　　　　　　　(b)

图 5-13　NIN 研制的多孔换热器（a）和油气分离元件（b）[10]

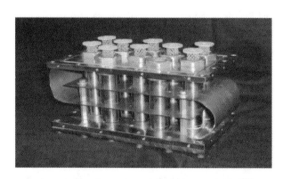

图 5-14　具有 10 个反应管的氢释放装置[11]

5.5.4　汽车工业

目前 EBSM 技术在汽车行业已有大量应用，该技术具有独特的成型方式。根据 3D 模型构建复杂零件，通过拓扑优化成型出结构功能一体化零件，具有相同功能的零件可以节省大量原材料，减轻汽车质量，降低油耗，节约能源，保护环境。EBSM 技术在汽车维修方面也发挥着不可替代的作用，若汽车发生故障，该技术可根据零件的 3D 模型快速制造出和其功能一样的配件，使得维修变得方便快捷，同时还可以减少配件的批量生产，减少囤货并且节约资源[12]。

5.5.5　选区电子束熔化技术的发展趋势

目前，EBSM 技术已经发展成为金属增材制造技术的重要分支，在航空航天、生物医用等领域展现出广阔的应用前景。然而由于研究时间较短，EBSM 成型过程中的一些关键科学问题尚未明晰，材料、装备与技术还有待深入发展，未来的发展主要集中在以下几个方面[3]。

（1）结构优化。EBSM 成型技术几乎不受零件复杂性的限制，在零件设计阶段可以通过有限元等方法充分优化结构而无须考虑零件的可加工性，达到减重增效的目的，从"为了制造而设计"转变为"为了功能而设计"。

（2）质量认证。3D 打印零件的质量认证是此项技术在航空航天领域实现大规模应用的关键。首先，要严格控制原材料粉末质量；其次，因零件成型耗时较长且容易出现缺陷，对制造过程的监控极其重要；再次，对每一种材料都必须建立成型参数（功率、扫描速度、扫描路径等）与材料组织性能的关系模型，从而优化成型过程，降低缺陷率；最后，EBSM 成型的制件对无损检测技术也提出了更高的要求。

（3）装备自动化。目前 EBSM 成型中底板的调平、电子束的校准、粉末材料的添加和回收处理等均依赖专业技术人员操作，效率低、可靠性不足，EBSM 工艺流程的自动化有助于提高生产效率、降低制造成本。

（4）装备智能化。目前，研究人员主要通过优化成型参数来提高 EBSM 成型制件的质量，通过工艺试验从众多可能的工艺参数包中筛选出最优的参数，获得最优的成型质量。然而，这种质量控制是开环的，不能实现有效的闭环控制。未来，装备研发会朝着智能化方向发展，实现扫描路径的实时智能规划、成型温度的闭环控制、缺陷的实时诊断和反馈等。国内外已经有多个研究团队开始利用热像仪测量粉床上表面的温度场，据此判断粉末材料状态、熔池形态与温度、截面形状、热应力、孔隙缺陷等成型信息，以期实现闭环的工艺控制。

（5）大尺寸成型系统。由于电子束的束斑质量随着偏转角度的增加快速下降，因此 EBSM 的成型尺寸受到一定限制。目前，Arcam AB 公司的商业化装备 Q20 的最大成型尺寸为 $\phi 350 \text{ mm} \times 380 \text{ mm}$，仍需进一步提高。可能的途径有：为一个电子枪设置多个工位，让电子枪在多个工位间移动；或设置多个电子枪的阵列，通过扫描图案的拼接实现大尺寸的选区熔化。

（6）与激光 3D 打印技术复合。电子束与激光用于金属 3D 打印各有优点，前者效率高，后者可获得更高的表面精度。将两种热源复合，发挥各自优势，是一个值得探索的新方向。

媒体对 3D 打印的大量宣传带来了各界对此项技术的关注，客观上推动了 3D 打印技术的发展。随着研究的深入，3D 打印技术的成熟度也将随之提高，其应用也将越来越广泛[1]。

5.6   选区电子束熔化成型的组织及力学性能

选区电子束熔化增材制造技术的材料范围广、制件具有较高的延展性、成型效率高且能量高，但是成型件表面质量较低、预热粉末难以去除，并且成本高，常用于钛合金、TiAl 合金和高温合金等大型复杂结构件的成型，本节针对上述材料的 EBSM 成型组织和力学性能相关研究进行简要介绍。

5.6.1   TiAl 合金

TiAl 合金也称钛铝基金属间化合物，是一种新型轻质的高温结构材料，被认为是最有希望代替高温合金的备用材料之一。由于 TiAl 合金室温脆性强，用传统的制造工艺成型其制件比较困难。最近几年，研究者们开始将 EBSM 技术应用于 TiAl 合金的成型，并取得了一定的进展。哈尔滨工业大学、清华大学以及西北有色金属研究院等单位均对 TiAl 合金的 EBSM 成型进行了深入研究。研究发现，由于电子束的预热温度高，EBSM 成型技术可以有效避免 TiAl 合金成型过程中制件的开裂，是具有良好前景的 TiAl 合金先进制造技术之一。

目前，美国 GE 公司采用 EBSM 技术制备的 4822TiAl(Ti-48Al-2Cr-2Nb，原子分数,%)合金低压涡轮叶片已在 GE9X 引擎中成功获得应用，并通过 FAA 适航认证。研究表明，EBSM 成型的 Ti-48Al-2Cr-2Nb 合金在经过热处理后将获得双态组织，经过热等静压处理后则获得等轴组织，制件具有与铸件相当的力学性能。较之于传统工艺成型钛铝基合金，EBSM 成型的 Ti-48Al-2Cr-2Nb 制件微观组织非常细小，层片团尺寸为 $10 \sim 30$ μm，具有明显的快速凝固组织特征。图 5-15 为 EBSM 增材制造所用的 Ar 气雾化 Ti-48Al-2Cr-2Nb 预合金粉末[13]，粉末整体球形度良好，部分粉末表面存在卫星粉，D_{10}、D_{50} 和 D_{90} 分别为 51.30 μm、91.95 μm 和 159.0 μm，平均粒径为 99.33 μm。

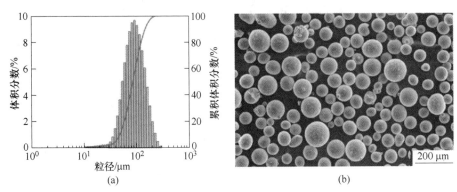

图 5-15 Ti-48Al-2Cr-2Nb 预合金粉末[13]

(a) 粉末粒径分布；(b) 粉末形貌

图 5-16 为 EBSM 成型 Ti-48Al-2Cr-2Nb 合金低压涡轮导向叶片模拟件及随炉试棒，叶片径向长度 70 mm，随炉试棒为 10 mm×10 mm×70 mm 的长方体。4 个叶片连同环绕叶片摆放的 5 根随炉试棒一同成型在 φ155 mm×15 mm 的不锈钢基板上。在叶片上下缘板处添加了片状支撑以增加缘板处的散热能力，减小缘板在成型过程中的变形。制备过程在真空下进行，总耗时 1073 min，其中成型阶段耗时 606 min，粉床预热温度为 1030 ℃。

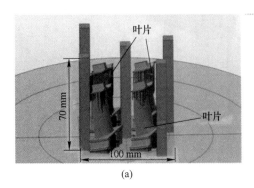 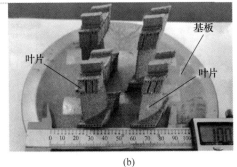

图 5-16 Ti-48Al-2Cr-2Nb 合金叶片[13]

(a) 成型模型示意图；(b) 叶片模拟件宏观照片

图 5-17 为 EBSM 成型 Ti-48Al-2Cr-2Nb 合金室温拉伸试样及其断口形貌，TiAl 合金在室温拉伸过程中均未产生屈服即发生断裂，抗拉强度分别为 488 MPa、436 MPa 和 366 MPa，平均抗拉强度为（430.0±50.0）MPa。如图 5-17（b）~（e）所示，三组拉伸试样断口形貌显示，断面平整，未熔合缺陷附近有明显的撕裂棱，说明裂纹均起源于试样内部的未熔合缺陷处，合金的断裂方式为穿晶断裂。

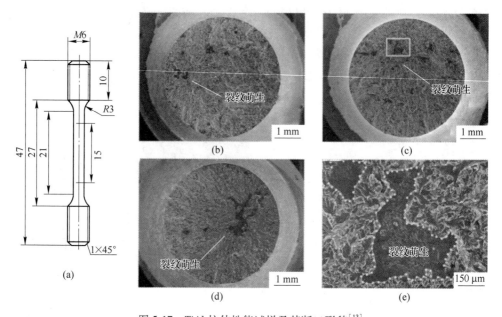

图 5-17   TiAl 拉伸性能试样及其断口形貌[13]

（a）拉伸试样尺寸；（b）~（d）拉伸断口；（e）未熔合缺陷

图 5-18 为 EBSM 成型 Ti-48Al-2Cr-2Nb 合金显微硬度与温度之间的关系，显微硬度随温度的升高发生小幅度下降。400 ℃以下，随着温度升高，硬度从（2682.18±90.27）MPa 下降到（2216.66±74.19）MPa；当温度由 600 ℃升至 800 ℃时，显微硬度稳定在 2200 MPa 以

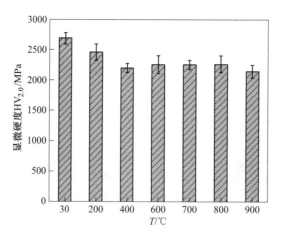

图 5-18   EBSM 成型 Ti-48Al-2Cr-2Nb 合金在不同温度下的显微硬度[14]

上；当温度升高至 900 ℃时，显微硬度发生微小波动，显示为（2145.14±102.77）MPa。当温度从室温升高至 900 ℃，该合金显微硬度仅下降约 537.04 MPa，其在高温服役环境下仍能够保持在 2100 MPa 以上。

EBSM 成型 Ti-48Al-2Cr-2Nb 合金在 800 ℃下恒温氧化不同时间后的氧化动力学曲线如图 5-19 所示。可见，合金的质量随氧化时间的增加而增重。相比于传统工艺制备合金，EBSM 成型 TiAl 合金氧化 100 h 后质量变化较小，仅为 0.6978 mg/cm²。氧化动力学曲线大致可分为快速上升（0~25 h）和缓慢上升（25~100 h）阶段，EBSM 成型 TiAl 合金试样在 800 ℃下氧化 100 h 的氧化速率常数 K_p 为 $4.9×10^{-3}$ mg²/（cm⁴·h）。与传统工艺制造 TiAl 合金相比，如 EBSM 成型 Ti-48Al-2Cr-2Nb 合金具有较低 K_p 值，表现出较慢的氧化动力学过程，具有较强的抗氧化能力[14]。

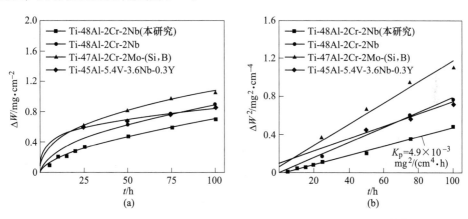

图 5-19　Ti-48Al-2Cr-2Nb 合金在 800 ℃下的恒温氧化动力学曲线[14]
（a）增质氧化时间曲线；（b）抛物线形的氧化速率（K_p）

Biamino 等人[15]研究表明，EBSM 成型 Ti-48Al-2Cr-2Nb 合金制件（见图 5-20）在热处理（双态组织）或热等静压处理（等轴组织）后具有与铸件相当的力学性能。同时，意大利 Avio 公司的研究进一步指出，EBSM 成型 TiAl 合金制件的室温和高温疲劳强度同样能够达到现有铸件水平，并且表现出比铸件更为优异的裂纹扩展抗力和与镍基高温合金相当的高温蠕变性能。

图 5-20　3D 打印金属机翼支架[15]

5.6.2　钛合金

钛合金具有比强度高、工作温度范围广、耐蚀能力强、生物相容性好等特性，在航空航天和医疗领域应用广泛。TC4（Ti-6Al-4V）是目前 EBSM 成型钛合金中应用最为成熟的金属材料之一[10]。EBSM 成型过程中温度梯度主要沿着零件沉积方向分布，因此，EBSM 成型 TC4 制件中沿着沉积方向形成较粗大的柱状晶，柱状晶内微观结构为由细针状的 α 相和 β 相组成的网篮组织。由于快速凝固，EBSM 成型 TC4 合金中 β 相转变为马氏体，在后续的沉积过程中，材料被多次加热，马氏体分解为 α/β 相。此外，零件尺寸、零件摆放方向、摆放位置、能量输入、零件底面至底板的距离等多个因素均会影响 EBSM 成型 TC4 合金微观组织[1]。

Arcam 公司 EBSM 成型用 Ti-6Al-4V ELI 合金气雾化粉末，其平均粒径为 50 μm，粉末的均匀性及球形度都较好，化学成分见表 5-3，符合 GB/T 3620.1—1994 要求。高紫豪等人[16] 采用 Arcam A2XX 型 EBSM 设备成型 Ti-6Al-4V 合金，试样尺寸为 80 mm×30 mm×10 mm。成型前，将机箱抽至真空状态，通入适量氮气，并预热操作平台，然后通过 Arcam EBSM 软件设定扫描路径，并在基板上添加高 5 mm 的网格支撑，以此在减弱基板材料对成型试样影响的同时方便取下成型试样，成型时沿着指定的扫描路径熔化金属粉末。

表 5-3　Ti-6Al-4V 合金粉末的化学成分[16]

元素	Ti	Al	V	Fe	C	N	H	O
质量分数/%	89.069	6.470	4.080	0.240	0.005	0.008	0.003	0.080

图 5-21 为 EBSM 成型 TC4 合金试样不同平面内的显微组织。可见，EBSM 成型 Ti-6Al-4V

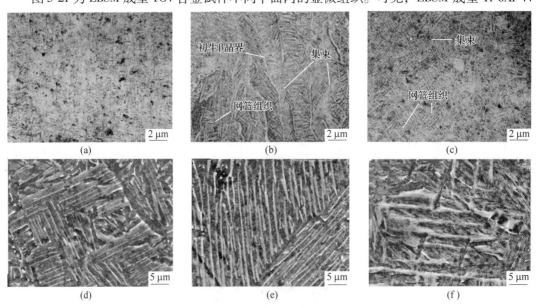

图 5-21　EBSM 成型 Ti-6Al-4V 合金试样显微组织[16]

(a) 顶部 xOy 面 OM 图像；(b) xOz 面 OM 图像；(c) 底部 xOy 面 OM 图像；
(d) 顶部 xOy 面 SEM 图像；(e) xOz 面 SEM 图像；(f) 底部 xOy 面 SEM 图像

合金试样顶部及底部 xOy 面的显微组织均为 α 层片交织而成网篮组织，顶部在急热和急冷的条件下，α 层片来不及长大便已冷却，而底部受多次循环热作用，形成较顶部粗大的 α 片层。同时，xOz 面上的显微组织为沿着初生 β 晶界分布、多种取向生长的 α 层片交织而成的网篮组织，由于晶界处的形核功较低，α 相沿初生 β 晶界优先形核生长，初生 β 晶宽度随着沉积高度的增加呈现出增大趋势。

表 5-4 为 EBSM 成型 TC4 合金试样不同平面的拉伸性能。可见，TC4 合金试样底部、中部和顶部的抗拉屈服强度和极限抗拉强度依次升高，但相差不大。试样顶部的 α 层片较底部的细小，因此试样顶部屈服强度较底部的略高；同时，由于试样在不同沉积高度上的显微组织差异较小，试样在不同高度位置的拉伸性能差异也较小[16]。

表 5-4　EBSM 成型 TC4 合金试样沿沉积方向不同高度上的抗拉强度和屈服强度[16]

位　置	屈服强度/MPa	极限抗拉强度/MPa
底部	856±7	938±9
中部	862±10	940±6
顶部	866±8	945±7

表 5-5 为瑞典 Arcam AB 公司利用 EBSM 技术成型的 TC4 钛合金各项室温力学性能。可见，无论是沉积态，还是热等静压态，EBSM 成型 TC4 制件的室温抗拉强度、塑性、断裂韧性和高周疲劳强度等主要力学性能指标均能达到锻件标准，但是沉积态制件力学性能存在明显的各向异性，且分散性较大。经热等静压处理后，虽然抗拉强度有所降低，但断裂韧性和疲劳强度等动载力学性能得到明显改善，且制件各向异性基本消失，其综合力学性能优异。

表 5-5　EBSM 成型 TC4 钛合金的室温力学性能[1]

材料状态	方向	$R_{p0.2}$/MPa	R_{m}/MPa	A/%	Z/%	K_{IC}/MPa·m$^{1/2}$	S/MPa
沉积态	Z	879±110	953±84	14±0.1	46±0	78.8±1.9	382~398
	X、Y	870±70	971±30	12±0.4	35±1	97.9±1.0	442~458
热等静压态	Z	868±25	942±24	13±0.1	44±1	83.7±0.8	532~568
	X、Y	867±55	959±79	14±0.1	37±1	99.8±1.1	531~549
锻造退火标准状态	—	825	895	8~10	25	50	—

5.6.3　铝合金

高强度铝合金，如 2×× 和 7×× 系列被认为是不可焊接的，主要由于其在凝固过程中形成裂纹。激光增材制造过程中，同样会出现类似问题，高凝固速率下合金元素仍然会发生偏析，并改变凝固前沿附近熔体的液相线温度，导致树枝状或细胞颗粒生长。同时，冷却阶段凝固收缩和夹带的热应力、枝晶臂之间的熔化导致热裂纹和孔隙率增加。电子束选区熔化不受铝合金粉末反射率的影响，能够抑制金属氧化，同时，电子束的有效吸收率是激光束的一倍多，其中约 0.35 的有效吸收率能够用于高强度铝合金制件的制备，零件表现出较小的感应热应力[14]。因此，选区电子束熔化技术能够制备出全致密和无裂纹高强度的 Al2024 铝合金零件。

Kenevisi 等人[17]以气体雾化预合金 Al2024 粉末为原材料，利用 EBSM 技术制备 Al2024 高强铝合金。如图 5-22（a）和（b）所示，Al2024 粉末粒径分布为 45～106 μm，平均粒径为 70 μm，由 AMC 粉末冶金技术有限公司提供，合金粉末的化学成分见表 5-6，粉末中氧气的含量低于 600 ppm（$600×10^{-6}$）。尺寸为 15 mm×15 mm×15 mm 和 15 mm×15 mm×50 mm 的 EBSM 成型 Al2024 高强铝合金样品如图 5-22（c）所示。

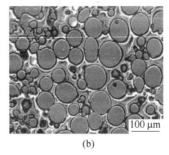

（a）　　　　　　　　　　　（b）　　　　　　　　　　　（c）

图 5-22　铝合金样品

（a）（b）气体雾化预合金 Al2024 粉末；（c）EBSM 成型 Al2024 铝合金块体[17]

表 5-6　预合金 Al2024 粉末的化学成分[17]　　　　　　　　　　（质量分数，%）

元素	Al	Cu	Mg	Mn	Fe	Zn	Si
Al2024 粉末	余量	4.52	1.48	0.74	0.17	0.12	0.07
标准要求	余量	3.8～4.9	1.2～1.8	0.3～0.9	≤0.5	≤0.25	≤0.5

表 5-7 为成型不同组别铝合金样品的 EBSM 工艺参数。在高速扫描速度（3000 mm/s）和低能量密度（11 J/mm³）条件下，电子束的输入能量不足，粉末没有完全熔化。随着电子束能量密度提高，金属粉末完全熔化，此时，孔隙率和微裂纹主要存在于晶界处（见图 5-23（a））以及沿生长方向的柱状和细长颗粒中（见图 5-23（b））。调整凝固速率（R）和温度梯度（G）能够改变凝固模式以及由此产生的微观结构，随着输入能量的增加，熔池的温度梯度减小，导致成分过冷，组织中形成等轴晶，且无裂纹出现，如图 5-23（c）和（d）所示。

表 5-7　成型不同组别 Al2024 铝合金样品的 EBSM 工艺参数[17]

样本	A1	A2	A3	A4	A5	A6	A7
扫描速度/mm·s⁻¹	3000	2500	2000	1500	1000	750	550
输入能量/J·mm⁻³	11	13	16	21	32	43	58
密度/g·mm⁻³	2.348	2.351	2.367	2.585	2.711	2.778	2.757
相对密度/%	84.3	84.4	85.0	92.8	97.3	99.7	99.0

表 5-8 为不同 EBSM 工艺参数下，Al2024 高强铝合金的室温拉伸性能。随着输入能量从 28 J/mm³ 升至 58 J/mm³，铝合金试样的抗拉强度先增大后减小，最高可达 314 MPa；进一步提高输入能量密度反而会降低抗拉强度，这是由热量过大导致晶粒生长和孔隙形成所造成的[17]。

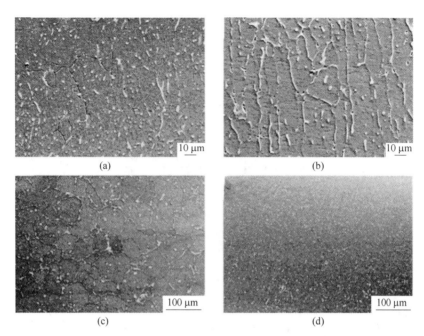

图 5-23　EBSM 成型 Al2024 铝合金显微组织[17]

（a）垂直于成型方向的 A4 样品；（b）沿着成型方向的 A4 样品；

（c）垂直于成型方向的 A6 样品；（d）沿着成型方向的 A6 样品

表 5-8　不同 EBSM 工艺参数下 Al2024 高强铝合金样品的试样拉伸性能比较[17]

输入能量/J·mm^{-3}	屈服强度/MPa	抗拉强度/MPa	伸长率/%	表面收缩率/%
28	128	193	4.8	5.5
32	130	171	0.6	0.8
38	197	292	5.2	8.6
43	191	314	6	10.2
48	185	279	7.8	10.6
51	91	184	2.0	4.6
58	83	173	3.3	4.7

5.6.4　高温合金

在 2014 年瑞典 Arcam AB 公司用户年会上，美国橡树岭国家实验室（ORNL）的研究人员报道，采用航空航天领域应用最为广泛的 Inconel718 合金进行 EBSM 成型所得到的制件的静态力学性能已经基本达到锻件的性能水平。

镍基高温合金通过添加 Al、Ti 和 Nb 等元素以促进增强体 γ′ 相（FCC）或 γ″ 相（BCC）的生成。随着增强相体积分数增加，镍基高温合金的力学性能得到改善，服役温度得以提高，同时制造难度也随之增加。采用电子束选区熔化（EBSM）制造高温合金制件，真空环境能够减少制件的氧化和缺陷，较高的粉床温度降低了热应力和开裂，为增强相的析出和生长提供了理想的环境。Li 等人[18]采用 EBSM 技术制备了 IN738LC 高温合金试样，并在 23 ℃、850 ℃、1000 ℃和 1100 ℃下测试了合金试样平行于沉积方向（PBD）和垂直于沉积方向的（OBD）拉伸性能，拉伸试样实物如图 5-24 所示（尺寸 18 mm×70 mm×60 mm）。

图 5-24　EBSM 成型 IN738LC 高温合金矩形材料块[18]

如图 5-25（a）所示，高温合金样品中平行于沉积方向（PBD）的微观结构由柱状晶粒组成，晶粒宽度为 100~300 μm；如图 5-25（b）所示，高温合金样品中垂直于沉积方向（OBD）的微观结构为柱状晶，导致产生该截面组织上的各向异性。

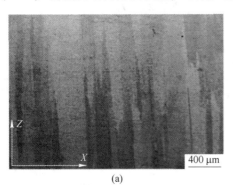
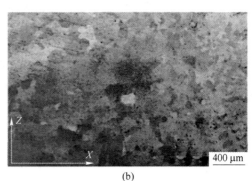

（a）　　　　　　　　　　　　（b）

图 5-25　EBSM 成型 IN738LC 高温合金显微组织 SEM 图像[18]
（a）PBD 方向；（b）OBD 方向

表 5-9 为 EBSM 成型 IN738LC 高温合金的拉伸性能。与铸造高温合金拉伸性能相比，在 1000 ℃时，经过热处理后的铸造合金具有更高的屈服强度（YS）、极限抗拉强度（UTS）和伸长率。室温条件下，EBSM 成型高温合金的各项性能优于铸造合金。在高温条件下（850 ℃和 1000 ℃），EBSM 成型高温合金试样 OBD 方向的 YS 和 UTS 与 PBD 方向试样相近，OBD 方向伸长率比铸造合金低很多；在 1100 ℃时，EBSM 成型高温合金试样 PBD 方向的 YS、UTS 和伸长率比 OBD 方向更高。室温下，EBSM 成型 IN738LC 高温合金比铸造合金具有更高强度的原因是：铸造 IN738LC 高温合金中 γ′相粗大，而 EBSM 成型 IN738LC 高温合金组织均匀细小，导致各项室温力学性能指标得以显著提高；同样，高温条件下，细小晶粒更易蠕变，造成 EBSM 成型合金在 1000 ℃的拉伸性能要比铸造合金差[18]。

表 5-9 铸造和 EBSM 成型 IN738LC 高温合金的拉伸性能对比[18]

温度/℃	描 述	$\sigma_{0.2}$/MPa	σ_{UTS}/MPa	伸长率/%
23	铸造试样	765	945	7.5
23	EBSM：OBD-试样	831±16	1078±31	10.0±2.0
23	EBSM：PBD-试样	855±19	1185±21	12.0±0
850	铸造试样	530	710	10.0
850	EBSM：OBD-试样	551±19	647±6	2.6±0.6
850	EBSM：PBD-试样	563±5	730±10	12.1±2.1
1000	热处理后的铸件	325	330	12.0
1000	EBSM：OBD-试样	251±6	317±12	4.6±0.6
1000	EBSM：PBD-试样	262±5	338±1	13.2±2.2
1100	EBSM：OBD-试样	94±10	133±9	5.5±1.2
1100	EBSM：PBD-试样	123±4	177±5	24.0±5.0

思 考 题

5-1 简述什么是选区电子束熔化增材制造技术。

5-2 比较选区电子束熔化增材制造技术与其他增材制造技术的特点。

5-3 影响选区电子束熔化增材制造技术的工艺因素有哪些?

参 考 文 献

[1] 杨永强，王迪，宋长辉. 金属 3D 打印技术 [M]. 武汉：华中科技大学出版社，2020：34-50.

[2] 张嘉振. 增材制造与航空应用 [M]. 北京：冶金工业出版社，2021：7-10.

[3] 杨占尧，赵敬云. 增材制造与 3D 打印技术及应用 [M]. 北京：清华大学出版社，2017：77-79.

[4] 吴超群，孙琴. 增材制造技术 [M]. 北京：机械工业出版社，2020：19-21.

[5] 赵培，贾文鹏，向长淑，等. 电子束选区熔化成型技术医疗植入体的优化设计及应用 [J]. 中国医学物理学杂志，2018，35（1）：110-113.

[6] 任慧娇，周冠男，从保强，等. 增材制造技术在航空航天金属构件领域的发展及应用 [J]. 航空制造技术，2020，63（10）：72-77.

[7] 郭超，张平平，林峰. 电子束选区熔化增材制造技术研究进展 [J]. 工业技术创新，2017，4：6-14.

[8] 田文琦，杨冬野，李九霄. 高能束增材制造钛铝合金的研究进展 [J]. 机械工程材料，2021，45（6）：1-7.

[9] 曾光，韩志宇，梁书锦，等. 金属零件 3D 打印技术的应用研究 [J]. 中国材料进展，2014，33（6）：376-382.

[10] 汤慧萍，王建，逯圣路，等. 电子束选区熔化成型技术研究进展 [J]. 中国材料进展，2015，34（3）：225-235.

[11] 冉江涛，赵鸿，高华兵，等. 电子束选区熔化成型技术及应用 [J]. 航空制造技术，2019，62（增刊 1）：46-57.

[12] 王岩，李云哲，刘世锋，等. 电子束选区熔化制备金属材料研究与应用 [J]. 中国材料进展，2022，41（4）：241-251.

［13］高润奇，彭徽，郭洪波，等. 电子束选区熔化制备 TiAl 合金叶片热冲击失效机理［J］. 航空材料学报，2022，42（5）：91-99.

［14］谭宇璐，张艳梅，卢冰文，等. 电子束选区熔化增材制造 TiAl 合金的高温硬度及氧化行为研究［J］. 稀有金属材料与工程，2023，52（1）：222-229.

［15］BIAMINO S, PENNA A, ACKELID U, et al. Electron beam melting of Ti-48Al-2Cr-2Nb alloy：Microstructure and mechanical properties investigation［J］. Intermetallics, 2011, 19（6）：776-781.

［16］高紫豪，杨尚磊，彭曾，等. 电子束选区熔化成型 Ti-6Al-4V 合金不同沉积高度上的组织与性能［J］. 机械工程材料，2022，46（6）：7-10, 20.

［17］KENEVISI M S, LIN F. Selective electron beam melting of high strength Al2024 alloy：microstructural characterization and mechanical properties［J］. Journal of Alloys and Compounds, 2020, 843：155866.

［18］LI Y, KAN W, ZHANG Y, et al. Microstructure, mechanical properties and strengthening mechanisms of IN738LC alloy produced by electron beam selective melting［J］. Additive Manufacturing, 2021, 47：102371.

6 熔融沉积增材制造技术

本章要点：熔融沉积增材制造技术的原理、工艺方法、特点、设备、应用以及科学研究。

熔融沉积（fused deposition modeling，FDM）增材制造技术是 20 世纪 80 年代末，由美国 Stratasys 公司发明的，是继光固化快速成型（SLA）和叠层实体快速成型（LOM）的另一种应用比较广泛的 3D 打印技术。1992 年，Stratasys 公司推出了世界上第一台基于 FDM 技术的 3D 打印机——"3D 造型（3DModeler）"，标志着 FDM 技术步入商用阶段。FDM 又可被称为熔丝成型（FFM）或熔丝制造（FFF），应用领域包括功能性原型制作、制造加工、用途零件制造等多方面，涉及医疗、建筑、教育、饮食等各个领域。

6.1 熔融沉积的原理

6.1.1 FDM 的基本原理

FDM 的基本原理是采用低熔点丝状材料（如蜡、工程塑料和尼龙等）或低熔点金属，通过加热腔加热至熔融态，然后利用由计算机控制的精细喷嘴挤出，经过挤压，喷出的丝材经冷却黏结固化，按照一定运动规律均匀地填充模型切片截面，覆盖于制作面板或者已建造零件之上，并在短时间内迅速凝固，每完成一层成型，工作台便下降一层高度，如此反复逐层沉积，建造出最终三维模型[1]。其原理图如图 6-1 所示。

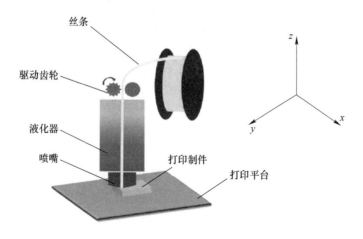

图 6-1　FDM 技术原理图[2]

6.1.2 FDM 的成型原理

FDM 设备的机械系统主要包括喷头、送丝机构、运动机构、加热工作室以及工作台等部分组成[3]，其设备结构示意图如图 6-2 所示。

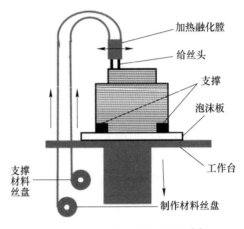

图 6-2　FDM 设备结构示意图[4]

FDM 工艺原理类似于热胶枪。热熔性材料的温度始终稍高于固化温度，而成型的部分温度稍低于固化温度。热熔性材料通过加热喷嘴喷出后，随即与前一个层面熔结在一起。一个层面沉积完成后，工作台按预定的增量下降一个层的厚度，再继续熔喷沉积，直至完成整个实体零件。其中，热塑性材料的细丝通过加热软化后被挤出，然后逐层沉积在搭建平台上。细丝的标准直径为 1.75 mm 或 3 mm，由线轴供应。最常见的 FDM 设备具有标准的笛卡儿结构和挤压头[4]。

FDM 成型中，每一个层都是在上一层的基础上进行堆积，上一层对当前层起到定位和支撑的作用。随着高度的增加，层轮廓的面积和形状都会发生变化，当形状发生较大变化时，上层轮廓就不能给当前层提供充分的定位和支撑作用，这时就需要设计一些辅助结构以保证成型过程的顺利实现。因此，FDM 工艺使用的材料分为两类：一类是用于建造实体模型的成型材料，另一类是用于支撑制件的支撑材料。

为了节省 FDM 成型的材料成本，提高沉积效率，在原型制作时需要同时制作支撑，因此，新型 FDM 设备采用了双喷头，如图 6-3 所示，一个喷头用于沉积模型材料，另一个用于沉积支撑材料。采用双喷头不仅能够降低模型制作成本，提高沉积效率，还可以灵活地选用具有特殊性能的支撑材料，有利于在后处理中去除支撑材料。

FDM 成型过程是在供料辊上，将实心丝状原材料进行缠绕，由电动机驱动辊子旋转，辊子和丝材之间的摩擦力是丝材向喷头出口送进的动力。在供料辊和喷头之间有一个导向套，导向套采用低摩擦材料制成，以便丝材能由供料辊送到喷头的内腔，其中最大送料速度为 10~25 mm/s，一般推荐速度为 5~8 mm/s[4]。送丝结构为喷头输送原料，送丝要求平稳、可靠。送丝结构和喷头采用推拉结合的方式，以保证送丝稳定可靠，避免断丝或积瘤[3]。

喷头的前端装有电阻式加热器，加热器对丝材进行加热，使丝材至半液体状态，半液

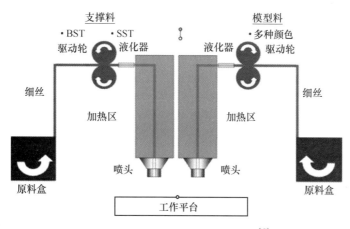

图 6-3 双喷头 FDM 设备工作原理[5]

体状的丝材经过喷头，涂覆至工作台上，由于喷头周围的空气低于挤出丝材的温度，被挤出的材料迅速凝固，等其冷却后将会形成截面轮廓。喷头在 XY 坐标系运动，沿着软件指定的路径生成每层的图案，即在电脑控制下喷头沿着零件截面轮廓和填充轨迹运动。丝材熔融沉积的层厚随喷头的运动速度的变化而变化，通常最大层厚为 0.25~0.5 mm。待每层打印完毕后，挤压头再开始打印下一层，就这样逐层由底到顶的堆积成一个实体模型或零件，直至加工结束，最终形成成品[4]。

6.1.3　FDM 相关选材

6.1.3.1　金属材料

金属 FDM 原料包括低熔点金属以及由金属粉末和有机黏结剂化合物制成的金属丝、颗粒或棒材。黏结剂的成本已经包括在内，是基于传统 MIM 喂料（混合金属和黏结剂）制作的。金属复合丝材经 FDM 打印成型后，成型坯还需要进行脱脂烧结等后处理以得到高性能的金属零件。脱脂是指打印成型的坯体中黏结剂脱出的过程，主要包括热脱脂、溶剂脱脂以及虹吸脱脂等方式，针对不同黏结剂可采用其中一种或几种方式实现对黏结剂的脱除。烧结是将脱脂后的坯体进行高温或高压下加热，通过原子迁移重排使金属颗粒重新相互连接的工艺，从而达到改善坯体内部组织、提升致密度和强度的过程。坯体在脱脂后存在大量孔隙，强度很低，烧结能很好地改善脱脂后零件的力学性能。

（1）Bi-Sn 合金。Bi-Sn 合金作为常用的低熔点合金，广泛应用于航空航天工业、汽车工业、核工业等方面，其熔点与常用于 FDM 打印的热塑性材料相差不大。邓诗贵[6]通过对 Sn-40Bi 和 Sn-58Bi 合金研究，发现打印速度和送丝速度比为 1：1.5 时，Sn-40Bi 合金在 215 ℃能够获得均匀连续的熔融沉积层，进而制备出合格的合金棒材。杨东霞等人[7]以 Sn-58Bi 合金丝材为原料，在 FDM 打印基础上进一步开发出了金属熔融三维直写技术，具有高效、低成本的特点，发现打印工艺送丝速度与直写速度的比值约为 1/2 时，成型合金质量较好。

（2）316L 不锈钢合金。不锈钢耐热腐蚀能力强，广泛应用于制作耐腐蚀设备，如汽车、化工、医疗等方面，目前用于 FDM 成型的不锈钢材料包括 316L 和 17-4PH 等。就增材制造技术而言，不锈钢零件常用 SLM 技术进行打印，但考虑到成本和批量化生产等问题，目前对于不锈钢复杂零件的制造方法已经逐步向着 FDM 和 MIM 方向发展。Gong 等人[8]比较了 SLM 与 FDM 制备的 316L 不锈钢孔隙率的差距，发现 FDM 打印成型的 PLA、ABS 与不锈钢 316L 金属-聚合物复合材料的孔隙率约为 1.5%，与 SLM 成型的 316L 不锈钢致密度相差甚小，同时，FDM 技术更易操作，成本更低。

（3）Fe 及其复合材料。Fe 及其复合材料具有良好的延展性、导热性。Masood 等人[9]开发了一种由 60%尼龙型基体和 40%铁粒子组成的喂料，用于熔融沉积成型金属-聚合物复合材料。针对铁-尼龙复合材料，Garc 等人[10]采用田口模型，以挤出温度和挤出质量为其他可控变量的方法，研究了尼龙铁复合材料的熔体流动指数，发现温度和挤压载荷与熔融流动指数（MFI）成正比，并确定了最佳挤出温度（230 ℃）和挤压载荷（50 N）。由于 Fe 在复合材料中比例很大，所开发的材料具有铁磁性，可以通过快速加工，广泛应用于工业领域。

总之，金属 FDM 成型技术取得初步成效，打印出的成型件的各项性能指标满足工业需求。通过相关探索以及试验研究，运用于 FDM 打印的金属类复合材料日益增加，不仅低熔点的金属能实现 FDM 型打印，一些熔点较高的金属或复合材料也能通过与黏结剂混合挤出拉丝或者配成浆料实现 FDM 成型[11]。

6.1.3.2　支撑材料

支撑材料是在 3D 打印过程中对成型材料起到支撑作用的部分，在打印完成后，支撑材料需要进行剥离，因此也要求其具有一定的性能。目前采用的支撑材料一般为水溶性材料，即在水中能够溶解，方便剥离，具体特性要求见表 6-1。

表 6-1　FDM 支撑材料要求[12]

性　能	具体要求	原　因
耐温性	耐高温	由于支撑材料要与成型材料在支撑面上接触，所以支撑材料必须能够承受成型材料的高温，在此温度下不产生分解与融化
与成型材料的亲和性	与成型材料不浸润	支撑材料是加工中采取的辅助手段，在加工完毕后必须除掉，所以支撑材料与成型材料的亲和性不应太好
溶解性	具有水溶性或者酸溶性	对于具有很复杂的内腔、孔隙等原型，为了便于后处理，可通过支撑材料在某种液体里溶解而去支撑。由于现在 FDM 使用的成型材料一般是 ABS 工程塑料，该材料一般可以溶解在有机溶剂中，所以不能使用有机溶剂。目前，已开发出水溶性支撑材料
熔融温度	低	具有较低的熔融温度，可以使材料在较低的温度挤出，提高喷头的使用寿命
流动性	高	由于支撑材料的成型精度要求不高，为了提高机器的扫描速度，要求支撑材料具有很好的流动性

总之，FDM 对支撑材料的具体要求是能够承受一定的高温、与成型材料不浸润、具有水溶性或者酸溶性、具有较低的熔融温度、流动性要好等。

6.2 熔融沉积的工艺方法

6.2.1 FDM 的成型过程

具体来说，熔融沉积工艺方法大致分为以下几个步骤。

（1）设计与建模：在 3D CAD 或其他建模软件上创建实体模型，并根据实际需求进行修改和优化。

（2）切片：将建模的模型切割成多层，每层的厚度可以根据不同模型进行设定。

（3）选材：材料是 3D 打印技术的关键所在，对于金属 FDM 成型工艺来说也不例外，金属 FDM 成型系统的材料主要包括成型材料和支撑材料，成型材料主要为低熔点金属材料以及由金属粉末和有机黏结剂化合物制成的金属丝、颗粒或棒材；支撑材料目前主要为水溶性材料。

（4）打印：将打印机的热头预热至材料的熔点，并将材料挤出至打印平台上，一层一层不断叠加打印，直到完成整个模型的制作。

（5）后处理：裁剪、黏接和上光等处理过程，以提高打印产品的外观和功能。

（6）脱脂：利用物理或化学的方法将 FDM 成型的零部件生坯中的黏结剂成分去除。

（7）烧结：通过高温促使脱脂后 FDM 生坯中的金属粉末之间发生冶金结合，提高生坯致密度，形成强度等性能符合使用标准的致密金属零部件。

FDM 增材制造的工艺过程可以主要概括分为三部分，即前处理（包括设计三维 CAD 模型、CAD 模型的近似处理、确定摆放方位，对 STL 文件进行分层处理）、原型制作和后处理三部分[3]。

6.2.1.1 前处理

前处理内容包括以下几方面的工作。

（1）设计 CAD 三维模型。设计人员根据产品的要求，利用计算机辅助设计软件设计出三维模型，这是增材制造原型制作的原始数据。CAD 模型的三维造型可以在 Pro/E、Solidworks、AutoCAD、UG 以及 Catia 等软件上实现，也可采用逆向造型的方法获得三维模型。

（2）CAD 模型的近似处理。有些产品上有不规则的曲面，加工前必须对模型的这些曲面进行近似处理，主要是生成 STL 格式的数据文件。STL 文件格式是由美国 3D System 公司开发，用一系列相连的小三角平面来逼近模型的表面，从而得到 STL 格式的三维近似模型文件。目前，通常的 CAD 三维设计软件系统都有 STL 数据的输出。

（3）确定摆放方位。将 STL 文件导入 FDM 增材制造机的数据处理系统后，确定原型的摆放方位。摆放方位的处理十分重要，它不仅影响制件的时间和效率，更会影响后续支撑的施加和原型的表面质量。一般情况下，若考虑原型的表面质量，应将对表面质量要求高的部分置于上表面或水平面。为减少成型时间，应选择尺寸小的方向作为叠层方向。

（4）切片分层。对放置好的原型进行分层，自动生成辅助支撑和原型堆积基准面，并将生成的数据存放在 STL 文件中。

（5）材料准备。选择合适的成型材料。

6.2.1.2 原型制作

A 支撑的制作

在打印过程中，如果喷头喷丝的当前位置处于下一层的外面或者下一层的缝隙处，那么就会使熔融丝在当前位置失去支持力，从而造成塌陷现象，导致整个打印过程的失败。解决塌陷的方式就是对出现这种情况的部分添加支撑。

设计支撑时，必须知道设计支撑的基本原则：

（1）支撑结构必须稳定，保证支撑本身和上层物体不发生塌陷；

（2）支撑结构的设计应该尽可能少使用材料，以节约打印成本，提高打印效率；

（3）可以适当改变物体面和支撑接触面的形状，使支撑更容易被剥离。

支撑的生成方式归为以下两类：

（1）手动式。手动生成支撑要求在设计物体的三维 CAD 模型时，人工判断支撑位置和支撑类型，最后将带支撑结构物体的 STL 文件，通过设置填充类型后，一起转成 BFB 格式的文件。经过打印就可以得到带有支撑的零件，最后需将支撑剥离掉。但支撑的手动生成方法有如下缺点：

1）用户在使用之前，须有较高的 3D 打印支撑的知识积累；

2）对一些待添加区域极限值计算不准确，会出现添加不必要支撑或者少添加支撑的情况。

（2）自动式。由软件系统根据零件的 STL 模型的几何特征和层片信息，自动生成支撑结构，这类方法直观、快速。

B 实体制作

在支撑的基础上进行实体的造型，自下而上层层叠加形成三维实体，这样可以保证实体造型的精度和品质。

6.2.1.3 后处理

FDM 后处理主要是对原型进行表面处理。去除实体的支撑部分，对部分实体表面进行处理，使原型精度、表面粗糙度达到要求。但是，原型的部分复杂和细微结构的支撑很难去除，在处理过程中会出现损坏原型表面的情况，从而影响原型的表面品质。FDM 成型部件还可以通过多种后处理方法达到相当高的标准，包括打磨、抛光、喷砂和机加工等方法。

6.2.1.4 脱脂

金属 FDM 打印工艺后面总是跟着额外的脱脂和烧结工艺。脱脂工艺的选取主要取决于黏结剂种类，目前工业生产中很少采用单一体系的黏结剂，因此脱脂时大多采用分步脱脂。采用分步脱脂既能快速有效将生坯中的黏结剂成分完全去除，又能保证在脱脂过程中生坯具有足够的强度。目前脱脂工艺主要有热脱脂、溶剂脱脂和催化脱脂几类。

（1）热脱脂是控制黏结剂在热分解过程中产生的物质在零件生坯中的扩散过程。采用热脱脂工艺简单且成本以及对设备的要求较低，但同时也存在脱脂过程中生坯易变形、脱脂不彻底等缺点。

（2）溶剂脱脂是将有机溶剂逐层渗透到生坯内部，根据相似相溶原理将生坯中的黏结剂成分萃取至溶剂中，再随溶剂一同从生坯中脱出。由于溶剂脱脂只能脱出生坯内部黏结剂中的可溶解成分，且会在生坯内部形成一定的黏结剂残留，因此在溶剂脱脂后往往还需要进行一次热脱脂。溶剂脱脂效率高，但是要严格选取脱脂溶剂种类及脱脂温度，防止脱脂溶剂在进入生坯内部后过分膨胀，导致生坯变形开裂甚至坍塌。

（3）催化脱脂是目前国内外应用较多的一种脱脂工艺，该工艺兼备热脱脂和溶剂脱脂的优点，克服了传统脱脂工艺脱脂时间较长且脱脂不完全、不彻底的缺点。

6.2.1.5 烧结

与传统的粉末冶金技术一样，烧结的原理基本相同，在高温的作用下，脱脂后 FDM 生坯中的金属粉末之间发生冶金结合，提高生坯致密度，最终形成强度等性能符合使用标准的致密金属零部件。

6.2.2 FDM 的工艺参数

FDM 3D 打印机的打印参数，大多数 FDM 系统允许调整多个过程参数。过程参数主要包括喷嘴和构建平台温度、构建速度、层高和冷却风扇速度等。其中，构建尺寸和层高是需要着重考虑的两个重要因素。桌面 3D 打印机的常见构建尺寸是 200 mm×200 mm×200 mm，而工业机器的尺寸可以达到 1000 mm×1000 mm×1000 mm。当使用台式机打印相关零件时，若零件较大，可以将一个大模型分解成更小的部分，然后重新组装。FDM 的典型层高范围在 50~400 μm 之间，虽然打印较高的层可以快速创建零件并且做到降低成本，但是打印较短的层会产生更平滑的零件，并能更准确地捕捉弯曲的几何形状。一般在打印过程中，折中选择层高，打印 200 μm 厚的层。

FDM 机器的最小特征尺寸受喷嘴直径和层厚的限制。材料挤压使得无法生成几何形状小于层高（通常为 0.1~0.2 mm）的垂直特征（在 Z 方向上）；FDM 通常无法生成小于喷嘴直径（0.4~0.5 mm）的平面特征（在 XY 平面上）；壁必须至少比喷嘴直径大 2~3 倍（即 0.8~1.2 mm）。

6.2.3 FDM 的工艺控制

（1）翘曲。翘曲是 FDM 中最常见的缺陷之一。当挤压材料凝固冷却时，其尺寸会减小。由于打印部件的不同部分以不同的速度冷却，其尺寸也以不同的速度变化。冷却差异会导致内部应力的累积，将下面的层向上拉，从而导致其翘曲。

解决措施：密切监控 FDM 系统的温度，尤其是构建平台和腔室；增加零件和打印平台之间的附着力以减轻翘曲；在设计过程中做出特殊结构，也可以减少零件翘曲的可能性：大而平坦的区域，更容易翘曲；薄的位置也容易翘曲，在薄部件的边缘添加额外的导向或应力消除材料，以增加与打印平台接触的区域有助于避免这种情况；尖角比圆形更容易变形，因此可以在设计中添加圆角。此外，每种材料都有其自身的翘曲敏感性，如图 6-4 所示。

图 6-4 翘曲现象[14]

（2）层黏合。零件沉积层之间的牢固黏合在 FDM 成型过程中至关重要。当 FDM 设备通过喷嘴挤出熔融材料时，这种材料会压在先前印刷的层上。高温和高压导致该层重新熔化并使其与前一层黏合；并且由于熔融材料压在先前打印的层上，因此其形状会变形为椭圆形。这意味着无论使用何种层高，FDM 成型零件始终具有波浪形表面，并且诸如小孔或螺纹之类的小特征也可能需要后处理。图 6-5 为 FDM 材料挤压型材。

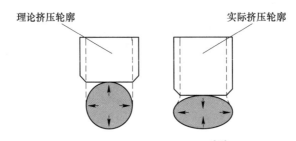

图 6-5   FDM 材料挤压型材[14]

（3）支撑结构。FDM 成型设备无法在稀薄的空气中沉积熔融材料。某些零件的复杂几何形状需要支撑结构，这些支撑结构通常采用与零件本身相同的材料打印。通常，移除支撑结构材料可能很困难，因此设计零件应最大限度地减少对支撑结构的需求。一般地，可以使用水溶性的支撑材料，但通常需将其与更高端的 FDM 打印机一起使用，并且使用可溶解支撑物会增加打印的总成本。

6.3 熔融沉积的特点

与其他 3D 打印技术路径相比，FDM 具有成本低、原料广泛等优点，同样存在成型精度低、支撑材料难以剥离等缺点。

6.3.1 优点

（1）成本低。金属 FDM 成型技术不需要采用激光器，设备运营维护成本低，而其成型材料也多为低熔点金属以及由金属粉末和有机黏结剂化合物制成的金属丝、颗粒或棒材等，材料成本较低。

（2）成型材料范围较广。低熔点金属以及由金属粉末和有机黏结剂化合物制成的金属丝、颗粒或棒材等均可作为金属 FDM 的成型材料。

（3）环境污染较小。在整个过程中只在较为封闭的 3D 打印室内进行，且不涉及高温、高压，没有有毒有害物质排放，因此环境友好程度较高。

（4）设备、材料体积较小。采用 FDM 的 3D 打印机设备体积较小，而耗材也是低熔点金属丝材以及由金属粉末和有机黏结剂化合物制成的金属丝、颗粒或棒材，便于搬运。

（5）原料利用率高。没有使用或者使用过程中废弃的成型材料和支撑材料可以进行回收、加工再利用，因此能够有效提高原料利用效率。

（6）后处理相对简单。目前采用的支撑材料多为水溶性材料，剥离较为简单，而其他技术路径后处理往往还需要进行固化处理，需要其他辅助设备，FDM 则不需要。

除此之外，FDM 还具有生产速度快、易于定制等优势，制造出的产品具有形式多样、轻质、高强度、高耐磨、高耐腐蚀等优点，特别适用于 3D 打印领域的科研与应用[4]。

6.3.2 缺点

（1）成型时间较长。由于喷头运动是机械运动，成型过程中速度受到一定的限制，因此一般 FDM 成型的时间较长，不适于制造大型零部件。

（2）需要支撑材料。成型过程中需要加入支撑材料，在打印完成后要进行剥离，对于一些复杂构件来说，剥离存在一定的困难。为此，一些采用 3D 打印的厂家已经推出了不需要支撑材料的机型，该缺点正在被逐步克服[4]。

与 SLA、LOM、SLS 等成熟 3D 打印技术相比，FDM 技术具有生产速度快、成本低以及灵活性强等优点，适合于对精度要求不高的桌面级 3D 打印机，易于推广，市场空间也较大。因此，FDM 在 3D 打印技术中的应用前景非常广阔。

6.4 熔融沉积的设备

6.4.1 FDM 设备构成

不同于普通打印塑料的 FDM 设备，打印金属材料的 FDM 系统往往更加复杂且对材料要求更高，一套完整的金属 FDM 制造系统包括金属喷嘴、热端部件、粉末供给系统、控制系统、构建平台和冷却系统等部分。

（1）金属喷嘴。金属喷嘴是 FDM 设备中关键的部件之一。它负责将金属材料粉末加热到熔融状态，并沉积在构建平台上以逐层打印物体。金属喷嘴通常由耐高温和耐腐蚀的材料制成。与传统的 FDM 打印机使用的喷头不同，打印金属材料的 FDM 设备使用特殊设计的金属喷头，能够处理高温金属材料的熔化和挤出。

（2）热端部件。热端部件包括加热元件和温度传感器，用于提供足够的热量以将金属粉末熔化。热端部件的设计需要能够提供精准的温度控制，以确保金属材料能够达到正确的熔化温度。

（3）粉末供给系统。粉末供给系统负责将低熔点金属粉末、丝材，或者由金属粉末和有机黏结剂化合物的金属喂料输送到喷嘴进行熔化和沉积，包括粉末储存器、粉末输送装置和粉末控制机构，以确保粉末的准确供给和均匀分布。

（4）控制系统。控制系统负责监控和控制打印过程中的各项参数和操作，它包括控制面板、电子控制器和相应的软件。控制系统可以监测和调整喷嘴温度、材料输送速度、位置控制和打印参数等，以确保打印过程的精确性和一致性。

（5）构建平台。构建平台是打印提供用于沉积金属材料的工作平台，它通过控制高度和位置来实现逐层打印。构建平台通常由金属材料制成，以适应高温条件和金属材料与喷嘴的熔融黏附。

（6）冷却系统。金属 FDM 成型设备需要强大的冷却系统以控制打印过程中产生的高热量和零件的冷却速度，通常由风扇、散热器和冷却通道组成，以确保金属材料或者喂料的快速冷却和固化。

6.4.2　FDM 国内外设备

2009 年 FDM 关键技术专利过期，基于 FDM 的 3D 打印公司开始大量出现，行业也迎来了快速发展期，相关设备的成本和售价也大幅降低。数据显示，专利到期之后桌面级 FDM 打印机从超过 1 万美元下降至几百美元，销售数量也从几千台上升至几万台。

目前，国外主要的熔融沉积成型设备主要应用于塑料打印，但是也有企业研发出了用于 FDM 打印金属材料的设备。美国 Markforged 公司研发的 Metal X3D 打印设备使用了一种称为"Atomic Diffusion Additive Manufacturing（ADAM）"的技术，通过在塑料中夹杂金属粉末，并经过热处理过程将塑料烧掉，最终得到金属零件。美国 Desktop Metal 公司研发的 Studio System3D 打印设备结合了 FDM 和金属粉末床熔化（Metal Powder Bed Fusion）的原理，将金属粉末和塑料结合，并通过后续的烧结和脱脂步骤来制作金属零件。德国 Fusion 公司研发的 Fusion3 F410 设备可以作为 FDM 金属打印的基础设备，它配备了高温喷嘴和加热床，可以与金属填充复合材料一起使用。

国内用于金属材料打印的 FDM 设备相对较少，但是随着 3D 打印技术的发展，一些国内公司也开始提供金属 FDM 打印解决方案。南京航空航天大学自主研发了 FDM 金属 3D 打印机，它采用类似于传统塑料 FDM 打印的方法，但是使用了适合金属材料的专用喷嘴和加热系统。此外，沈阳和大连有一些制造商提供金属材料的 FDM 打印机，用于进行金属 3D 打印研究和应用。虽然国内存在一些金属材料 FDM 设备，但与传统的金属 3D 打印技术相比，这些设备的商业化程度和应用范围相对较低。此外，从技术角度来看，金属 FDM 的实现仍然具有一些挑战，尤其是在材料选择、工艺参数控制和后处理等方面。

6.4.3　FDM 典型设备介绍

各国研究 FDM 增材制造装备的企业有上千家，早期大多数为美国和日本公司，近年来中国的 FDM 增材制造装备企业发展很快，特别是桌面型产品，市场占有率非常高。全球目前主要有三家大型企业提供可以用于金属材料的 FDM 增材制造设备，包括美国的 Markforged 和 Desktop Metal 公司，以及中国的 Raise3D 公司。2021 年，Raise3D 推出全新的 RMF500 3D 打印机（见图 6-6（a）），这是一款针对工业领域小批量生产的大幅面 FFF 3D 打印机，能够打印金属以及碳纤维增强材料，成型空间 500 mm×500 mm×500 mm，打印速度高达 300 mm/s，能够高效完成大型件或批量零件的打印。和常见的工业 FDM 3D 打印机不同，RMF500 打印时无需加热腔，能耗比同类降低超过 70%。另外，硬件上使用直线电机马达驱动，取代了传统的皮带滚轴系统；1 μm 闭环驱动系统，确保定位精度。

Markforged 作为全球最大的金属和碳纤维 3D 打印机制造厂商之一，于 2021 年推出了 FX20 3D 打印机（见图 6-6（b）），可用于制造高强度的大尺寸耐高温零件，适合从工厂车间到飞机等各种应用。Markforged FX20 采用精密设计和传感器驱动，具有突破性的精度、质量和可靠性，只需简单地点击一个按钮，就可以直接在需要的地方制造零件。作为 Markforged 有史以来生产的最大、最快、最敏捷的 3D 打印机，FX20 的尺寸和进给量可以以更快的速度制造更大的部件。FX20 有一个庞大的加热仓，能够维持高达 200 ℃ 的温度，打印零件的最大尺寸高达 525 mm×400 mm×400 mm。FX20 的速度比 Markforged 现有复合打印机的默认打印设置快 8 倍，打印尺寸比其第二大打印机 X7 大近 5 倍。

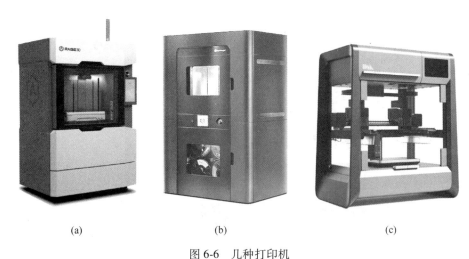

图 6-6　几种打印机

（a）RMF500 3D 打印机；（b）Markforged FX20 3D 打印机；（c）DM Studio 桌面金属打印机

　　Desktop Metal 是一家提供多样化 3D 打印解决方案的全球性企业，主要业务聚焦于碳纤维和金属制造的 3D 打印系统，该公司推出了全新的金属增材制造工艺——桌面金属 3D 打印系统 DM Studio（见图 6-6（c））与 DM Production，使得金属打印变得安全、高效、低成本。DM Studio 系统是基于 FDM 的原理，在所需的保护气氛下，以金属丝材为原材料，通过电感等方式熔化丝材，并在静电力/磁场等作用下控制喷嘴流出液滴的表面张力，在压力等作用下将金属液滴沉积在成型平台上；成型过程中可控制平台以及喷射系统的温度，对形成的缺陷进行监控并予以修复，系统打印尺寸为 300 mm×200 mm×200 mm，层厚 50 μm，每小时可打印 16 cm^3。

6.5　熔融沉积的应用

　　FDM 快速成型机采用降维制造原理，将原本很复杂的三维模型根据一定的层厚分解为多个二维图形，然后采用叠层办法还原制造出三维实体样件。由于整个过程不需要模具，被大量应用于产品的设计开发过程，如产品外观评估、方案选择、装配检查、功能测试、用户看样订货、塑料件开模前校验设计以及少量产品制造等，也应用于政府、大学及研究所等机构。用传统方法需几个星期、几个月才能制造的复杂产品原型，用 FDM 成型工艺无需任何刀具和模具，短时间内便可完成[3]。以下是一些常见的熔融沉积金属材料的典型应用。

　　（1）制造领域：熔融沉积金属材料被广泛应用于制造领域，用于生产零件和组件。它可以用于快速原型制作，小批量生产和大规模定制生产。熔融沉积金属材料的灵活性和设计自由度使其成为制造复杂形状、中空结构和内部通道的零件的理想选择，如图 6-7 所示。

　　（2）航空航天领域：熔融沉积金属材料在航空航天领域有着广泛的应用，可以用于制造轻量化结构件、复杂的内部构件、燃烧室零件、发动机组件等，如图 6-8 所示，金属材料的高强度和耐高温性能使其成为航空航天领域重要的选择。

图 6-7   FDM 制造的金属零件

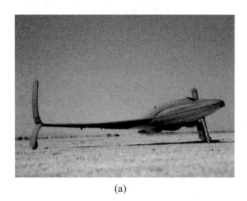
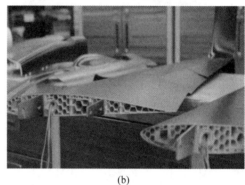

(a)   (b)

图 6-8   FDM 3D 打印的 Aurora Flight Sciences 的高速无人机（a）及其部件（b）

（3）汽车工业：熔融沉积金属材料在汽车工业中应用越来越广泛。它可以用于生产复杂的发动机零部件、底盘部件、传感器和连杆等，如图 6-9 所示，金属材料的高强度和耐久性使其成为汽车工业中可行的选择。

(a)   (b)

图 6-9   FDM 制备的汽车部件
(a) 发动机管；(b) 发动机缸体

（4）能源行业：熔融沉积金属材料在能源行业中的应用也很重要。它可以用于制造燃气涡轮机叶片、船舶推进器、核能设备零部件等，如图 6-10 所示，金属材料的高温和耐腐蚀性能使其适用于能源领域的高要求。

图 6-10　FDM 制备的金属歧管

6.6　熔融沉积成型的组织及力学性能

熔融沉积增材制造技术不需要激光器，设备运营维护成本低，但是受限于加热方式，只适用于低熔点金属材料构件的成型。目前，熔融沉积常用于 17-4PH 和 316L 不锈钢构件的成型，本节对不锈钢熔融沉积成型组织和力学性能有关研究进行简要介绍。

Yvonne 等人[15]将 FDM 成型与脱脂和烧结工艺结合制备了 316L 不锈钢，不同脱脂温度下获得的 316L 不锈钢显微组织如图 6-11 所示。

图 6-11　316L 不锈钢在不同温度下脱脂的 SEM 形貌[15]
(a) 650 ℃；(b) 750 ℃；(c) 850 ℃

可见，650 ℃时聚合物已经完全分解，750 ℃时发生了粉末颗粒重组，主要与脱脂过程中温度升高导致软化黏结剂内颗粒的运动和旋转有关。结果表明，最佳脱脂温度为 750 ℃，在此温度下聚合物能够完全分解，金属粉末颗粒会发生重组；同时，在 1360 ℃下烧结 120 min，试样具有最高的密度。弯曲试验结果表明，尽管打印样品强度较低，但其挠度与传统方法制造的不锈钢接近，因此，该工艺是一种很有前途的复杂形状金属零件制造技术。

刘斌等人[16]选取 11%聚甲醛（POM）作为黏结剂，1%聚丙烯（PP）作为稳定剂，

1%氧化锌作为热稳定剂，1%邻苯二甲酸二辛酯（DOP），以及邻苯二甲酸二丁酯（DBP）作为增韧剂，与86%的316L不锈钢粉末混合形成原材料，利用FDM设备挤出熔丝，研究了层厚对打印坯尺寸精度的影响。如图6-12所示，分层厚度为0.1 mm的打印坯内部整体黏结情况良好，层间存在微小孔洞状或裂纹状间隙；层厚为0.2 mm的打印坯断面层间间隙大于层厚为0.1 mm的打印坯，外壳区域可见明显断续分界线；层厚为0.3 mm的打印坯断面可清晰观察到熔丝形状，层间间隙也达到最大，并呈空穴状。此外，层厚越小，打印坯内部的缺陷越少，层间间隙越小，成型质量越高。虽然增加层厚可以降低翘曲变形量，但内部层间间隙加大，会影响熔丝的黏结力和力学性能。结合分层厚度对打印坯外形尺寸精度的影响，层厚0.1 mm是成型坯的最佳成型参数。

(a)   (b)   (c)

图6-12   不同分层厚度打印坯内部结构的SEM图像[16]

(a) 0.1 mm；(b) 0.2 mm；(c) 0.3 mm

蔡国栋等人[17]使用微米级316L不锈钢粉末和蜡基黏结剂以8∶2体积比混合制备热融性喂料，利用FDM工艺获得成型坯，经过脱脂和烧结后制备出最终的金属零件产品，并研究了稀土La元素对成型组织及力学性能的影响。图6-13为添加稀土元素La前后烧结试样的显微组织。

图6-13（a）和（b）为未添加稀土元素试样的显微组织，可见，析出物多为不规则形状，尺寸为5～40 μm，边缘不光滑且有尖角，大部分夹杂于晶界之间。图6-13（c）和（d）为LaCl$_3$添加质量分数为0.3%的试样，析出物形貌规则，为较均匀的半球状，边缘光滑完整、分布均匀，尺寸为10～20 μm。与不含稀土元素试样相比，含有稀土元素的试样中分布于晶界上的析出物数量显著减少，大部分析出物转移至晶粒内部。同时，晶界夹杂物明显减少，晶界变得更光滑。可见，稀土La元素能使析出物球化、分布更加均匀，从而净化晶界。

Navin等人[18]利用FDM制备了一种PLA不锈钢新型复合材料（见图6-14），优化了制备工艺参数。拉伸和冲击试验结果表明，PLA不锈钢复合材料的韧性为18 kJ/m^2，在45°自由度和90°自由度方向打印件的极限抗拉强度分别为69 MPa和23 MPa。此外，不锈钢聚合物复合材料的生物相容性与纯PLA接近，说明桌面FDM打印机可以通过统计分析数值优化，制造具有定制尺寸、表面粗糙度以及所需机械强度和生物相容性的新一代生物材料。

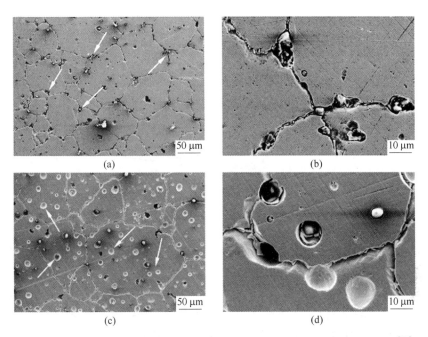

图 6-13 稀土添加前后烧结试样析出物形貌及分布（白箭头所指为析出物）[17]

（a）$w(\text{LaCl}_3) = 0$，低倍组织；（b）$w(\text{LaCl}_3) = 0$，高倍组织；

（c）$w(\text{LaCl}_3) = 0.3\%$，低倍组织；（d）$w(\text{LaCl}_3) = 0.3\%$，高倍组织

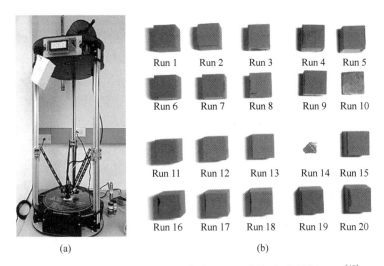

图 6-14 3D 打印机（a）和 3D 打印 PLA 不锈钢复合材料（b）[18]

Wen 等人[19]利用熔融沉积成型和烧结（FDMS）制备获得了 316L 不锈钢，并对 FDMS 成型 316L 不锈钢的拉伸性能进行研究，取样方法如图 6-15 所示。工艺优化后试样的屈服强度和极限抗拉强度分别提高了 26.1% 和 15.2%，水平方向和垂直方向的性能差异减小到 27%，材料各向异性显著降低。

316L-FDMS 试样在 X/Y 方向上的应力-应变曲线如图 6-16（a）所示。三组曲线在弹性

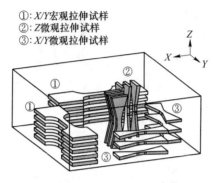

图 6-15　试样取样方法[19]

阶段无显著差异，在屈服点差异增加，B 组和 C 组的性能指标均优于 A 组，说明减小层厚可以改善材料的力学性能。当层厚 0.5 mm、打印速度 15 mm/s 时，屈服强度、极限抗拉强度和断裂伸长率分别为 222 MPa、522 MPa 和 66%。图 6-16（b）比较了不同方法制备 316L 材料的应力-应变曲线，可见，FDMS 零件在 X/Y 方向上的力学性能与金属粉末注射成型（MIM）和黏结剂喷射金属成型（BJ）产品没有显著差异。FDMS 成型样品部分的断裂伸长率虽然低于 SLM 成型样品，但其安全性较好、成本低。

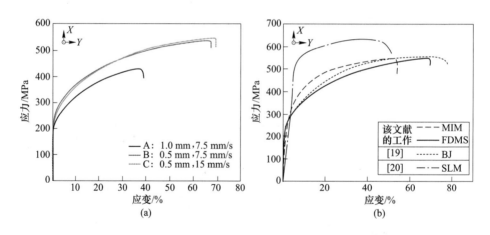

图 6-16　316L-FDMS 试样（a）和不同制备方法（b）的应力-应变曲线比较[19]

如图 6-17（a）所示，X-Y 平面上均匀分布的孔洞一般小于 50 μm。当受到外力拉伸时，所有孔均匀膨胀，超过最大应力点（状态④）时形成裂纹。试样中的孔洞沿 X/Y 方向拉伸时不易产生裂纹等缺陷，保证了该方向性能与材料本身基本一致。与 X/Y 方向相比，Z 方向原位拉伸试验结果如图 6-17（b）所示，Y-Z 平面孔数较多，孔洞在拉伸过程中没有均匀扩展（见图 6-17 中的Ⅲ），部分区域孔洞迅速扩展并收敛为裂纹，使试件在塑性变形阶段早期（状态②）形成裂纹，最终在低应力应变下破坏，FDMS 成型试样在 X/Y 和 Z 方向上断裂行为不同。

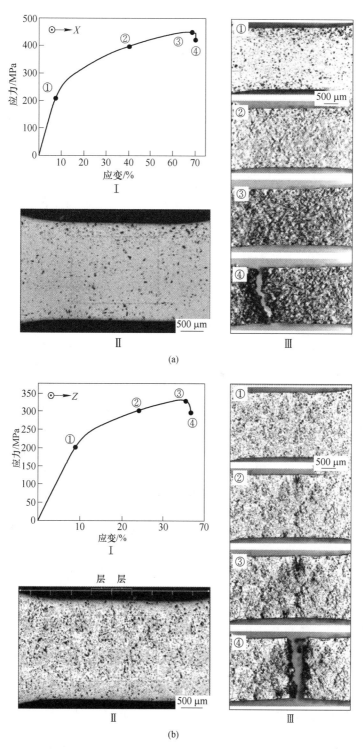

图 6-17 *X/Y* 方向原位拉伸试验（a）和 *Z* 方向原位拉伸试验（b）[19]

Ⅰ—应力-应变曲线；Ⅱ—拉伸试验前表面形貌；Ⅲ—拉伸过程中表面形貌

思 考 题

6-1 什么是熔融沉积（FDM）技术？请简要描述其工作原理。

6-2 在熔融沉积中，如何选择合适的材料和工艺参数以实现所需的产品性能？

6-3 请解释熔融沉积中的预热和后处理步骤的重要性。

6-4 什么是熔融沉积中的"层叠效应"，它对制造过程有何影响？

6-5 请简要描述熔融沉积技术的特点及适用范围。

参 考 文 献

[1] 马国伟，王里．水泥基材料3D打印关键技术［M］．北京：中国建材工业出版社，2019.

[2] 杨钦杰．基于3D打印的聚丙烯及其复合材料的制备、结构与性能研究［D］．四川：西华大学，2022.

[3] 张嘉振．增材制造与航空应用［M］．北京：冶金工业出版社，2021：44-47.

[4] 吴超群，孙琴．增材制造技术［M］．北京：机械工业出版社，2020：22-24.

[5] 宗冬芳．3D打印技术创业课程［M］．北京：北京理工大学出版社，2020.

[6] 邓诗贵．锡铋低熔点金属3D打印材料及工艺的研究［D］．广西：广西大学，2016.

[7] 杨东霞，单忠德，王永威，等．金属熔融三维直写工艺研究［J］．铸造技术，2016，37（10）：2165-2168.

[8] GONG H，SNELLING D，KARDEL K，et al. Comparison of stainless steel 316L parts made by FDM- and SLM-based additive manufacturing processes［J］．JOM：the Journal of the Minerals，Metals & Materials Society，2019，71：880-885.

[9] MASOOD S H，SONG W Q. Development of new metal/polymer materials for rapid tooling using Fused deposition modelling［J］．Materials & Design，2004，25（7）：587-594.

[10] GARG H，SINGH R. Investigations for melt flow index of Nylon6-Fe composite based hybrid FDM filament［J］．Rapid Prototyping Journal，2016，22（2）：338-343.

[11] 张仕颖，夏国峰，郝向阳，等．FDM型金属3D打印研究现状与展望［J］．特种铸造及有色合金，2023，43（2）：163-168.

[12] 余辉．叠加的魅力　3D打印之熔融沉积成型技术［EB/OL］．（2021-04-08）．https：//3dp.zol.com.cn/576/5765437.html.

[13] 魏青松．增材制造技术原理及应用［M］．北京：科学出版社，2017.

[14] 什么是FDM（熔融沉积成型）3D打印？［EB/OL］．http：//www.wenpoo3d.com/news/409.html.

[15] YVONNE T，JOAMIN G G，CHRISTIAN K，et al. Fused filament fabrication，debinding and sintering as a low cost additive manufacturing method of 316L stainless steel［J］．Additive Manufacturing，2019，30：100861.

[16] 刘斌，王玉香，林梓威，等．316L/POM复合材料FDM成型件成型质量的研究［J］．塑料科技，2020，48（4）：32-35.

[17] 蔡国栋，程西云，王典．FDM型3D打印316L不锈钢试样和La对析出物形貌和分布的影响［J］．材料研究学报，2020，34（8）：635-640.

[18] NAVIN S，JON B，et al. Investigation of 3D-printed PLA-stainless-steel polymeric composite through fused

deposition modelling-based additive manufacturing process for biomedical applications ［J］. Medical Devices & Sensors，2020，3（6）：10080.

［19］ WEN L, HU X, LI Z, et al. Anisotropy in tensile properties and fracture behaviour of 316L stainless steel parts manufactured by fused deposition modelling and sintering ［J］. Additive Manufacturing，2022，10：345-355.

7 三维打印成型增材制造技术

本章要点： 三维打印成型技术的原理、工艺方法、特点、设备、应用以及科学研究。

三维打印成型（three-dimension printing，3DP）由美国麻省理工大学的 Emanual Sachs 教授于 1993 年发明，工作原理类似于喷墨打印机，是形式上最为贴合"3D 打印"概念的成型技术之一。3DP 是一种先铺设粉末，而后利用打印机选择性打印黏结剂，反复层层打印得到产品的工艺。该技术采用逐点喷射黏结剂来黏结粉末材料的方法制造原型，具有成型效率高、成型尺寸大、没有热应力等优点，适合大规模、柔性、快速和智能生产，由于高精度设备的研发和成型材料的拓展等，3DP 已被应用于生物、医疗、铸造等多个领域。

7.1 三维打印成型的原理

7.1.1 基本原理

3DP 技术的工作原理如图 7-1 所示。利用计算机技术将制件的三维 CAD 模型在垂直方向上按照一定的厚度进行切片，将原来的三维 CAD 信息转化为二维层片信息的集合，成型设备根据各层的轮廓信息利用喷头在粉床的表面运动，将液滴选择性喷射在粉末表面，将部分粉末黏结起来，形成当前层截面轮廓，逐层循环，层与层之间也通过黏结溶液的黏结作用相固连，直至三维模型打印完成，未黏结的粉末对上层成型材料起支撑的作用；同时，成型完成后也可以被回收再利用，黏结成型的制件经后处理工序进行强化而形成与计算机设计数据相匹配的三维实体模型。

7.1.2 成型原理

3DP 技术是通过打印喷头喷射黏结液体将粉末固化成型的过程，该过程涉及液滴与粉体之间的相互作用，包括液滴对粉末表面的冲击、液滴在粉末表面的润湿、液滴的毛细渗透和固化等。

（1）液滴对粉末表面的冲击。当液滴冲击到粉末表面时，根据其冲击速度、液滴直径以及溶液和粉末表面的属性可能会发生溅射、铺展或回弹等现象，整个过程非常复杂，涉及惯性力、表面张力和黏性力的相互作用。液滴与粉末接触的过程及结果受液体系数的影响，受到喷头限制，3DP 技术所使用的液体 W_e 范围在 10~400 之间。液滴与粉末表面的接触过程近似于液滴与多孔介质表面的接触过程，其简化过程如图 7-2 所示。液滴冲击粉末表面产生接触，随即在粉末表面铺展，铺展过程中受之前冲击的影响，液滴形貌同时会发

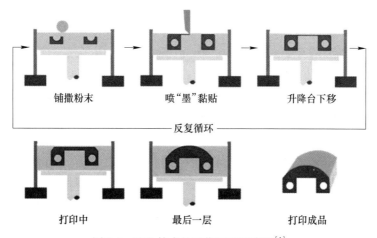

图 7-1 3DP 技术的工作原理示意图[1]

生振荡变化,但液滴整体不会因此破碎,振荡逐渐趋缓,最终液滴在粉末表面润湿呈球冠状。

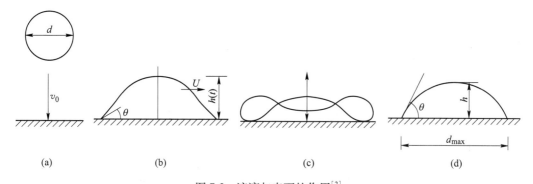

图 7-2 液滴与表面的作用[2]

(a) 冲击前;(b) 扩展;(c) 震荡;(d) 最终形状

（2）液滴在粉末表面的润湿。液滴在粉末表面的润湿如图 7-3 所示。可用杨氏方程的理论来解释,γ_{SG}、γ_{LS}、γ_{LG} 分别为固-气、液-固和液-气的界面张力,θ_c 为溶液与固体间的界面和溶液（包含溶液）表面的切线所夹的角度,称为接触角。接触角 θ_c 在 $0 \sim 180°$ 之间,是反映物质与溶液润湿性关系的重要尺度;$\theta_c = 90°$ 可作为润湿与不润湿的界限;当 $\theta_c \leqslant 90°$ 时,固体介质可被溶液润湿;当 $\theta_c > 90°$ 时,固体介质则不能被溶液润湿。

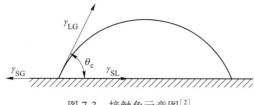

图 7-3 接触角示意图[2]

润湿的热力学定义是，若固体与溶液接触后其体系的自由能降低，称为润湿，自由能降低的数值则称为润湿度。固体和任何接触流体之间的界面能量以及溶液和第二流体（通常为空气）之间的界面张量，控制了体系最终呈现的形式。对于一个给定的体系，可以通过改变一种或几种界面能量组成操纵体系，获得合适的界面润湿能，一般通过表面活性剂在所有界面上的作用来实现上述控制。在 3DP 成型过程中，液滴对介质表面的润湿程度直接影响黏结成型效果，需要通过改变溶液与粉末材料成分以及物理特性等手段来提高其润湿性能。

（3）液滴的毛细渗透。渗透随着液滴与粉末的接触开始进行，液滴形态稳定并在粉末表面完全润湿时，渗透将会明显加速。渗透主要的驱动力是毛细现象，依靠粉末与粉末间的空隙向内渗透。渗透过程大致分为两个阶段：第一阶段，部分溶液仍残留于粉层的表面，但液滴形状逐渐由球冠状变为扁平状；第二阶段，液体完全在粉末内铺展。除了溶液性质、空隙形态和拓扑结构外，温度、外界压力以及滴落时的冲击速度等因素也会对渗透效果产生明显的影响。

液滴在粉末表面上的渗透可以近似看作在多孔介质表面的渗透。假设溶液为准稳态层流牛顿溶液，渗透区域无限大，忽略惯性效应和流体阻力，液滴半径和接触角固定，多孔介质理想化为多个平行竖直孔随机地分布在介质上。在上述假设的基础上，驱动溶液在这些孔中前进的毛细压力由 Young-Laplace 公式给出：

$$\Delta p = \frac{2\gamma_{\mathrm{p}}\cos\theta_{\mathrm{p}}}{r_{\mathrm{p}}} \tag{7-1}$$

式中，Δp 为毛细渗透压；r_{p} 为毛细孔的半径；γ_{p} 为液体表面张力；θ_{p} 为溶液和毛细孔内壁的接触角。

单孔中毛细作用驱动溶液流动的模型如图 7-4 所示。

（4）液滴对粉末的黏结固化。在液滴对粉末材料的润湿和渗透过程中，伴随着液滴对粉末的固化，固化方式按发生固化反应类型可分为物理固化和化学固化。

1）物理固化。喷头将黏结液体沉积到粉末中，随着黏结液体中溶剂挥发，固体粉末通过黏结剂形成黏结颈的方式黏结到一块。此时，固体粉末与黏结液体之间没有发生化学反应，粉末材料的成分也不会发生改变。通过喷射溶剂溶解粉末材料中的高分子，溶剂挥发再结晶固化的方式也属于物理固化。这种固化方式应用比较广泛，几乎可以成型任何满足 3DP 粉末要求的材料。

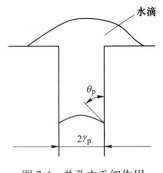

图 7-4　单孔中毛细作用驱动液滴流动[2]

2）化学固化。粉末材料与喷射液体发生化学反应或光敏树脂在紫外光的照射下发生固化，将粉末颗粒黏结的方式。例如，α 石膏和水反应结晶形成水合硫酸钙，催化剂和呋喃树脂产生交联固化的反应等都属于化学固化。这种方式只针对特定材料，也可将这种能产生化学反应的材料作为黏结剂，通过与基体材料的机械混合或覆膜，再利用其化学反应产生固化。

7.2　三维打印成型的工艺方法

3DP 的工艺过程可分为总体规划及黏结方案选定、黏结剂设计、粉末设计、粉液综合实验以及工艺参数优化、后处理等。

7.2.1　工艺过程

7.2.1.1　总体规划及黏结方案确定

通常情况下，研究一种材料时，应有一个明确的成型目标。成型目标能明确研发的整体路线，例如最终制件是多孔件还是致密件，多孔件在成型时要考虑如何使孔隙的分布均匀以及粉末颗粒大小对孔隙率及孔隙大小的影响等；致密件要考虑采用黏结剂的种类、致密化的方法等。某些成型目标对最终件的成分或者同质性有严格的要求，例如生物植入体，要求无毒性，其中某些对降解性也有具体要求。此类研究选择黏结方式就必须更加谨慎，因为有些方法必然会导致杂质残余，而有些方法使用的材料不符合要求。

了解黏结方式总体要求后，可以按照需求和材料特性，来选择合适的黏结方式。常见的黏结方式主要有以下几种，见表7-1。

表 7-1　常见的黏结方式[2]

黏 结 方 式	成 型 材 料	残 余 情 况
水合作用	石膏、水泥	—
有机黏结剂	所有材料	可以无残余
无机黏结剂	所有材料	一定有残余
溶剂法	高分子材料	可以无残余
金属盐法	金属/金属盐	—

（1）水合作用。水合作用是 3DP 技术中最早被使用的黏结方式之一，某些材料与水接触能自结晶成长、固化。使用该方式成型的材料主要有石膏与水泥，这两种材料都是极好的结构材料，其也作为添加剂加入其他材料，以增强主体材料的成型性。

（2）有机黏结剂。有机黏结剂的优势是可以与绝大多数粉末材料作用，同时可以通过热处理去除，几乎不留下任何残余。许多有机液体或溶液都有黏结性，如糖类、高分子树脂以及乙烯类聚合物等。有机物的热分解温度较低，如果成型材料是金属、陶瓷或热解温度高于黏结材料的高分子材料，可以通过普通的加热处理去除此类黏结剂。

对于有机液体或溶液，高分子含量较多时液体黏度增大，容易堵塞喷头；也可以将有机黏结剂以粉末形态混入主体粉末中，这种情况则要求选择的有机黏结粉末与液体接触时有较快的分散速度，例如蔗糖、麦芽糖糊精能快速溶于水中，聚乙烯醇与水接触能快速形成液膜。

（3）无机黏结剂。对于 3DP 成型，无机黏结剂与有机黏结剂最大的区别在于，无机黏结剂无法去除，必定会产生残余，但是无机黏结剂的黏结强度强于有机黏结剂，制件有着更好的力学性能。常见的无机黏结剂有硅溶胶、硅酸钠等。当粉末中含有酸性粉末或成

型腔暴露在 CO_2 气氛中时，硅溶胶沉积到粉末中能快速形成凝胶，具有较高的强度。

（4）溶剂法。高分子材料成型中常使用的一种方法，向粉末中沉积溶剂，溶剂全部或部分溶解其接触的颗粒，随着溶剂的挥发，重新析出相互连接的高分子。相较于有机黏结剂法成型高分子材料，该方法更容易不留下残余。

（5）金属盐法。金属或金属盐成型中常用的方法，通常向金属盐粉末中沉积饱和金属盐溶液，利用重结晶过程形成新的相互连接的金属盐晶体；通常搭配相应的后处理方案，例如使用还原反应获得金属单质，对于某些金属盐（如硝酸银），可以直接热处理获得金属单质。

（6）其他。还有一些其他针对性相对较强的方法。例如，某些高分子材料在对应的催化剂作用下会发生聚合反应，还有一些利用置换反应获得金属单质的方法。

选择了合适的黏结方式后，就可以大致确定出液体和粉末中所需要使用的主要成分，从而进行黏结剂和粉末的设计。

7.2.1.2　黏结剂设计

理论上，黏结剂和粉末的设计是并行过程，没有先后顺序。实际操作中，因为黏结剂的设计受喷头限制较多，黏结剂成分有时需要为此做出妥协，粉末成分也会相应做出改变。黏结剂设计的路线如图 7-5 所示。

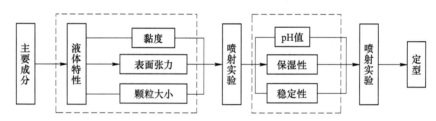

图 7-5　3DP 黏结剂设计的路线图[2]

根据选用的黏结方法以及设备使用喷头的种类（不同类型的喷头支持的液体类型不同）可以基本确定液体的主体成分。例如，水合法主要使用去离子水，溶剂法则可以确定使用哪种有机液体作为溶剂，其他方法则可以确定使用什么有效成分以及相应溶剂。对于3DP 液体，需要满足关键参数数值处于喷头的工作范围内，这是保证液体能够通过喷头进行喷射的基本需求。这些参数有黏度、表面张力以及颗粒大小，不同类型喷头支持液体参数范围不同。

颗粒大小是主要针对悬浊液考虑的一个参数，通常溶液中溶质分散良好，不用考虑该参数。表面张力可以通过使用表面活性剂调节至合理范围。调节黏度相对而言则更加复杂：黏度低于参数范围时，增加溶于该溶剂的黏性成分即可解决问题；大多数情况下，液体黏度往往超过参数范围，此时，简单减少有效成分含量往往并不可取，因为其会明显减弱液体对粉末的黏结作用造成成型失败，需要考虑其他办法。如果液体是含有高分子的溶液，可以通过更换溶剂或使用链长更短的同种高分子来降低黏度。如果必须通过减少有效成分含量来降低液体黏度时，粉末设计中应该对这种损失进行补偿。

基本需求满足液体可以正常喷射后，还需要进行优化设计。有些性能不决定液体的喷射性，但会影响长期稳定性，例如 pH 值酸碱度、液体的保湿性和稳定性等。对于液体而言，保持 pH 值酸碱度处于中性范围十分重要，pH 值酸碱度过高或过低的液体对喷嘴都有很强的腐蚀性。有些高分子溶液容易干涸，极易造成喷嘴阻塞，通常加入保湿剂减缓该过程。另外，保证溶液中溶质长时间均匀分散、不团聚凝结，悬浊液较长时间不发生沉积，都是需要考虑的。

7.2.1.3   粉末设计

相对于 3DP 液体而言，因为没有硬件（喷头）上的限制，3DP 粉末的设计难度较小，设计灵活性更强。3DP 粉末的主要组成和设计过程如图 7-6 所示。

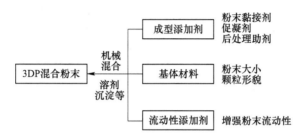

图 7-6   3DP 粉末的主要组成和设计过程[2]

对于基体材料而言，最重要的特征是粉末颗粒大小和形貌。粉末颗粒过大会造成层厚增加，减小细节精度。而颗粒过小则不利于粉末堆积，受瓦尔斯力影响，粉末容易团聚，粉末颗粒小于 $1\ \mu m$ 时，无法利用干法堆积，只能使用湿法沉积；粉末颗粒大于 $1\ \mu m$ 且小于 $5\ \mu m$ 时，湿法效果优于干法。粉末颗粒过小时，排列紧密，空隙过小造成液体渗透阻力过大，不利于成型。通常，适合 3DP 成型的粉末颗粒大小范围为 $20\sim150\ \mu m$。同时，粉末颗粒粒径最好适度分散，过于集中的粒径会造成粉末排列空隙较大，影响成型制件的致密度。颗粒形貌的重要性低于粉末颗粒大小，但球形粉末在干法堆积时的流动性要明显优于其他形状的粉末，同时也有较小的内摩擦力。

当粉末流动性不佳时，需要加入增流剂改善粉末流动性。最常使用的增流剂是白炭黑（纳米级二氧化硅），作为目前唯一工业化使用的纳米材料，该材料颗粒极小、表面光滑，可以很好地起到润滑作用，能够作为流动性添加剂。另一类添加剂是因为成型需要而加入的粉末材料，如因为黏结方法选择或液体成分调整需要加入的粉末黏结剂；可以促进溶解、凝固或催化反应进行的促凝剂；某些特殊后处理工艺需要的，提前分散到制件中的后处理助剂等。此外，常用制备 3DP 粉末材料的方法有机械混合法（球磨等）、溶剂沉淀法等。

7.2.1.4   粉液综合实验及工艺参数优化

在制备完符合要求的液体黏结剂和粉末后，并不意味着两者相互作用就一定能够产生黏结。在使用 3DP 设备进行成型实验前，应当先进行一些简易测试。测试可以在培养皿或观察台中进行，利用喷瓶或气雾瓶将液体喷涂至粉末表面，观察在液体作用下能否黏结，记录凝固时间。有实验条件的情况下，还可以观察液体对粉末的润湿情况，根据观察结果进一步调整液体和粉末的设计。利用 3DP 设备进行成型实验时，同样可以根据成型效果，如力学性能、成型精度等来优化液体和粉末的设计。

在确定了合适的黏结液、粉末成分后，需要对新的材料体系进行上机实验，以使成型制件性能达到最佳，常采用单因素法、正交实验法来确定较优的工艺参数。

7.2.1.5 后处理

后处理是3DP技术重要的环节，可以增强初始件的力学性能、表面特性等，常见的后处理工艺有清粉、涂覆、烧结、浸渗等。

（1）清粉。对基于粉末的3D打印技术，清粉是必不可少的一步。在制件成型完成后，需要从制件表面去除多余的松散粉末，清理出的粉末可以再次使用。对于没有内部特征的制件，可以手动用刷子刷去或者轻轻地吹走多余粉末。具有复杂内部特征的制件，清粉会困难一些，可以采取包括高压气体吹气、真空处理和振动等措施。清粉之后应先对制件进行干燥，之后再进行其他后处理操作。

（2）涂覆。在初始件的力学性能达到要求的情况下，涂覆是最常见的改变制件表面质量的方法。将粒径较小的颗粒均匀涂覆在制件表面，不仅可以有效提高制件表面光洁度，也可以防止在使用中外界环境组分通过表面孔洞渗入制件内部孔隙，影响制件性能。

（3）烧结。烧结是有效提高3DP制件性能的一种后处理方法，可以使制件中的基体部分熔化，连接形成烧结颈，这种结构能有效增强制件力学性能。同时，烧结可以使大多数液体成分蒸发或裂解，减少残余成分。但是，由于烧结使制件内部结构和成分发生剧烈变化，往往会造成严重的变形。

（4）浸渗。浸渗是一种提高制件致密度、强度的方法，和烧结不同，不会产生严重的收缩。低温和高温浸渗都取决于制件材料和黏结机制。浸渗液的温度必须低于基体材料的相变温度，且保证制件在浸渗过程中不产生变形。为了使浸渗液能够在压力或毛细作用渗入制件的空隙中，其应具有足够的流动性和表面张力。低温浸渗通常在稍高于环境温度和低于制件相变温度下进行，常见的浸渗液有蜡、氰基丙烯酸酯、聚氨酯和环氧树脂等。低温浸渗最常见的是通过浸渍制件来完成，但是也可以采用雾化浸渍等方式。高温浸渗需要控制浸渗剂的组成及热过程，在浸渗之前通常对制件进行预热，可以防止浸渗剂在制件表面过早地凝固，阻碍其向内部渗透。

除了这四种常见的方法外，还有很多有针对成型需求的后处理方法，这些方法往往与基体材料本身性能或选择的成型方案相关。例如，热处理硝酸银得到银单质，还原金属盐类或金属氧化物得到金属单质等。

7.2.2 工艺参数

（1）饱和度。3DP成型过程中，粉末被液体润湿，并随着液体的渗透，在粉末颗粒间通过物理、化学反应形成固体桥，从而达到粉末黏结的目的。液滴的加入量对粉末层的固化成型起到十分重要的作用。液滴加入粉末层的量可由饱和度 S 来表示，即在粉末的间隙中，溶液所占体积与空隙体积的比例。饱和度的大小受粉末粒径大小、粒径分布及喷液量等因素影响，不仅影响成型制件的精度和强度，甚至影响成型的成败。溶液在粉末中的填充方式由溶液加入的量来决定，如图7-7所示，分为以下几种。

1）钟摆状：$S<0.3$，溶液含量较少，以分散的液桥连接粉末，空隙呈连续相；

2）索带状：$0.3 \leqslant S<0.8$，液体桥相连，溶液成连续相，空隙为分散相；

3）毛细状：$0.8 \leqslant S<1$，溶液充满粉末内部孔隙；

4）泥浆状：$S \geqslant 1$，溶液充满粉末的内部和表面。

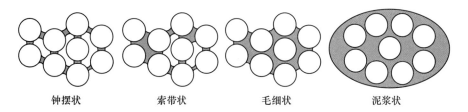

钟摆状   索带状   毛细状   泥浆状

图 7-7 溶液在粉末中的填充方式[2]

3DP 工艺中，粉末在溶液中的填充方式应该位于索带和毛细状之间，即 $0.3 \leqslant S < 1$，这样既能保证粉末被充分润湿，又能保证不致产生泥浆状的黏结，使液滴在粉末表面散开，从而影响叠层成型的精度。

（2）打印层厚。3DP 通过粉末逐层累积实现制件成型，因此，打印过程中打印层厚（每层铺粉的厚度）大小尤为重要，打印层厚会影响成型制件的表面质量、尺寸精度、强度以及成型效率等。打印层厚的选择取决于粉末颗粒的粒径分布及微观形貌，最小打印层厚应大于粉末材料的最大颗粒直径。减小打印层厚，可以提高成型制件的表面质量、尺寸精度和强度，但成型时间也会大大增加；增大打印层厚，虽然可以提高成型效率，但是会降低制件的精度和强度等。成型过程中，不同的材料需根据试验来优化打印层厚与饱和度，找到最佳配合，以实现成型效率与制件性能的最大化。

（3）铺粉速度。铺粉速度主要包括铺粉装置的移动速度和铺粉辊的转速两个方面，粉末在工作缸中的堆积密度是影响制件性能的直接因素之一，而粉末堆积密度主要与粉末性能和铺粉工艺参数有关，铺粉装置移动速度过快和铺粉辊转速过慢都不利于提高粉末的堆积密度。为了使粉末层获得较高致密度，通常情况下，对于不同的材料，应对铺粉工艺参数进行调试和优化。

（4）壁厚。制件壁厚会影响打印物体的强度、稳定性、打印时间和材料消耗量等，具体如下：1）强度和稳定性，增加壁厚可以增加打印物体的强度、稳定性和使用寿命；2）打印时间，增加壁厚会增加打印时间；3）材料消耗量，增加壁厚会增加材料消耗量。因此，在设计成型制件壁厚时，需要根据实际需求进行权衡和选择。

（5）填充密度。填充密度是打印物体内部填充物的密度，会影响打印物体的强度、稳定性、打印时间和材料消耗等，增加填充密度会增加打印物体的强度和稳定性，也会增加打印时间和材料消耗。

（6）支撑结构。支撑结构的作用是在打印过程中支撑起悬空的部分，防止其下垂或变形，从而保证打印品质。如果没有支撑结构，悬空部分容易出现变形、失真等问题，影响打印质量。同时，支撑结构能够提高打印效率，因为它可以减少打印时间和材料的浪费。如果没有支撑结构，悬空部分需要多次打印，打印时间会增加，同时也会浪费更多材料。

支撑结构的设计需要考虑到打印物体的形状、大小、材料等因素，不同的支撑结构设计会对打印品质和效率产生不同的影响。例如，对于一个复杂的零件，需要设计更多的支撑结构来保证其打印质量，但这也会增加打印时间和材料的浪费。此外，支撑结构在打印完成后需要移除，会对打印效率和质量产生影响。如果支撑结构设计得不好，移除时可能会损坏打印物体，影响制件质量。

7.3　三维打印成型的特点

（1）自由形状设计。可以通过 CAD 软件设计出任何形状的模型，直接将设计好的模型进行打印，无须制造模具或工具，实现自由形状设计。

（2）快速制造。可以快速制造产品，无须等待生产线的调整和生产周期，大大缩短产品的制造周期。

（3）低成本制造。可以使用各种材料进行打印，包括塑料、金属、陶瓷等，根据不同的需求选择不同的材料，并且减少材料浪费，从而实现低成本制造。

（4）精度高。可以制造出复杂的几何形状和微小的细节，满足高精度的制造需求。

（5）可定制化。可以根据客户的需求进行设计和打印，满足个性化的需求。

（6）环保节能。可以减少材料浪费和能源消耗，实现环保节能的制造。

（7）可迭代性。可以快速制造多个版本的产品，根据不同版本反馈进行调整和改进，实现快速迭代制造。

7.4　三维打印成型的设备

7.4.1　典型 3DP 设备的组成

3DP 增材制造设备机械结构示意图如图 7-8 所示，3DP 设备主要由喷射系统、粉末材料供给系统、运动控制系统、成型环境控制系统以及计算机硬件与软件等部分组成。

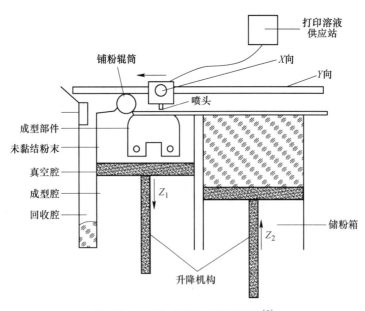

图 7-8　3DP 设备机械结构示意图[2]

（1）喷射系统。3DP 设备的喷射系统主要由打印喷头、供墨装置等部件组成。喷头的性能决定了整个设备的最佳理论性能，选择一个合适的喷头对于3DP设备的设计是十分重要的。连续式与按需式微喷射模式的技术特点可根据需要进行选择，供墨装置用来为打印喷头持续供应墨水。

（2）粉末材料供给系统。粉末材料供给系统主要完成粉末材料的储存、铺粉、回收、刮粉和真空压实等功能，主要包括成型缸、送粉缸、回收腔、刮粉装置、铺粉辊等。

1）成型工作缸：在缸中完成制件加工，工作缸每次下降的距离即为层厚。制件加工完成后，缸体升起，以便取出制造好的工件，并为下一次加工做准备，工作缸的升降由伺服电动机通过滚珠丝杆驱动。

2）送粉缸：储存粉末材料，并通过铺粉辊向工作缸供给粉末材料。

3）回收腔：回收铺粉时多余的粉末材料。

4）铺粉辊装置：包括铺粉辊及其驱动系统，其作用是把粉末材料均匀地铺平在工作缸上，并在铺粉的同时把粉料压实。

5）运动控制系统主要包括成型腔活塞运动（Z_1）、储粉腔活塞运动（Z_2）、Y向运动及其与X向运动的匹配、铺粉辊运动等运动的控制。

6）成型环境控制主要包括成型室内温度和湿度调节。

7）计算机硬件与软件：3DP软件将三维CAD模型转换为一系列模型的截面图形，然后调用喷墨打印机的打印程序完成打印溶液的喷射，并保证溶液喷射与相应的运动控制匹配，完成对整个成型过程的控制。

7.4.2 国内外3DP设备

近年来，美国、德国的相关公司在3DP技术与设备方面取得了长足的进步。已经商品化的3DP设备生产厂商如下：（1）美国3D Systems公司，代表机型ProJet 1200、ProJet 160、ProJet 660、ProJet 860等；（2）美国ExOne公司，代表机型Lab Platform、FlexPlatform、MaxPlatform、Exerial等；（3）美国Z corp公司，代表机型ZP 150、ZP 250、ZP 350、ZP 450、ZP 650、ZP 850等；（4）德国Voxeljet公司，代表机型有VX200、VXC800、VX1000、VX2000、VX4000等。设备详细参数见表7-2。

表 7-2　典型 3DP 成型设备的参数对比[2]

公司	型号	成本/美元	成型速度/mm·h^{-1}	成型尺寸/mm×mm×mm	分辨率/dpi	层厚/mm	喷嘴数量/个	材料
3D Systems	ProJet 160	16.50	20	236×185×127	300×450	0.1	304	—
	ProJet 260C	28.70	20	236×185×127	300×450	0.1	604	—
	ProJet 860 Pro	114	—	508×381×229	600×540	0.1	1520	—

续表 7-2

公司	型号	成本/美元	成型速度/mm·h⁻¹	成型尺寸/mm×mm×mm	分辨率/dpi	层厚/mm	喷嘴数量/个	材料
ExOne	Lab Platform	125	—	40×60×35	400×400	0.05~0.1	—	不锈钢、陶瓷、玻璃、青铜
	Flex Platform	425	12	400×250×250	400×400	0.1	—	不锈钢、陶瓷、玻璃、青铜和镍基合金
	Max Platform	>1400	20	1800×1000×700	300×300	0.28~0.5	—	硅砂、陶瓷
Voxeljet	VX200	159	12	300×200×150	300×300	0.15	256	PMMA、无机砂
	VXC800	700	33	850×500×30	600×600	0.15~0.4	2656	
	VX4000	1850	15.4	4000×2000×1000	600×600	0.12~0.3	26560	

下面将通过具体的应用实例，展示如今主流 3DP 厂商设备的应用范围及优势。

作为 ExOne 金属 3D 黏结剂喷射打印的最新设备，X1 25Pro 使用户能够以更高的产量打印各种 MIM 粉末，如图 7-9（a）所示。X1 25Pro 是 Innovent+的升级版，具有最新的重新涂饰技术。成型尺寸为 400 mm×250 mm×250 mm（15.75 in×9.84 in×9.84 in），最大吞吐量 3600 cm³/h（220 in³/h），最小层高 30~200 μm，能够以高生产速度制造高强度、硬度金属零件；同时，超声波点胶技术能够提高粉末流动性，独有的粉末铺展和压实系统可以提高制件的密度，适用于多种金属材料打印，如 316L、17-4PH、304L 等。

如图 7-9（b）所示，X1 160Pro 金属 3D 打印机适用于黏结剂的喷射 3D 打印，黏结剂

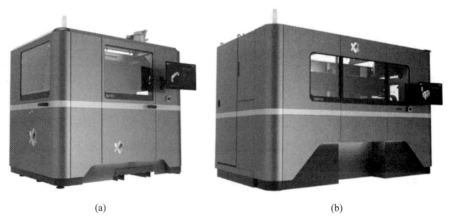

(a)   (b)

图 7-9   ExOne 金属 3D 打印设备

（a）X1 25Pro；（b）X1 160Pro

系统分别为 AquaFuse/CleanFuse/FluidFuse/PhenolFuse，成型尺寸为 800 mm × 500 mm × 400 mm（31.5 in×19.7 in×15.8 in），成型容量为 160 L，最大吞吐量超过10000 cm³/h，最小粉末尺寸为5 μm（D_{50}），外部尺寸为 3300 mm×3300 mm×2700 mm（130 in×130 in×107 in），层厚为 30~200 μm。该设备适合大批量生产，构建体积大，材料选择范围广，包括金属、陶瓷和复合材料，打印速度高达 10000 cm³/h，密度和可重复性高。

7.5　三维打印成型的应用

3DP 技术应用广泛，主要应用于航空航天、快速制模、医学模型、制药工程以及组织工程等领域。

7.5.1　航空航天制造

三维打印成型技术能够满足航空航天领域轻量化、节约燃料、高运行效率、部件整合以及制造时间短等需求，在该行业技术优势明显。3D Systems 公司的 DMP 技术已经广泛应用于航空航天飞行器零部件的开发与制造，其中，首个适用于商业通信卫星的 3D 打印射频滤波器（RF）已经通过测试和验证。与以往设计相比，Airbus Defence and Space 利用三维打印成型的滤波器实现了 50% 的减重。与以传统方式制造的部件相比，Thales Alenia Space 与 3D Systems 合作开发制造的钛合金质量减轻 25%，并且其刚度质量比更为理想。欧洲航天局（ESA）和 3D Systems 合作项目中开发的引擎部件实现了有效减重，其制造速度也显著提高，并且更易于后期设计适应。三维打印成型的拓扑构造优化飞机支架实现了70% 的减重，同时满足所有功能要求，能够有效应对 GE 飞机使用过程中的严苛挑战。德国航天中心（Deutsches Zentrum für Luft- und Raumfahrt，DLR）结构与设计研究所基于三维打印成型技术，设计并制造了组件极为复杂的火箭液氧（LOX）/焦油引擎的喷射器，优化了该装备的结构，如图 7-10（a）所示。Airbus Defence and Space 制造团队利用 3D Systems 提供的增材制造系统，制造出用于 Eurostar Neo 航天器的射频硬件，如图 7-10（b）所示。

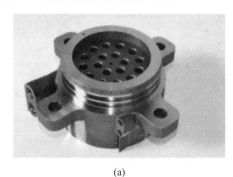 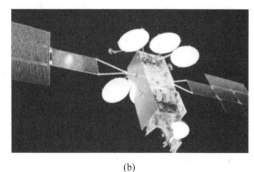

(a)　　　　　　　　　　　　　　　(b)

图 7-10　三维打印成型元件

（a）德国航天中心（DLR）使用 3D Systems 设备制造的液态火箭引擎喷射器；

（b）DMP Factory 350 打印机和铝材料射频（RF）无源硬件

3D Systems 公司与泰雷兹阿莱尼亚宇航公司合作，设计制造了 Spacebus NEO 卫星上电力推进器机构（ETHM）的 7 个不同增材制造支架，在确保机构精确动力学功能的同时有效降低了机构的质量，在一个小型设计空间内集成了多种功能，优化了强度质量比，解决了区域热量集中，保护了功能组件免受热损坏，如图 7-11 所示，在小型设计空间内，ETHM 的总动力学体积是 480 mm×480 mm×380 mm，包括旋转致动器、线束、管道和固定机构。截至 2021 年，两家公司共同利用系列部件构成的推进器机构将 1700 多个航天器送入了轨道。

| (a) | (b) |

图 7-11　构成 ETHM 的增材制造支架（a）和 LaserForm Ti-6Al-4V Grade 23 钛合金增材构件（b）

7.5.2　电子电路制造

利用三维喷印技术进行电子器件的制造以及电子电路的直接成型也是三维喷印技术未来发展的一个重要方向。凭借微喷射技术不断向更精更快方向发展和对喷射材料电特性的不断改良，三维打印增材制造方法可以快速打印各种电子元器件和多层电路结构，在半导体制造业中将占有一席之地。图 7-12 为日本的研究人员利用三维打印技术在玻璃基板上成型的电路结构。

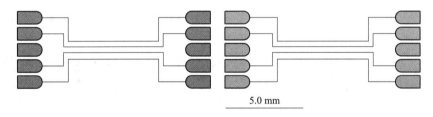

5.0 mm

图 7-12　电子制造应用[2]

7.5.3　医学假体与植入

3DP 可以应用于假肢与植入物的制作，利用模型预制个性假肢，提高精确性，缩短手术时间，减少患者的痛苦。此外，3DP 制作医学模型可以辅助手术策划，有助于改善外科手术方案，并有效地进行医学诊断，大幅度减少手术前、手术中和手术后的时间和费用，其中包括上颌修复、膝盖、骨盆的骨折、脊骨的损伤、头盖骨整形等手术。在 3DP 打印器官模型的帮助下，许多罕见而复杂的手术得以顺利完成。医生可以在医疗成像扫描结果的基础上制作出患者的心脏的解剖学模型，并使用该模型掌握外科医生或将在手术中面临的状况。

7.6 三维打印成型的组织及力学性能

三维打印成型增材制造技术可以自由设计形状、实现快速制造、定制化且精度高，但是其成型过程需要使用黏结剂，适用于不锈钢、钛合金和镁合金等构件成型，本节对上述材料三维打印成型组织和力学性能有关研究进行简要介绍。

7.6.1 钛合金

黏结剂配方和打印后处理对 3DP 成型的钛合金骨科植入物力学性能至关重要，通常将水溶性黏结剂粉末与金属粉末混合进行打印，可以用来制作多孔结构的复合材料，这是其他方法如 EBM 和 SLM 等无法做到的。Barui 等人[3]通过对 3DP 工艺参数的优化，在金属粉末床上采用黏结剂直接沉积法制备了 Ti-6Al-4V 合金三维多孔结构材料和人股骨柄原型，研究了孔隙形状、分布和连通性对其抗压强度和弹性模量等力学性能的影响。3DP 成型的层厚度为 100 μm，粉料饱和度（黏结剂含量）约为 60%。压缩空气除去松散粉末后，在管式炉中进行氩气保护气氛（流速 0.5 L/min）烧结，第一个阶段升温速率为 10 ℃/min，温度升高至 450 ℃保温 1 h 以去除黏结剂；然后以 20 ℃/min 的升温速率加热至 1400 ℃保温 2 h，炉内冷却获得最终烧结样品。

图 7-13 为 3DP 成型多孔结构 Ti-6Al-4V 合金的微观组织。图 7-13（a）中，在所设计

图 7-13　具有多孔结构的 Ti-6Al-4V 合金烧结组织形貌[3]

（a）大孔之间支柱上的微孔；（b）纳米级 TiC 纤维和颗粒；
（c）α-Ti 相及其晶界处的 β-Ti 相；（d）致密 Ti-6Al-4V 合金组织

打印的两个大孔之间的支柱上存在相互连接的三维微孔；图 7-13（b）中，多孔结构钛合金微观结构中存在纳米级的碳化钛（TiC）纤维和颗粒，黏结剂中含有大量淀粉基黏结剂是钛合金中 C 元素的主要来源，C 元素在烧结组织中原位自生形成 TiC 增强体，有助于提高材料的弹性和刚度，进而促进材料的骨整合。如图 7-13（c）和（d）所示，β-Ti 相分布在多孔结构表面和常规压实烧结试样的晶界处，α-Ti 相呈等轴分布。

3DP 成型多孔结构 Ti-6Al-4V 合金单轴压缩实验结果如图 7-14 所示。均质型多孔钛合金的应力-应变响应表现为线性响应，直至约 55 MPa 变为非线性响应，如图 7-14（a）所示。如图 7-14（b）所示，应力水平约 95 MPa 以下，梯度型多孔钛合金的应力-应变响应表现为线性响应，应力水平在 95 MPa 以上，变为非线性的"锯齿"响应行为。如图 7-14（c）所示，3DP 成型微孔圆柱体在应力约 200 MPa、有效弹性模量约 4 GPa 条件下也出现类似的渐进破坏趋势。

如图 7-14（d）所示，均质型和梯度型多孔结构钛合金的抗压强度分别为（47.0±

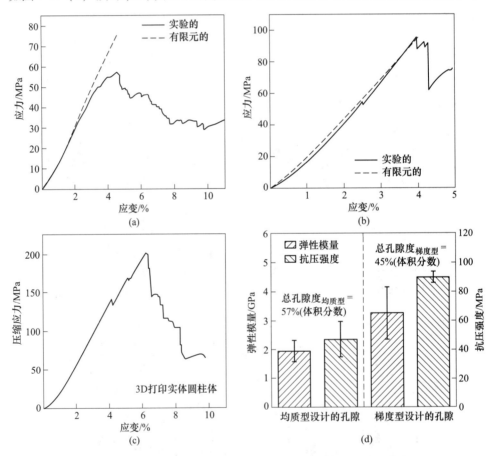

图 7-14　均质型和梯度型多孔 Ti-6Al-4V 压缩曲线及应力-应变曲线

（a）均质型多孔 Ti-6Al-4V 压缩曲线和有限元分析的压缩应力-应变响应[3]；

（b）梯度型多孔钛合金压缩曲线和有限元分析的压缩应力-应变响应；

（c）3DP 成型微孔（未设计孔隙度）圆柱体的应力-应变响应；

（d）均质型和梯度型多孔钛合金的平均抗压强度和弹性模量

12.1）MPa 和（90.0±4.0）MPa，有效弹性模量分别为（2.0±0.3）GPa 和（3.3±0.9）GPa。两种材料的抗压强度明显高于松质骨（7~10 MPa），低于皮质骨（170~193 MPa）。在压缩载荷作用下，多孔结构钛合金的应力-应变响应表现为渐进破坏，而不是突变破坏。应力-应变曲线非线性区域呈锯齿状，可能是由于空心通道周围应力分布不均匀，导致多孔结构钛合金部分体积单元达到极限抗拉强度而发生破坏。因此，随着荷载的增加，破坏预计会在不同的区域持续发生，区域突然破坏会导致应力-应变曲线出现扭结，如图 7-14（a）和（b）所示。

由于 3DP 增材制造技术的发展和黏结剂喷印构件后处理的需要，明确烧结过程中大型零件致密化行为及相关影响因素是至关重要的。Erica Stevens 等人[4]以 Carpenter 气体雾化 Ti-6Al-4V 粉末（粒径 40~150 μm）为原材料，在打印层厚度 150 μm、黏结剂饱和度 70% 条件下，采用 ExOne M-Flex 黏结剂喷射 3D 打印机制备获得了大型 Ti-6Al-4V 合金零件，如图 7-15 所示，并研究了均匀烧结大型黏结剂喷印 Ti-6Al-4V 合金部件的致密化行为。烧结工艺参数如下：在真空中缓慢升温 100 h 至 1000 ℃ 以促使黏结剂分解，避免黏结剂组分元素与钛发生反应，然后在 1000 ℃ 保温 2 h。

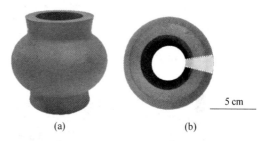

图 7-15 3DP 成型钛合金烧结零件[4]
（a）侧面图；（b）顶部图
（楔形组织切片截面组织观察，
打印方向垂直于零件直径）

3DP 成型 Ti-6Al-4V 合金烧结件截面的密度分布如图 7-16（a）所示。可见，其密度为 19.5% ~ 100.0%，其中，密度为 19.5% 处于截面角落位置，面积约 1 mm^2，制件截面的平均密度为（81.9±11.1）%，中位

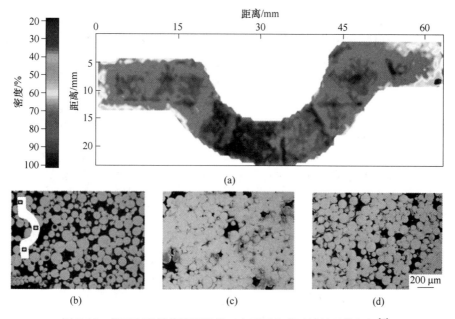

(a)

(b)　　　　　(c)　　　　　(d)

图 7-16 截面密度等值线图及其三个不同密度区域的显微组织[4]
（a）Ti-6Al-4V 烧结件截面密度等值线图；（b）平面部分边缘的低密度区域；
（c）曲线中间的中心；（d）第二个平面的中心部分

密度为 84.2%，在制件平面突起和边缘区域密度较低。制件截面不同区域显微组织图像如图 7-16（b）~（d）所示。平面突起和边缘区域，致密化只进展到颈缩的初始阶段；在这个阶段，粉末接触面积较小，如图 7-16（b）所示；在密度较大的内部区域和曲线周围，粉末颗粒间孔隙已经开始闭合，部分区域已经接近完全致密化，如图 7-16（c）所示；图 7-16（d）为介于上述两密度值间的平均密度区域显微组织图像。3DP 成型 Ti-6Al-4V 合金零件的截面密度变化较大，密度不足 20% 的极低密度区域可能是打印缺陷引起的，如粉末铺粉不均、黏结剂饱和以及制备过程中粉末脱落等。

图 7-17 是 3DP 成型 Ti-6Al-4V 合金微观结构的背散射电子图像。可见，无论是低密度区和高密度区域，其组织中相的类型和分布是一致的，均由等轴 α 晶粒和晶间 β 相以及针状 α 相构成。图 7-17（a）为低密度区域微观组织，该区域中颈缩有限，β 相的面积分数约为（8±2）%。图 7-17（b）为高密度区域显微组织，粉末颗粒间孔隙闭合，致密化程度显著提高，β 相面积分数为（9±2）%，接近低密度区域组织中 β 相的面积分数。

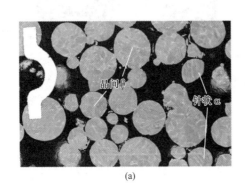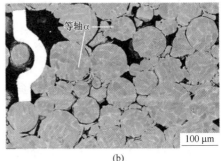

（a）　　　　　　　　　　　　　（b）

图 7-17　3DP 成型 Ti-6Al-4V 合金的微观组织[4]

（a）靠近边缘的低密度区域；（b）靠近平坦部分中心的高密度区域

（α 相呈灰色，β 相呈白色）

7.6.2　镁合金

镁合金作为最轻的结构金属材料，具有较高的比强度和刚度。目前，大部分镁合金产品都是通过铸造、变形加工和粉末冶金等方法制备的[5-8]。传统方法制备时间长、成本高，限制了镁合金应用，特别是对于一些几何形状日益复杂的结构件。同时，镁合金具有高氧亲和力、高蒸气压和低沸点的特点，3DP 增材制造技术作为一种先进的制造方法，有望快速制备复杂的镁合金构件。

Dong 等人[9]采用 SC-3DP 法对不同镁粉配比的油墨进行打印，确定了合适的打印制造窗口，研究了烧结温度和保温时间对 SC-3DP 成型多孔镁合金密度的影响。SC-3DP 成型多孔镁合金的制备过程如图 7-18（a）所示，包括制备油墨→3D 打印多孔结构的镁合金→脱脂和烧结。

首先，制备了包含黏结剂（聚合物、挥发性溶剂和添加剂）和不同比例的镁粉负载的油墨；然后，在压力施加的条件下，以适当的打印速度将制备好的具有所需流变性能的油墨通过微喷嘴挤出打印样品，挤压支柱中的挥发性溶剂在挤压时迅速蒸发，剩余聚合物冷

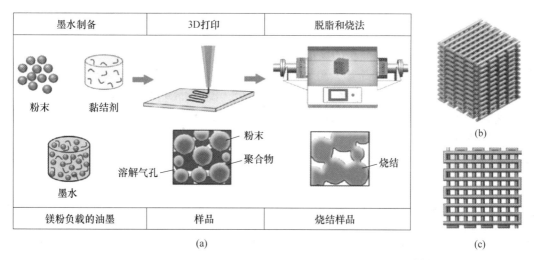

图 7-18　多孔结构镁合金的制备步骤及打印设计结构示意图[9]

（a）制备步骤；（b）多孔结构镁合金的 CAD 模型；（c）多孔结构的铺设方案

凝，并提高沉积 Mg 粉末负载支柱的刚性，以保持多孔结构形状、支持后续打印层；最后，通过后处理促使黏结剂组分分解，烧结 Mg 粉末颗粒使其致密化，获得多孔镁合金。

　　如图 7-19 所示，SC-3DP 成型所用的雾化纯 Mg 粉末颗粒呈球形，平均晶粒尺寸为（8.6±1.7）μm。SC-3DP 成型多孔镁合金油墨制备过程如下：镁粉负载油墨通过混合镁粉颗粒和由聚苯乙烯、邻苯二甲酸二丁酯组成的黏结剂合成，将镁粉颗粒添加到已经制成的黏结剂中，以防止在油墨制备过程中镁粉颗粒被氧化。分别制备粉末负载（体积分数）为 54%、58% 和 62% 的油墨，将黏结剂和镁粉混合物磁性搅拌均匀混合；然后，将合成的油墨在 25 ℃以 10^2 rad/s 的速度离心 1 min 去除气泡。

图 7-19　镁粉微观组织[9]

（a）球形粉末颗粒形貌；（b）粉末颗粒截面的微观结构

　　在一定的剪切应力下，三种油墨（54%、58%、62%（体积分数）Mg 粉末负载量）的黏度-剪切应力曲线均呈现出急剧下降的趋势，如图 7-20（a）所示。在达到临界剪切应力之前，有一个相对稳定的区域，称为屈服应力（τ_y）。如图 7-20（b）所示，三种油墨的黏度随剪切速率的增加而下降，出现剪切减薄行为。对于通过细喷嘴挤出油墨，同时保持沉积后的形状至关重要，在全剪切速率范围内，镁粉添加比例较高的油墨黏度值高于Mg 粉添加比例较低的油墨。通过频率扫描测试确定了储存模量（G'）和损耗模量（G''），以评估油墨的黏弹性性能，油墨的该项性能是决定能否打印成功的关键。在扫频测试中，储存模量和损耗模量均随镁粉加入量和频率的增加而增加，如图 7-20（c）所示。在 Mg 粉加入比例较高的油墨中，储存模量高于损耗模量，说明油墨表现为弹性或类固体行为。通过蠕变恢复试验来表征油墨的黏弹性特性，用顺应性 $J(t)$ 表示为时间的函数，如图 7-20（d）所示，结果显示蠕变试验呈非线性增长趋势，恢复区域呈指数衰减，不同镁粉添加量的油墨回收率相似。

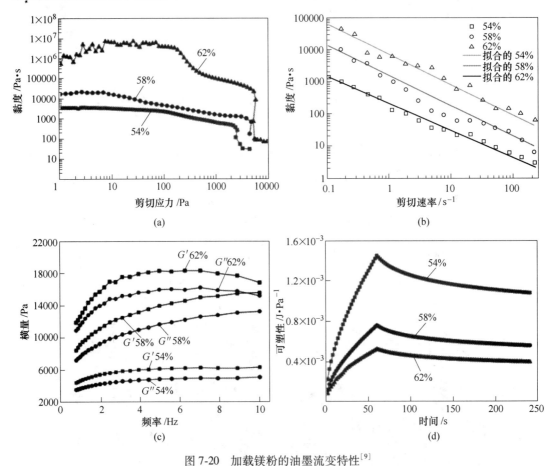

图 7-20　加载镁粉的油墨流变特性[9]

（a）1 Hz 剪切应力；（b）10 kPa 剪切速率；（c）频率试验的 G' 和 G'' 值；（d）蠕变恢复试验的顺应值

如图 7-21（a）所示，随着施加压力的增加，油墨的流速稳步增加，当 Mg 粉浓度（体积分数，下同）为 54% 时，流动速率最高；而当 Mg 粉浓度为 62% 时，流动速率最低。此外，当压力小于 350 kPa 时，含有 62% Mg 粉末的油墨无法从喷嘴中挤出。剪切速率取决于在给定的外部压力下的流量，施加压力增加会导致剪切速率显著增加，同时黏度降低。定义了如图 7-21（b）所示的三个独立打印窗口，设计 Mg 合金在不同 Mg 粉加载比例下的打印工艺参数（施加压力和打印速度）。在图 7-21（b）中给出了四个区域，在这些区域中可以获得不同质量的产品。Ⅰ区表明可以成功制备宽度为 30 ~ 500 μm 的一维沉积层和二维阵列，Ⅱ区是 3DP 成型 Mg 合金的可靠可打印区域，Ⅲ区和Ⅳ区是不可打印区域，由于打印参数的不匹配，导致沉积层宽度超出了规定的 30～500 μm。

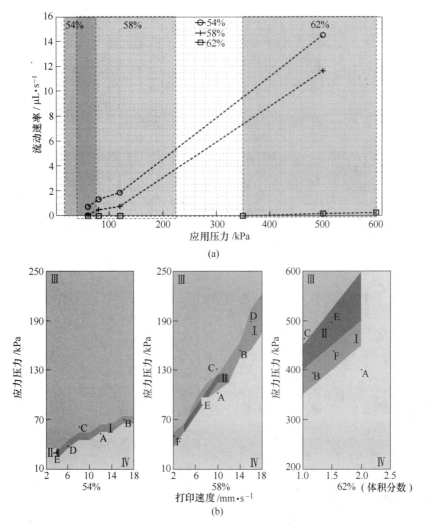

图 7-21　加载镁粉油墨的特征打印行为[9]

（a）流量与施加压力的函数关系；（b）打印性能窗口（Ⅱ：3D 打印区，Ⅰ：2D 打印区，Ⅲ和Ⅳ：不可打印区域）

　　烧结温度和烧结时间对 58% Mg 粉末负载量（体积分数）多空镁合金结构的影响以及烧结颈的演化，如图 7-22 所示。在 650 ℃烧结时，多孔结构的支柱内部形成颈，如图 7-22（a_2）～（e_2）所示。如图 7-22（a_4）～（e_4）所示，Mg 合金的相对密度随着保温时间和烧结温度的增加而增加。在 650 ℃烧结 35 min 后，粉末颗粒间颈部形成明显，部分粉末颗粒聚合，如图 7-22（a_2）所示。缩短保温时间可以缓解镁粉颗粒的聚合现象，能很好地保留颗粒间颈部。随着烧结温度升高，粉末颗粒颈的生长、微孔的减少和粉末颗粒的聚合有进一步发展的趋势，如图 7-22（d_2）和（e_2）所示。由于熔融镁的过度流动以及熔融镁与固体镁粉颗粒之间的润湿性较差，在一定烧结条件下制备的 Mg 合金中会出现一些大的结节，如图 7-22（a_1）～（e_1）所示。在 650 ℃烧结 35 min 后，沉积层表面和支板之间出现较

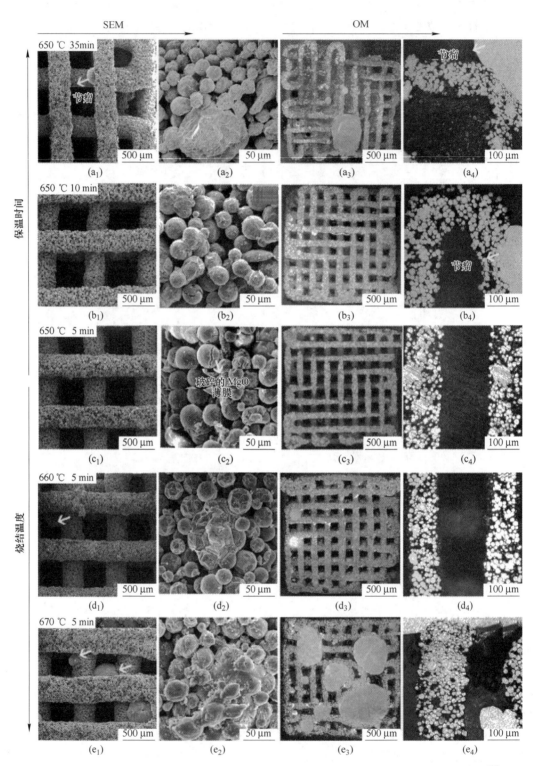

图 7-22　Mg 粉末负载量 58% 条件下 3DP 成型多孔结构镁合金的烧结行为和微观组织演化[9]

大结节,如图 7-22(a_1)所示。图 7-22(a_3)的烧结试样截面中,结节可以生长至足以填充相邻支柱之间的孔隙。如图 7-22(c_1)~(c_4)所示,结节大小随保温时间的减少而减小,保温 5 min 时未见结节。然而,当温度从 650 ℃升至 660 ℃或 670 ℃时,尽管保温时间仅为 5 min,如图 7-22(d_1)和(e_3)所示,结节仍会出现。670 ℃烧结时,支柱之间的大孔隙被球形结节填充,对多孔结构产生了不利影响,如图 7-22(e_3)所示。

Salehi 等人[10]研究了 3DP 成型 Mg-Zn-Zr 合金的烧结组织演化规律,评估了 3DP 成型 Mg 合金应用于骨组织植入体的潜力。如图 7-23 所示,镁合金粉末实际成分(质量分数)为 Mg-5.06%Zn-0.15%Zr(与 ZK60A 合金相似),该粉末为球形颗粒,粒径 D_{50} 为 62.6 μm。图7-24 为 3DP 成型工艺流程,将 Mg-Zn-Zr 粉末 3D 打印机,将 Mg 粉末铺至打印平台;然后,利用喷墨打印头将墨水沉积到层厚为 100 μm 的粉末指定区域,如图 7-24(a)所示;毛细管介导的液体桥在粒子间形成,如图 7-24(b)所示。由于粉末颗粒表面层和油墨的相互作用,液体桥演变成固体粒子间桥。随后的粉末层被铺在前一层上,并选择性地沉积油墨,如图 7-24(c)所示;从而在整个层内和层间构建固体颗粒间桥,如图 7-24(d)所示。上述步骤重复进行,直到 3DP 构件打印完成。

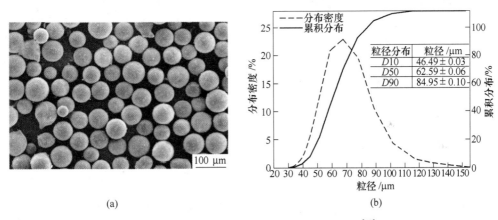

(a)   (b)

图 7-23 球形 Mg-5.06%Zn-0.15%Zr 合金粉末[10]

(a)粉末颗粒形貌;(b)粒径分布

图 7-25 为 3DP 成型 Mg-Zn-Zr 合金在微波真空气氛烧结炉(MW)和 CT 烧结炉中烧结不同时间后显微组织。无论使用何种炉型,相邻粉末颗粒之间的烧结颈随着保温时间的延长而增大。图 7-26(a)显示了在两个熔炉中烧结试样的密度测量结果,可见材料的密度值随烧结保温时间的增加呈现出增加的趋势,与烧结颈变大的观察结果一致。

图 7-26(b)为在 MW 炉中不同烧结试样的单轴压缩中的应力-应变曲线,随着试样致密度增加,应变(E)、屈服强度(CYS)和极限强度(UCS)增加,在 MW 炉中烧结 15 h 的样品具有与在 CT 炉中烧结 60 h 的样品几乎相似的杨氏模量和压缩性能,表明在 MW 炉中烧结时间减少了 3 倍,与密度变化趋势一致。目前的生物可降解聚合物材料缺乏承重所需的机械强度,作为具有优异力学性能的第三代生物材料植入体内时,与聚合物基材料相比,镁合金具有更优异的生物相容性和骨整合性,有利于骨细胞附着和生长。在 MW 炉中烧结 15 h 或 CT 炉中烧结 60 h 试样的杨氏模量和压缩响应与皮质骨类型的性质相

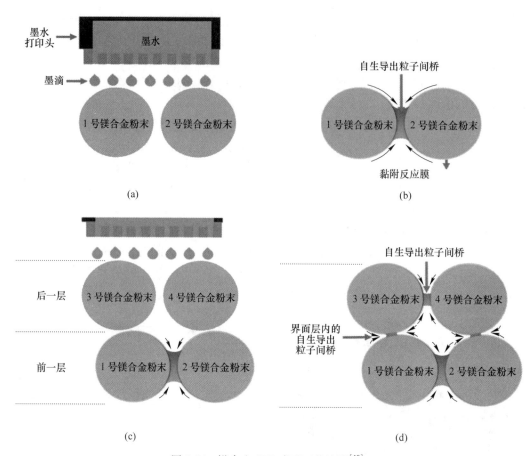

图 7-24 镁合金 3DP 成型工艺流程[10]

（a）油墨沉积到粉末覆盖层中；（b）颗粒间空间内形成毛细管介导的液桥并向固体桥发展；
（c）在先前层的顶部递送和铺展新粉末层，将油墨沉积到指定区域；（d）新层及其前一层的夹层中产生液体桥

图 7-25 随着烧结时间变化微波烧结炉和 CT 烧结炉制备的镁合金显微组织[10]

（a）~（d）微波烧结炉，时间依次为 1 h、5 h、10 h、15 h；
（e）~（h）CT 烧结炉，时间依次为 1 h、5 h、10 h、15 h

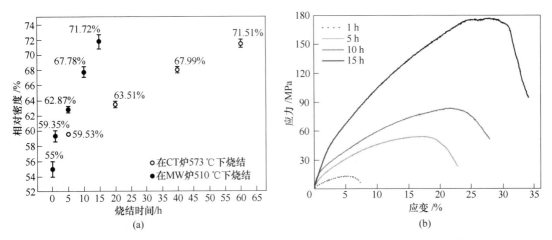

图 7-26　随着烧结时间变化制备的试样密度（a）和应力-应变曲线（b）[10]

当。3DP 成型镁合金的力学性能可以通过烧结参数的变化进行调节，以达到接近于人类皮质骨的力学性能。

7.6.3　不锈钢

Nocheseda 等人[11] 提出了一种 3D 打印金属结构的材料挤出工艺，通过挤出具有可生物降解的纤维素水凝胶以及含有不规则形状金属粉末和羧甲基纤维素钠（CMC-Na）的水基复合油墨打印 316L 样品，其中蒙脱石黏土和瓜尔胶添加剂用于改变油墨黏度，保证 3D 打印结构的完整性和稳定性，该油墨还可以按照配方适当比例再次与水混合，从而提高油墨的可重复使用性。如图 7-27 所示，将金属油墨通过带有塑料微喷口的注射器挤压出，并分层沉积，以制造所需的 3D 结构。首先，将 stl 文件格式的 3D 设计文件上传到 3D 打印

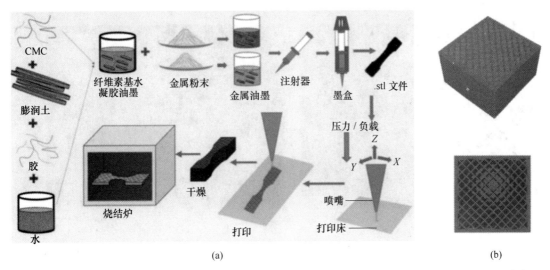

图 7-27　3DP 成型用纤维素基水凝胶制备（a）和 45°/135°/45°打印方案（正交和俯视图）（b）[11]

机，处理生成 3D 结构切片层的计算机生成代码；然后，3D 打印机的喷嘴挤出金属油墨到打印床上，并使用 45°/135°/45° 的构建方式沉积油墨，直到整个 3D 几何图形被建立，如图 7-27（b）所示。金属油墨是由 Hyrel 3D Hydra 16A 挤压印刷机直接打印的，该设备使用一个由丝杆作为组件控制的活塞机构。在打印过程中，活塞压力组件控制从注射器中流出的金属油墨。为了保证高分辨率打印，使用内径为 0.26 mm、具有 0.1 mm 定位分辨率的微型喷嘴。

如图 7-28（a）和（b）所示，不规则 316L SS 粉末平均粒径约为 25 μm。采用 Thinky 离心混合机确保金属粉末与纤维素基水凝胶油墨均匀混合，图 7-28（c）和（d）为 316L SS 粉末在打印后和在环境条件中干燥的 SEM 图像。由于较高的金属粉末负载，打印结构相对脆弱，颗粒间结合较弱，可以看到打印层与所设计结构相符。随后，316L 不锈钢（316L SS）在 1050 ℃ 烧结去除纤维素水凝胶，最终形成具有互连开孔和闭孔的 316L SS 样品，如图 7-29 所示，孔隙率约为 31.92%，弹性模量为 0.053 GPa。

图 7-28   316L SS 合金粉末组织[11]

（a）粉末形貌；（b）粒径分布；（c）（d）3DP 打印固化后粉末分布

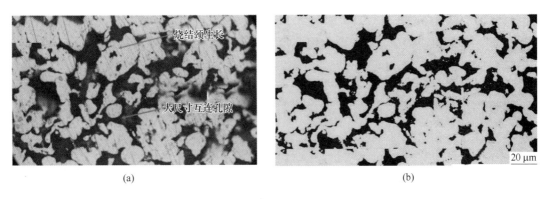

图 7-29 3DP 成型 316L SS 合金烧结组织微观形貌[11]

（a）1050 ℃烧结组织（×1000）；（b）图像分析和图（a）中的孔隙率计算

（图（b）中，相 1：灰色部分区域为 3D 打印 316L SS 结构中烧结颈的生长；

相 2：黑色部分区域为 3D 打印 316L SS 结构中的孔隙）

思 考 题

7-1 3DP 的技术原理是什么，这项工艺的优缺点有哪些？

7-2 3DP 常用的黏结方法有哪些，根据什么来选择？

7-3 3DP 技术的工艺参数有哪些，对成型制件性能有什么影响？

7-4 3DP 使用打印喷头分为哪几类，各自的原理和使用条件是什么？

7-5 目前 3DP 成型材料有哪些，各应用在什么领域？

参 考 文 献

［1］ 廖宏 . 3DP 技术在复杂增压器壳体铸造中的应用［J］. 铸造工程，2022，46（6）：64-67.

［2］ 魏青松，史玉升 . 增材制造技术原理及应用［M］. 北京：科学出版社，2017.

［3］ BARUI S, CHATTERJEE S, MANDAL S, et al. Microstructure and compression properties of 3D powder printed Ti-6Al-4V scaffolds with designed porosity：Experimental and computational analysis［J］. Mater. Sci. Eng. C, 2017, 70：812-823.

［4］ STEVENS E, SCHLODER S, BONO E, et al. Density variation in binder jetting 3D-printed and sintered Ti-6Al-4V［J］. Additive Manufacturing, 2018, 22：746-752.

［5］ LI X, WANG X, HU X, et al. Direct conversion of CO_2 to graphene via vapor-liquid reaction for magnesium matrix composites with structural and functional properties［J］. J. Magnes. Alloys, 2021, 6：12.

［6］ WEILER J P. Exploring the concept of castability in magnesium die-casting alloys［J］. J. Magnes. Alloys, 2021, 9：102-111.

［7］ SHI H, XU C, HU X, et al. Improving the Young's modulus of Mg via alloying and compositing-A short review［J］. J. Magnes. Alloys, 2022, 10：2009-2024.

［8］ HERZOG D, SEYDA V, WYCISK E, et al. Additive manufacturing of metals［J］. Acta Mater., 2016, 117：371-392.

［9］ DONG J, LI Y, LIN P, et al. Solvent-cast 3D printing of magnesium scaffolds ［J］. Acta Biomater. , 2020, 114：497-514.

［10］ SALEHI M, SEET H L, GUPTA M, et al. Rapid densification of additive manufactured magnesium alloys via microwave sintering ［J］. Additive Manufacturing, 2021, 37：101655.

［11］ NOCHESEDA C J C, LIZA F P, COLLERA A K M, et al. 3D printing of metals using biodegradable cellulose hydrogel inks ［J］. Additive Manufacturing, 2021, 48：102380.